住房和城乡建设部"十四五"规划教材
高等学校土木工程学科专业指导委员会城市地下空间工程指导小组规划教材
"十三五"江苏省高等学校重点教材（编号：2019-2-290）

城市地下空间工程设计方法及案例分析

（毕业设计指导用书）

主　编　高洪梅　　王志华
副主编　申志福　李富荣　李　明　毛昆明

中国建筑工业出版社

图书在版编目（CIP）数据

城市地下空间工程设计方法及案例分析：毕业设计
指导用书 / 高洪梅，王志华主编；申志福等副主编. —
北京：中国建筑工业出版社，2023.9
住房和城乡建设部"十四五"规划教材　高等学校土
木工程学科专业指导委员会城市地下空间工程指导小组规
划教材　"十三五"江苏省高等学校重点教材
ISBN 978-7-112-28946-2

Ⅰ. ①城… Ⅱ. ①高… ②王… ③申… Ⅲ. ①城市空
间－地下建筑物－建筑设计－高等学校－教材 Ⅳ.
①TU92

中国国家版本馆 CIP 数据核字（2023）第 133839 号

当前，城市地下空间的开发已进入快速发展时期，地下建筑结构设计急需一本理论与实践结
合的参考教材。本教材除绪论外共 6 章，涵盖了几类主要的地下建筑结构形式，主要包括：地下
结构荷载与设计方法、基坑工程设计、地铁车站设计、地铁区间盾构隧道设计、人防地下室结构
设计以及地下综合管廊设计。本教材除了对设计理论、方法的介绍外，还加入了对工程案例设计
和分析，可参考性强。

本教材既可作为高等学校城市地下空间工程、土木工程（地下或岩土方向）等专业的教材，
也可作为与地下建筑结构相关的课程设计、毕业设计等实践环节的教学指导用书。此外，本教材
也可供从事基坑等地下建筑结构设计工作的工程技术人员参考使用。

为了更好地支持相应课程的教学，我们向采用本书作为教材的教师提供课件，有需要者可与出
版社联系。建工书院：http://edu.cabplink.com，邮箱：jckj@cabp.com.cn，电话：(010)58337285。

责任编辑：仕　帅　吉万旺
文字编辑：卜　煜
责任校对：姜小莲

住房和城乡建设部"十四五"规划教材
高等学校土木工程学科专业指导委员会城市地下空间工程指导小组规划教材
"十三五"江苏省高等学校重点教材（编号：2019-2-290）
城市地下空间工程设计方法及案例分析（毕业设计指导用书）
主　编　高洪梅　王志华
副主编　申志福　李富荣　李　明　毛昆明
*
中国建筑工业出版社出版、发行（北京海淀三里河路 9 号）
各地新华书店、建筑书店经销
北京红光制版公司制版
北京圣夫亚美印刷有限公司印刷
*
开本：787 毫米×1092 毫米　1/16　印张：13¼　字数：337 千字
2023 年 8 月第一版　2023 年 8 月第一次印刷
定价：**49.00** 元（赠教师课件）
ISBN 978-7-112-28946-2
（41236）

出　版　说　明

党和国家高度重视教材建设。2016年，中办国办印发了《关于加强和改进新形势下大中小学教材建设的意见》，提出要健全国家教材制度。2019年12月，教育部牵头制定了《普通高等学校教材管理办法》和《职业院校教材管理办法》，旨在全面加强党的领导，切实提高教材建设的科学化水平，打造精品教材。住房和城乡建设部历来重视土建类学科专业教材建设，从"九五"开始组织部级规划教材立项工作，经过近30年的不断建设，规划教材提升了住房和城乡建设行业教材质量和认可度，出版了一系列精品教材，有效促进了行业部门引导专业教育，推动了行业高质量发展。

为进一步加强高等教育、职业教育住房和城乡建设领域学科专业教材建设工作，提高住房和城乡建设行业人才培养质量，2020年12月，住房和城乡建设部办公厅印发《关于申报高等教育职业教育住房和城乡建设领域学科专业"十四五"规划教材的通知》（建办人函〔2020〕656号），开展了住房和城乡建设部"十四五"规划教材选题的申报工作。经过专家评审和部人事司审核，512项选题列入住房和城乡建设领域学科专业"十四五"规划教材（简称规划教材）。2021年9月，住房和城乡建设部印发了《高等教育职业教育住房和城乡建设领域学科专业"十四五"规划教材选题的通知》（建人函〔2021〕36号）。为做好"十四五"规划教材的编写、审核、出版等工作，《通知》要求：（1）规划教材的编著者应依据《住房和城乡建设领域学科专业"十四五"规划教材申请书》（简称《申请书》）中的立项目标、申报依据、工作安排及进度，按时编写出高质量的教材；（2）规划教材编著者所在单位应履行《申请书》中的学校保证计划实施的主要条件，支持编著者按计划完成书稿编写工作；（3）高等学校土建类专业课程教材与教学资源专家委员会、全国住房和城乡建设职业教育教学指导委员会、住房和城乡建设部中等职业教育专业指导委员会应做好规划教材的指导、协调和审稿等工作，保证编写质量；（4）规划教材出版单位应积极配合，做好编辑、出版、发行等工作；（5）规划教材封面和书脊应标注"住房和城乡建设部'十四五'规划教材"字样和统一标识；（6）规划教材应在"十四五"期间完成出版，逾期不能完成的，不再作为《住房和城乡建设领域学科专业"十四五"规划教材》。

住房和城乡建设领域学科专业"十四五"规划教材的特点：一是重点以修订教育部、住房和城乡建设部"十二五""十三五"规划教材为主；二是严格按照专业标准规范要求编写，体现新发展理念；三是系列教材具有明显特点，满足不同层次和类型的学校专业教学要求；四是配备了数字资源，适应现代化教学的要求。规划教材的出版凝聚了作者、主审及编辑的心血，得到了有关院校、出版单位的大力支持，教材建设管理过程有严格保障。希望广大院校及各专业师生在选用、使用过程中，对规划教材的编写、出版质量进行反馈，以促进规划教材建设质量不断提高。

住房和城乡建设部"十四五"规划教材办公室

2021 年 11 月

前　　言

国家最高科学技术奖获得者钱七虎院士说："21 世纪是地下空间开发利用的世纪"。为满足地下空间开发和利用对高级专业技术人才的需求，作为高等学校土木工程特设专业的城市地下空间工程专业应运而生。自 2001 年城市地下空间工程专业首次获批设立以来，全国已有近 90 所高校开设了该专业。与土木工程专业不同的是，城市地下空间工程专业具有多领域、多学科交叉的特点，涉及规划、建筑、土建以及暖通等方面知识，国内开设该专业的高校所依托的学科和专业类型也不尽相同，有房建市政类、采矿资源类以及水利工程类等。因此，各高校的城市地下空间工程专业定位、课程设置以及实践环节的教学存在较大的差异。本教材主要聚焦于房建市政类地下空间工程，重点介绍地铁车站、区间隧道、人防地下室结构、地下管廊等典型的城市地下建筑结构的设计理论和方法，并结合工程案例详细讲解设计过程。本教材可作为城市地下空间工程专业课程设计、毕业设计等实践教学环节的指导用书，也可供从事地下建筑结构设计的工程技术人员参考使用。

本教材共分 7 章。第 1 章绪论；第 2 章地下结构荷载与设计方法；第 3 章基坑工程设计，侧重于排桩＋内支撑＋水泥土搅拌桩支护结构形式；第 4 章地铁车站设计，侧重于明挖法施工的框架式车站主体结构设计；第 5 章地铁区间盾构隧道设计，侧重于土层中闭胸式盾构衬砌管片的设计，并重点介绍结构的防水设计；第 6 章人防地下室结构设计，侧重于人防功能的设计；第 7 章地下综合管廊设计，侧重于装配式结构设计。

本书编写及审定工作分工如下：编写大纲由南京工业大学高洪梅和王志华制订，第 1 章由王志华和南京工业大学刘璐编写，第 2 章由南京工业大学申志福编写，第 3 章由高洪梅和南京工业大学张鑫磊编写，第 4 章由高洪梅和金陵科技学院毛昆明编写，第 5 章由盐城工学院李富荣编写，第 6 章和第 7 章由申志福和吉林建筑大学李明撰写。王志华负责全书的审校工作，高洪梅负责全书的修改、定稿和校对工作，南京工业大学胡庆兴、盛俭副教授对部分章节进行了指导和修改。此外，衣睿博、杨洋、赵逸昕、董俊鹏、李甜甜等研究生为本书文稿的编辑和插图的制作付出了辛勤劳动，在此表示衷心感谢。

教材编写过程中，编者与北京城建集团、中铁第六勘察设计院集团有限公司、南京市测绘勘察研究院股份有限公司、中国电建中国水利水电第七工程局有限公司、中铁一局集团有限公司、中铁二十四局集团有限公司等单位技术人员进行了多次交流和讨论，得到许多宝贵的意见和建议，在此一并表示感谢。

由于编者水平和能力所限，书中难免有错误与不足之处，敬请读者批评指正，不胜感激。编者邮箱为：hongmei54@163.com。

编者
2023 年 3 月

目　　录

第1章 绪 论

1.1 地下结构的特点及类型

地下结构是指在地表以下开挖岩土体形成的空间中修建的各类结构。相比地上结构，地下结构承受的荷载更加复杂，周围岩土体不仅作为荷载作用于地下结构，而且会约束结构的移动和变形。所以，在地下结构设计中除了要计算复杂多变的岩土体压力外，还要考虑结构与岩土体的共同作用。地下结构往往位于地下水位以下，因此还要考虑水的不良作用，比如水压力、水的渗透以及浮力作用等。当前，城市地下空间开发和利用正处于快速发展时期，并呈现出"深""大""挤"的趋势。因此，地下结构设计中对于周边环境影响的考虑显得尤为重要。例如，周边复杂的地下管线、房屋建筑以及近距离下穿既有地下结构等问题在设计中需要考虑专门的保护措施。

城市地下结构形式按照使用功能可分为城市公共服务设施、城市地下交通设施以及城市地下基础设施等，进一步的分类如图 1-1 所示。

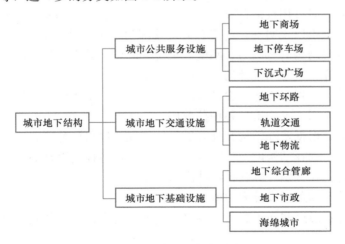

图 1-1　城市地下结构分类

本教材限于篇幅，不能面面俱到，故主要介绍有代表性的几类地下结构，包括地铁车站结构、地铁区间盾构隧道、人防地下室结构以及地下综合管廊等。地铁车站侧重于明挖法施工的框架式车站主体结构设计；地铁区间盾构隧道侧重于土层中闭胸式盾构衬砌管片的设计，并重点介绍结构的防水设计；人防地下室结构侧重于人防功能的设计；地下综合管廊侧重于装配式结构设计。另外，地下结构的施工方法特别是明挖法，必然涉及基坑工程。因此，本教材还加入了基坑支护设计的内容，侧重于排桩＋内支撑＋水泥土搅拌桩支护结构形式。以上内容基本涵盖了图 1-1 中的各类设施，对其他没有讲述的结构形式的设计也有借鉴意义。另外，要说明的是，本教材所讲述的均为土层中的地下结构，对于岩层中的地下结构的设计可参考其他相关教材。

1.2　地下结构的设计程序及内容

地下结构设计应做到安全可靠、经济合理、技术先进、环境友好。一般分为初步设计和施工图设计两个阶段。

初步设计中的结构设计部分，主要是在满足使用要求的前提下，确保设计方案在技术上的可行性与经济上的合理性，并提出投资、材料、施工等指标。初步设计的内容主要包括

（1）工程等级和要求以及静、动荷载标准的确定。

（2）确定埋置深度与施工方法。

（3）初步设计荷载值。

（4）选择建筑材料。

（5）选定结构形式和布置。

（6）估算结构跨度、高度、顶、底板及边墙厚度等主要尺寸。

（7）绘制初步设计结构图。

（8）估算工程材料数量及财务概算。

结构形式及主要尺寸的确定，一般可通过工程类比法，吸取国内外已建工程的经验，提出设计数据。必要时可用近似计算方法求出内力，综合经济和安全考虑初步配置钢筋。

将初步设计图纸附以说明书，送交有关主管部门审定批准后，才可进行施工图设计。施工图设计主要解决结构的承载力、刚度和稳定等问题，并提供施工时结构各部件的具体细节尺寸及连接大样。施工图设计的主要内容包括

（1）计算荷载：按建筑用途、设计等级、埋置深度、工程地质条件、水文地质条件以及周边环境等计算作用于结构上的各种荷载值。

（2）计算简图：根据实际结构和计算的具体情况，给出计算图式。

（3）内力分析：选择结构内力计算方法，得出结构各控制设计截面的内力。

（4）内力组合：在分别计算各种荷载内力的基础上，对最不利的可能情况进行内力组合，求出各控制截面的最大设计内力值。

（5）配筋设计：通过截面承载力和裂缝计算得到受力钢筋，并确定钢筋等级、数量及分布。

（6）绘制结构施工详图：如结构平面图、结构构件配筋图及节点详图。

（7）材料、工程数量和工程财务预算等。

1.3　城市地下空间工程专业毕业设计目的及要求

城市地下空间工程专业作为土木类特设专业，其主要目的是培养具有扎实的数学、力学与工程结构等理论知识基础，面向城市地下空间开发领域的工程规划、勘察、设计、施工和管理的专业技术人才。城市地下空间工程专业毕业设计是本专业人才培养的最后，也

是最关键的实践性环节，要求学生能够综合运用所学基本理论与技能系统地解决本专业领域复杂工程问题，同时也是对学生专业素质与能力的全面检验，做好毕业设计工作对培养具有创新精神和实践能力的高素质人才具有极其重要的意义。

城市地下空间工程专业毕业设计的选题，可以参考本教材的几种典型结构形式进行施工图设计。针对实际工程情况，进行设计方案的比选，给出详细的设计计算书以及施工图纸，并进行工程财务预算。

毕业设计中需对学生着重以下七方面能力的培养。

（1）检索专业相关的中、外文文献资料，阅读后能够针对地下空间结构设计方面给出文献综述。

（2）具有良好的逻辑思维能力，能够综合运用所学专业知识分析与解决复杂工程问题。

（3）掌握设计参数的获取方法和合理性与可靠性判断，并能够准确应用。

（4）熟练运用计算机绘图（AUTOCAD）、OFFICE办公软件以及图表制作等软件。

（5）掌握至少一款电算设计软件，如 PKPM、SAP、MIDAS、理正、启明星等。

（6）掌握地下空间工程领域的英文专业术语，能够较熟练并且准确地翻译科技英文资料。

（7）具备良好的专业写作能力，能够撰写设计计算报告，并进行熟练的口头表达与沟通。

1.4　城市地下空间工程专业毕业设计流程及成果要求

毕业设计的流程及成果要求主要包括

（1）课题双选：指导教师提交毕业设计选题供学生进行选择。课题信息主要包括课题名称、题目分类（工程实际、设计型）、题目来源（生产实践）、上机时数、工作量大小、题目难易程度、课题简介、课题要求（包括所具备的条件）以及课题工作量要求等。

（2）下达任务书：选题确定后，指导教师要提供设计课题的相关资料，包括工程项目概况以及岩土工程勘察报告等。对于基坑设计，还需要提供建筑平面及结构基础资料等。任务书主要包括毕业设计内容与要求、毕业设计图纸内容及张数、试验内容及要求、参考文献以及工作进展与安排等。另外，在下达任务书的同时要求学生翻译一篇与设计课题紧密相关的英文文献，以提高学生对专业外语的综合运用能力。

（3）完成开题报告：学生针对设计课题内容，查阅相关文献资料，撰写 2000 字左右的文献综述；针对课题具体情况给出设计方案的比选，并提出初步设计方案。指导教师对文献综述进行点评，并对课题的深度、广度、工作量以及设计结果的预测给出评价。

（4）完成设计计算书及施工图纸：在指导教师确定初步方案可行之后，学生按照地下结构的设计程序，完成设计计算书，形成设计报告（包括中、英文摘要、目录、正文、结论、参考文献以及致谢）并绘制施工图纸。

（5）毕业设计答辩：提交上述的所有设计资料，完成毕业设计答辩。

（6）资料归档：将全部的毕业设计资料以及答辩相关记录整理好进行归档。

第2章 地下结构荷载与设计方法

2.1 极限状态设计原则

极限状态法是指不使结构超越某种规定的极限状态的设计方法。《工程结构可靠性设计统一标准》GB 50153—2008 规定：工程结构设计宜采用以概率理论为基础、以分项系数表达的极限状态设计方法。目前我国规范多采用极限状态法进行地下结构的设计。

地下结构设计要求在施工期和正常使用条件下满足下列预定功能并具有最佳经济效果。

（1）安全性，即结构能承受可能出现的各种作用（如荷载、温度改变、基础不均匀沉降等引起的内力和变形，且在强震、爆炸以及台风等偶然事件发生时和发生后，结构仍然能保持必要的整体稳定性，不致倒塌）。

（2）适用性，即结构具有良好的工作性能，不产生影响使用的过大变形、振幅和裂缝宽度。

（3）耐久性，指结构在正常维护条件下具有足够的耐久性能，如混凝土不得脱落、风化、腐蚀，钢筋不因保护层厚度不够或混凝土裂缝过宽而锈蚀。值得注意的是，地下结构设计既涉及基坑围护桩墙等临时结构，也涉及地铁车站、隧道、地下综合管廊等永久结构，前者使用期限多则数年、少则数月，后者使用年限一般在 70～100 年，两者相差甚远，在设计时应注意区别。

安全性、适用性、耐久性三者统称为结构的可靠性，结构能够满足这些功能要求则称为结构可靠，反之则结构失效；结构由可靠转为失效的分界点称为结构的极限状态。整个结构或结构的一部分超过某一特定状态就不能满足设计规定的某一功能要求，此特定状态称为该功能的极限状态。从结构设计角度，结构或构件的极限状态有两种：承载能力极限状态和正常使用极限状态。

承载能力极限状态指结构或构件达到最大承载力，出现疲劳破坏或不适于继续承载的变形状态。结构或构件一旦超过承载能力极限状态，就不能满足安全性的功能要求，会产生重大经济损失和人员伤亡，因此应把这种情况的发生概率控制得非常小。当结构或构件出现下列情况之一时，即认为超越了承载能力极限状态。

（1）结构、构件或其间的连接因材料超过其强度而破坏（含疲劳破坏），或因产生过度塑性变形而不能继续承载，如盾构隧道管片之间的连接螺栓屈服。

（2）结构由几何不变体系变成几何可变体系，如地下室顶板支座或跨中形成塑性铰。

（3）结构或构件丧失稳定，如细长压杆失稳导致结构破坏。

（4）结构或构件发生滑移或倾覆而丧失平衡，如基坑围护结构的各类失稳模式。

正常使用极限状态指结构或构件达到正常使用和耐久性能的某项规定限值的状态。结构或构件超过正常使用极限状态时，其适用性、耐久性无法满足功能要求，但一般不会造成人员伤亡或重大经济损失，因此可把这种情况发生的概率控制得略大一些。当结构或构件出现下列状态之一时，即认为超越了正常使用极限状态。

（1）发生影响正常使用或外观的过大变形，如盾构隧道管片之间张开引起渗水、漏泥。

（2）发生影响正常使用或耐久性能的局部损坏（包括裂缝宽度达到限值），如地下结构外墙开裂导致渗水。

（3）发生影响正常使用的振动，如盾构隧道不均匀沉降引起的列车振动。

（4）发生影响正常使用的其他特定状态。

地下结构设计需按照上述规定对结构的承载能力极限状态和正常使用极限状态进行逐项验算，验算内容在各类具体地下结构设计规范中有详细规定。

2.2　荷载种类与组合

2.2.1　荷载种类

作用在地下结构上的荷载，按其存在状态可以分为永久荷载、可变荷载、偶然荷载三大类，此外还应考虑一些间接作用。常见荷载如表 2-1 所示。

永久荷载（恒载）：长期作用在结构上，在结构使用期间其值不随时间变化，或其变化与平均值相比可以忽略不计，或其变化是单调的并能趋于限值的荷载。在结构施工和使用期间都必须考虑永久荷载作用。

可变荷载（活载）：在结构施工和使用期间其大小、方向和作用点可能发生不可忽略的变动的荷载。

偶然荷载：在结构设计使用年限内不一定出现，而一旦出现其量值很大，且持续时间很短的荷载。如具有一定防护能力的地下建筑物，需考虑原子武器和常规武器（炸弹、火箭）爆炸冲击波压力荷载（人防荷载）；在抗震区进行地下结构设计时，应计算地震作用引起的动荷载；对可能承受局部冲击作用的结构需考虑冲击荷载，如越江沉管隧道可能承受的沉船荷载、地下铁路隧道可能承受的车辆撞击荷载。偶然荷载的确定及其荷载效应一般需要专门设计论证。

其他间接作用：使结构产生内力和变形的各种因素中，除有以上直接作用在结构上的荷载外，通常还需考虑以下间接作用引起的效应：混凝土材料收缩（包括早期混凝土的凝缩与后期的干缩）受到约束而产生的内力；温度变化使地下结构产生内力（如浅埋结构受土层温度梯度的影响），浇筑混凝土时水化热反应的温升和散热阶段的温降；新浇筑混凝土与既有混凝土间收缩差异导致的内力（如地下连续墙作为主体结构外墙一部分的情况）；软弱地基中的结构，当结构刚度差异较大时，由于不均匀沉降而引起的内力。这些作用有些属于永久荷载，有些则属于可变荷载。然而，这些作用往往难以确切计算，一般以加大安全系数、采取构造措施的方式来考虑。

作用于地下结构上的荷载种类　　　　　　　　　　　　　表 2-1

荷载分类		荷载名称
永久荷载		结构自重
		地层压力
		结构上部和破坏棱体范围内的设施及建筑物压力
		水压力及浮力
		混凝土收缩及徐变影响
		预加应力
		设备重量
		地基下沉影响
可变荷载	基本可变荷载	地面车辆荷载及其动力作用
		地面车辆荷载引起的侧向土压力
		地铁车辆荷载及其动力作用
		人群荷载
	其他可变荷载	温度变化影响
		施工荷载
偶然荷载		地震作用
		沉船、抛锚或河道疏浚产生的撞击力等灾害性荷载
		人防荷载

2.2.2　荷载组合

　　上节讲述的几类荷载对结构可能不是同时作用，故需进行不同的荷载组合，即不是将所有的可变荷载与偶然荷载同时施加到结构上，因为这在实际中几乎不会发生。此外，根据验算内容和目的的不同，也需要进行荷载组合。一般地下建筑结构设计至少需进行承载能力极限状态和正常使用极限状态验算，可参照《建筑结构荷载规范》GB 50009—2012，具体验算工况及荷载组合如表 2-2 所示。

地下结构验算工况及荷载组合　　　　　　　　　　　　表 2-2

计算内容		设计状况	荷载组合
承载能力极限状态验算		1. 短暂设计状况（施工/维修） 2. 持久设计状况（长期使用）	基本组合
		偶然设计状况	偶然组合
		地震设计状况	地震组合
正常使用极限状态验算	变形（挠度）验算	1. 持久设计状况（长期使用） 2. 短暂设计状况（施工/维修）有必要时	准永久组合或标准组合[1]，并考虑长期作用影响
	裂缝宽度验算	1. 持久设计状况（长期使用） 2. 短暂设计状况（施工/维修）有必要时	一、二级裂缝控制等级（不允许出现裂缝）：标准组合 三级裂缝控制等级（允许出现裂缝）：准永久组合[2]

　　注：1. 对于钢筋混凝土构件按荷载准永久组合，对于预应力混凝土构件按荷载标准组合。
　　　　2. 地下结构一般均允许出现裂缝。

　　当结构处于弹性状态时（地下结构一般都可按照弹性状态分析），叠加原理适用，可以先计算各个荷载单独作用下的结构效应，再进行最不利的内力组合，得出各设计控制截面的最大内力，此时内力组合与荷载组合是等效的。当结构处于弹塑性状态时（如偶然设计状况和地震设计状况中考虑塑性铰和内力重分配），叠加原理不适用，应严格按照"先组合荷载，再分析结构效应"的顺序进行结构分析。

　　根据《工程结构通用规范》GB 55001—2021，荷载的五种组合形式如下。

　　基本组合表示为

$$\sum_{i \geqslant 1} \gamma_{G_i} G_{ik} + \gamma_P P + \gamma_{Q_1} \gamma_{L_1} Q_{1k} + \sum_{j>1} \gamma_{Q_j} \psi_{c_j} \gamma_{L_j} Q_{jk} \tag{2-1}$$

　　准永久组合表示为

$$\sum_{i \geqslant 1} G_{ik} + P + \sum_{j \geqslant 1} \psi_{q_j} Q_{jk} \tag{2-2}$$

　　标准组合表示为

$$\sum_{i \geqslant 1} G_{ik} + P + Q_{1k} + \sum_{i>1} \psi_{c_j} Q_{jk} \tag{2-3}$$

　　偶然组合表示为

$$\sum_{i \geqslant 1} G_{ik} + P + A_d + (\psi_{f_1} \text{ 或 } \psi_{q_1}) Q_{1k} + \sum_{j>1} \psi_{q_j} Q_{jk} \tag{2-4}$$

　　地震组合表示为

$$\sum_{i \geqslant 1} \gamma_{G_i} G_{ik} + \sum_{j>1} \psi_{q_j} Q_{jk} + \gamma_{Eh} A_{Ehk} + \gamma_{Ev} A_{Evk} \tag{2-5}$$

式中　γ_{G_i}、γ_P、γ_{Q_j}——第 i 个永久荷载、预应力、第 j 个可变荷载的分项系数；

　　　　ψ_{c_j}、ψ_{q_j}、ψ_{f_1}——第 j 个荷载的组合值系数、准永久值系数、第 1 个荷载的频遇值系数；

　　　　γ_{L_j}——第 j 个可变荷载的设计年限调整系数；

　　　　γ_{Eh}、γ_{Ev}——水平、竖向地震作用分项系数；

　　　　G_{ik}、Q_{jk}——第 i 个永久荷载、第 j 个可变荷载的标准值；

　　　　P——预应力的有关代表值；

　　　　A_d——偶然作用的代表值；

　　　　A_{Ehk}、A_{Evk}——水平、竖向地震作用标准值。

　　其中，组合值系数、准永久值系数的选择参见《建筑结构荷载规范》GB 50009—2012。结构设计年限调整系数按表 2-3 插值确定。

结构设计年限调整系数　　　　　　　　　　　　　　　　　　　表 2-3

结构设计使用年限（年）	5	50	100
设计年限调整系数	0.9	1.0	1.1

　　值得注意的是，以上荷载效应组合适用于一般地下建筑结构，包括地铁车站、地下综合管廊、盾构隧道、地下商场、地下车库以及地下停车场等。而对于地基、基础承载力与变形计算，挡土墙、地基或边坡稳定性以及基础抗浮稳定性验算时，荷载组合效应不同，具体可参见《建筑地基基础设计规范》GB 50007—2011 等。我国当前规范体系中，结构设计采用基于概率极限状态的设计方法，而地基、基础部分多采用安全系数设计方法。

2.3　荷载分析与计算方法

荷载的确定一般按其所在行业的规范和设计标准确定。涉及的规范包括但不限于《建筑结构荷载规范》GB 50009—2012、《混凝土结构设计规范》GB 50010—2010（2015 年版）、《地铁设计规范》GB 50157—2013、《建筑地基基础设计规范》GB 50007—2011、《公路桥涵设计通用规范》JTG D60—2015、《铁路桥涵设计规范》TB 10002—2017、《铁路隧道设计规范》TB 10003—2016、《地下结构抗震设计标准》GB/T 51336—2018 以及各相关地方规范。以下根据各规范条文，对地下结构主要荷载的选取进行简要介绍。

表 2-1 基本涵盖了城市地下建筑结构的主要荷载，对未包含的其他地下结构荷载取值可参考本节内容确定。荷载的作用位置、作用范围参照各结构形式计算简图确定。此外，沉管、沉井、沉箱、顶管等特殊施工方法伴随的荷载在此不再详述。对于兼作上部建筑基础的地下结构，上部建筑传下来的荷载由上部结构分析确定，在此不详述。

2.3.1　结构自重

结构自重按照钢筋混凝土重度与结构尺寸确定，竖向构件自重一般简化为作用在结构节点处的集中荷载，而水平或倾斜构件自重一般简化为沿杆件的均匀分布荷载。根据《建筑结构荷载规范》GB 50009—2012 第 4.0.3 条，一般材料和构件的单位自重可取其平均值，钢筋混凝土重度可取 $25kN/m^3$。

2.3.2　地层压力

地层压力（包括围岩压力和土压力）对大多数地下结构而言是最为关键的永久荷载。围岩压力通常指岩体中的地下结构受到的荷载，与结构跨度和围岩等级密切相关，可依据现行行业标准《铁路隧道设计规范》TB 10003—2016 的有关规定计算；土压力是结构受到的周围土体施加的荷载，分为竖向土压力和侧向土压力，本节着重介绍土压力的计算。

竖向土压力一般是指作用在结构顶板上的竖向分布荷载，其计算方法为：（1）明挖、盖挖、浅埋暗挖结构宜按计算截面以上全部土柱重量计算竖向荷载；（2）土质地层采用暗挖法施工的隧道竖向压力，宜根据所处工程地质、水文地质条件和覆土厚度，并结合土体卸载拱作用的影响计算竖向荷载；（3）竖向荷载应结合地面及邻近的任何其他荷载对竖向压力的影响进行计算。

侧向土压力是土与围护结构之间相互作用的结果，它与土—结构相对位移密切相关。以挡土墙为例，作用在挡土墙墙背上的土压力可分为静止土压力、主动土压力和被动土压力三种，其中主动土压力值最小，被动土压力值最大，而静止土压力介于两者之间，土压力与土—结构相对位移之间的关系如图 2-1 所示。

如果墙体的刚度很大，墙身不产生任何移动或转动，这时墙后土对墙背所产生的土

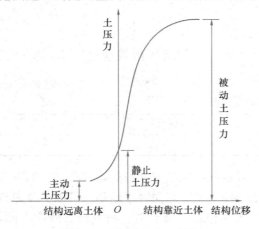

图 2-1　土压力与土—结构
相对位移的关系

压力称为静止土压力。如果刚性墙受墙后土的作用发生远离土体的转动或平移，作用在墙背上的土压力从静止土压力逐渐减小，直至达到极限平衡状态，此时对应的土压力为主动土压力；相反，如果墙身受外力作用挤压墙后土体，则土压力从静止土压力逐渐增大，直至达到极限平衡状态，此时的土压力为被动土压力。土压力的精确计算是相当困难和复杂的，工程设计计算时需引入必要的假定。

2.3.2.1　静止土压力

静止土压力可根据半无限弹性体的应力状态求解。在填土表面以下任意深度 M 点处取一微小单元体，其应力状态如图 2-2 所示。其中竖向自重应力 σ'_c 的计算公式为：

$$\sigma'_c = \sum \gamma_i z_i \qquad (2\text{-}6)$$

图 2-2　静止土压力计算图

式中　γ_i——计算点以上各土层的重度，地下水位以上取天然重度，地下水位以下取浮重度，土层的重度值通常由岩土工程勘察报告给出；

　　　z_i——计算点以上各土层的厚度。

此时，作用于地下结构侧墙上的压力即为静止土压力 p_0，通常为水平方向，其计算公式为

$$p_0 = K_0 \sigma'_c = K_0 \sum \gamma_i z_i \qquad (2\text{-}7)$$

式中　K_0——静止土压力系数。

静止土压力系数 K_0 与土的种类、孔隙比、含水量以及应力历史等诸多因素有关，一般黏性土 $K_0 = 0.5 \sim 0.7$，砂土 $K_0 = 0.34 \sim 0.45$，也可根据以下经验公式计算。

$$K_0 = \sqrt{OCR}(\alpha - \sin\varphi') \qquad (2\text{-}8)$$

式中　OCR——土的超固结比；

　　　φ'——土的有效内摩擦角；

　　　α——经验系数，砂土、粉土一般取 1.0，黏性土、淤泥质土一般取 0.95。

2.3.2.2　主、被动土压力

主、被动土压力可采用朗肯土压力理论或库仑土压力理论计算。

（1）朗肯土压力理论

朗肯土压力理论是英国科学家朗肯（Rankine）于 1857 年提出的。朗肯土压力理论的基本假定为：①挡土墙背竖直、墙面光滑，不计墙面和土体之间的摩擦力；②挡土墙后填土面水平，土体向下以及沿水平方向都能伸展到无穷，即为半无限空间；③挡土墙后填土处于极限平衡状态。

在朗肯主动土压力状态下，最大主应力为竖向压力 σ_z，最小主应力即为主动土压力 p_a。

$$p_a = \sigma_z \tan^2\left(45° - \frac{\varphi}{2}\right) - 2c\tan\left(45° - \frac{\varphi}{2}\right) \qquad (2\text{-}9)$$

式中　c、φ——土的抗剪强度指标，根据《建筑地基基础设计规范》GB 50007—2011 第
　　　　　　4.2.2 条，抗剪强度指标应取标准值，一般由岩土工程勘察报告给出。

同理，在朗肯被动土压力状态下，最大主应力为被动土压力 p_p，而最小主应力为竖向压力 σ_z，即

$$p_p = \sigma_z \tan^2 \left(45° + \frac{\varphi}{2}\right) + 2c\tan\left(45° + \frac{\varphi}{2}\right) \tag{2-10}$$

引入主动土压力系数 K_a 和被动土压力系数 K_p，并令

$$K_a = \tan^2\left(45° - \frac{\varphi}{2}\right) \tag{2-11}$$

$$K_p = \tan^2\left(45° + \frac{\varphi}{2}\right) \tag{2-12}$$

则有

$$p_a = \sigma_z K_a - 2c\sqrt{K_a} \tag{2-13}$$

$$p_p = \sigma_z K_p + 2c\sqrt{K_p} \tag{2-14}$$

对于主动土压力，当 $z \leqslant z_0 = \frac{2c}{\gamma}\tan\left(45° + \frac{\varphi}{2}\right)$ 时，$p_a \leqslant 0$ 为拉力，一般不考虑墙背与土体之间有拉应力存在的可能，故此时取 $p_a = 0$。

（2）库仑土压力理论

库仑土压力理论是法国科学家库仑（Coulomb）于 1773 年提出的，其基本假定为：①挡土墙后土体为均质各向同性的无黏性土；②挡土墙刚性且长度很长，属于平面应变问题；③挡土墙后产生主动土压力或被动土压力时，土体形成滑动楔形体，滑裂面为通过墙踵的平面；④在滑裂面和墙背面上的切向力分别满足极限平衡条件。库仑土压力与朗肯土压力的公式形式上相同，而土压力系数不同。

$$K_a = \frac{\sin^2(\alpha + \varphi)}{\sin^2\alpha\sin(\alpha - \delta)\left[1 + \sqrt{\dfrac{\sin(\varphi - \beta)\sin(\varphi + \delta)}{\sin(\alpha + \beta)\sin(\alpha - \delta)}}\right]^2} \tag{2-15}$$

$$K_p = \frac{\sin^2(\alpha - \varphi)}{\sin^2\alpha\sin(\alpha + \delta)\left[1 - \sqrt{\dfrac{\sin(\varphi + \beta)\sin(\varphi + \delta)}{\sin(\alpha + \beta)\sin(\alpha + \delta)}}\right]^2} \tag{2-16}$$

式中　α——墙背倾角；

　　　β——地表倾角；

　　　δ——墙土界面摩擦角。

库仑主动土压力系数 K_a 和被动土压力系数 K_p 均为几何参数和土层物理性质参数的函数。朗肯土压力公式可看作库仑土压力的特殊形式。库仑土压力理论是针对无黏性土提出的，没有考虑黏性土的黏聚力 c。因此，当围护结构位于黏性土层时，应考虑黏聚力的有利影响。在工程实践中可采用换算的等效内摩擦角进行计算，在此不再详述。

2.3.2.3　成层土侧向压力计算

如果挡土墙后为成层土，可利用朗肯土压力公式（式 2-9 或式 2-10）计算土压力。但应注意在土层分界面上，由于两层土的抗剪强度指标不同，土压力值会有突变。以主动土压力为例，具体计算过程如下（图 2-3）。

a 点（土表面）：$p_{a1} = -2c_1\sqrt{K_{a1}}$

b 点上（第一层土底面）：$p'_{a2} = \gamma_1 h_1 K_{a1} - 2c_1 \sqrt{K_{a1}}$

b 点下（第二层土顶面）：$p''_{a2} = \gamma_1 h_1 K_{a2} - 2c_2 \sqrt{K_{a2}}$

c 点（地下结构底部）：$p_{a3} = (\gamma_1 h_1 + \gamma_2 h_2) K_{a2} - 2c_2 \sqrt{K_{a2}}$

其中 $K_{a1} = \tan^2 \left(45° - \dfrac{\varphi_1}{2}\right)$；$K_{a2} = \tan^2 \left(45° - \dfrac{\varphi_2}{2}\right)$。

值得注意的是，如果计算得到的土压力为负值，表明产生了拉应力区，而土不能够承受拉应力，因此拉应力区的土压力值应计为零。

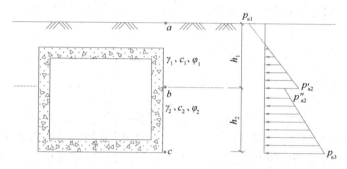

图 2-3　成层土主动土压力计算

2.3.2.4　侧向土压力取值原则

在地下结构的施工阶段，墙背土压力选用主动土压力至静止土压力之间的适宜值。

通常认为，地下结构采用逆作法施工时，由于采用刚度较大的顶板或楼板等水平构件代替临时支撑，基坑开挖过程中墙体水平位移一般较小，墙背土压力可采用静止土压力。顺作法施工的情况则较为复杂，上海市《地基基础设计标准》DGJ 08—11—2018 规定，视变形控制要求，墙背土压力可取 0.5～1.0 倍的静止土压力，并不得小于主动土压力。在毕业设计中，若难以确定，施工阶段可简单取为主动土压力。

顺作法施工的结构在长期使用阶段承受的侧向土压力宜按静止土压力计算。此外，盾构法施工的隧道土压力宜按静止土压力计算。

2.3.2.5　水土分算与合算问题

对于地下水位以下的侧向土压力计算有水土分算和水土合算两种。一般地，对于砂土层采用水土分算；对于黏土层在地下结构施工阶段采用水土合算，在地下结构长期使用阶段采用水土分算；而对于粉土层可视具体工程情况确定，为了设计安全考虑，通常采用水土分算。

采用水土分算时，作用于结构上的侧向土压力与水压力相加为

$$p_a = \sigma'_c K'_a - 2c' \sqrt{K'_a} + u \tag{2-17}$$

$$p_p = \sigma'_c K'_p + 2c' \sqrt{K'_p} + u \tag{2-18}$$

式中　u——水压力，不考虑渗流时，u 可由静水压力代替，即 $u = \gamma_w h$；

　　　γ_w——水的重度，通常取 10kN/m³；

　　　h——计算点相对于地下水位的深度。

毕业设计中一般采用朗肯土压力理论，此时有

$$K_a = \tan^2 \left(45° - \dfrac{\varphi'}{2}\right) \tag{2-19}$$

$$K_p = \tan^2\left(45° + \frac{\varphi'}{2}\right) \tag{2-20}$$

式中　　c'、φ'——土的有效应力抗剪强度指标。

采用水土合算时，作用于结构上的侧向水土压力为

$$p_a = (\sigma_c' + u)K_a - 2c_{cu}\sqrt{K_a} \tag{2-21}$$

$$p_p = (\sigma_c' + u)K_p + 2c_{cu}\sqrt{K_p} \tag{2-22}$$

毕业设计中一般采用朗肯土压力理论，此时

$$K_a = \tan^2\left(45° - \frac{\varphi_{cu}}{2}\right) \tag{2-23}$$

$$K_p = \tan^2\left(45° + \frac{\varphi_{cu}}{2}\right) \tag{2-24}$$

式中　　c_{cu}、φ_{cu}——土的固结不排水总应力抗剪强度指标。

剪切试验中的固结压力应涵盖土体工作状态可能涵盖的应力状态范围。若有条件，计算主动土压力时，应采用三轴减载试验（轴向应力不变，围压减小）结果；计算被动土压力时，应采用三轴加载试验（围压不变，轴向应力增加）结果。考虑地下水渗流的水土压力计算参考相关教程或设计规范。

2.3.3　地表超载

（1）结构上部和破坏棱体范围内的设施及建筑物压力

结构上部和破坏棱体范围内的设施及建筑物压力应考虑现状及以后的变化。凡规划明确的，应依其荷载设计；凡不明确的，应在设计要求中规定。该压力通常适用于结构上部近期及远期可能存在建（构）筑物的情况，一般常见于地铁隧道沿线。

（2）地面车辆荷载及动力作用

《地铁设计规范》GB 50157—2013 第 11.2.1 条及其条文说明指出，地面车辆荷载及其冲力一般可简化为与结构埋深有关的均布荷载，但覆土较浅时应按实际情况计算。在道路下方的浅埋暗挖隧道，地面车辆荷载可按 10kPa 的均布荷载取值，并不计动力作用的影响。下穿公路的地下建筑结构，应按现行行业标准《公路桥涵设计通用规范》JTG D60—2015 的有关规定确定地面车辆荷载及排列；下穿铁路的地下建筑结构，应按现行行业标准《铁路桥涵设计规范》TB 10002—2017 的有关规定执行。

如图 2-4 所示，当可将上述地表超载视为大面积、均匀分布的连续荷载时，作用于地下结构上的土压力应计入超载作用。以主动土压力为例，其计算公式为

$$p_a = (q + \gamma H)K_a - 2c\sqrt{K_a} \tag{2-25}$$

$$p_p = (q + \gamma H)K_p + 2c\sqrt{K_p} \tag{2-26}$$

式中　　q——作用于地表的大面积荷载。

对于局部均匀超载作用、不规则超载以及集中荷载作用产生的土压力可参考相关土力学教程与设计规范。

2.3.4　使用荷载

（1）设备重量

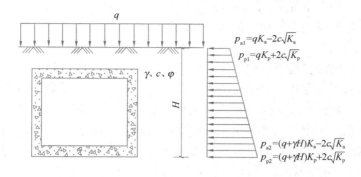

(a) 框架式地下结构

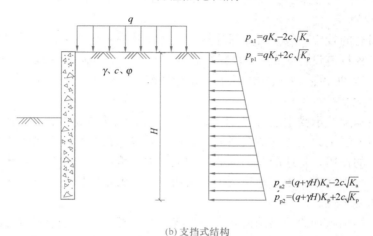

(b) 支挡式结构

图 2-4　考虑地面超载时主动土压力计算图

设备区的计算荷载应根据设备安装、检修和正常使用的实际情况（包括动力效应）确定。例如，根据《地铁设计规范》GB 50157—2013 第 11.2.6 条，设备荷载可按标准值 8.0kPa 进行设计，重型设备尚应依据设备的实际重量、动力影响、安装运输途径等确定其荷载大小与范围。

（2）车辆荷载及其动力作用

车辆荷载是指具有交通功能的地下结构受到的车辆运行产生的荷载。例如，根据《地铁设计规范》GB 50157—2013 第 11.2.4 条及其条文说明，当轨道铺设在结构底板上时（较为常见的情形），一般来说，车辆荷载对结构应力影响不大，并且为有利作用，地铁车辆荷载及其动力作用的影响可略去不计。而对于直接承受地铁车辆荷载的楼板等构件（一般出现于换乘站等较为复杂的地下结构），应按地铁车辆的实际轴重和排列计算其产生的竖向荷载作用，并应计入车辆的动力作用，同时尚应按线路通过的重型设备运输车辆的荷载进行验算。地铁列车的动力作用参数，可参照《铁路桥涵设计规范》TB 10002—2017 关于动力参数的计算公式来取值，并乘以 0.8 的折减系数。

（3）人群荷载

人群荷载是指地下空间使用者站立、移动、聚集产生的结构荷载，在人群所及之处都需考虑人群荷载。例如，根据《地铁设计规范》GB 50157—2013 第 11.2.5 条，车站站台、楼板和楼梯等部位的人群均布荷载的标准值应采用 4.0kPa。

2.3.5　施工荷载

作用在结构上的施工荷载应根据施工阶段、施工方法、施工部位等因素具体确定，如各类结构施工期都可能存在的设备运输及吊装荷载。施工机具荷载一般不宜超过 10kPa，地面施工堆载一般宜采用 20kPa。而对于具体的施工方法，如盾构法隧道施工还需考虑千斤顶施加在管片端部的推力、注浆所引起的附加荷载、盾构机及其配套设备的重量，再如沉管法施工的隧道在沉管拖运、沉放和水力压接施工中产生的相应荷载。此外，相邻地下结构相继施工的影响也是施工荷载的一种，如《地铁设计规范》GB 50157—2013 第 11.2.7 条指出，当两条隧道距离较近时应考虑邻近隧道开挖的影响。

2.3.6　偶然荷载

偶然荷载引起的效应一般需要专门计算，毕业设计中基本不考虑，详细可参考相关规范，如《铁路工程抗震设计规范》GB 50111—2006（2009 年版）、《地下结构抗震设计标准》GB/T 51336—2018、《人民防空地下室设计规范》GB 50038—2005。

2.3.7　地层抗力

地下建筑结构除了承受主动荷载外（如围岩压力、结构自重等），还承受一种被动荷载即地层抗力。地层抗力是各种荷载施加在结构上导致结构变形，地层因约束结构变形反向作用在结构上的作用，是地层对结构的被动抵抗力。地层抗力的存在是地下结构区别于地上结构的本质特点之一。由于地层抗力与结构变形的关系比较复杂，这无疑提高了地下结构设计计算的复杂性。

地层抗力与结构施加给地层的荷载大小相等、方向相反。确定地层抗力的大小、作用范围存在两种理论：（1）局部变形理论，即认为地层是弹性的，在某一点上结构对地层的荷载只会引起地层中该点的变形，该点周围地层不变形；（2）共同变形理论，即在某一点上结构对地层的荷载会引起地层中荷载作用点附近一定范围的地层发生变形。后一种理论更为合理，但是前一种理论计算较为简单且能满足一般工程精度要求。因此在 2.4.2 节荷载—结构法中多采用局部变形理论计算地层抗力，而地层—结构法由于考虑了结构和地层的协调变形，已"自然而然"地考虑了地层抗力。

无论是局部变形理论还是共同变形理论，常假定地层的变形与抗力是弹性关系，这种假设在变形较小时能满足工程精度要求且能极大程度地简化计算难度。若需考虑地层的弹塑性变形特点，则应采用 2.4.3 节介绍的地层—结构法并采用弹塑性有限元分析模拟地层与结构的相互作用。

在局部变形理论中，使用最为广泛的是温克尔地基模型，其假设地层弹性抗力与结构变形呈正比，即

$$\sigma = K\delta \qquad\qquad (2\text{-}27)$$

式中　σ——地层弹性抗力；

　　　K——弹性抗力系数；

　　　δ——结构变形。

各类地层的弹性抗力系数范围如表 2-4 所示。

各类地层的弹性抗力系数范围　　　　　　　　　　　　　　　　　表 2-4

地层类型	K 值（$\times 10^3 kN/m^3$）
淤泥质土、有机质土或新填土	0.1～0.5
软弱黏土	0.5～1
黏土及粉质黏土，软塑	1～2
黏土及粉质黏土，可塑	2～4
黏土及粉质黏土，硬塑	4～10
松砂	1～1.5
中密砂或松散砾石	1.5～2.5
密砂或中密砾石	2.5～4
黄土及黄土性粉质黏土	4～5
紧密砾石	5～10
硬黏土或人工夯实粉质黏土	10～20
软质岩石和中、强风化的坚硬岩石	20～100
完好的坚硬岩石	100～1500

2.3.8　其他未详述作用

混凝土收缩可按降低温度模拟，结构温度变化影响可采用考虑温度的结构分析方法进行计算并确定其影响。当覆土荷载沿其纵向有较大变化时，结构直接承受建（构）筑物等较大局部荷载时，以及地基或基础有显著差异，沿纵向产生不均匀沉降时，可采用弹性地基梁法进行纵向强度与变形验算。

2.4　地下结构设计方法

2.4.1　工程类比法

工程类比法是参考已有的、类似的地下结构，依靠既有经验确定设计参数的方法。地下结构的设计受到多种复杂因素的影响，即使采用了比较严密的理论，内力计算结果的合理性也仍需借助经验类比予以判断和完善。因此，经验类比法仍得到一定的应用。该方法首先判定地层环境、使用荷载等边界条件的相似性，然后依据类似的工程经验进行地下结构设计。如在岩体中的隧道结构，初步设计时以围岩分类为依据确定断面形状、支护厚度及施工方法，体现了同类围岩等级中的隧道结构工程类比法的思想。

2.4.2　荷载—结构法

荷载—结构法认为地层对结构的作用只是产生作用在结构上的荷载（包括主动地层压力和被动地层抗力），结构在荷载的作用下产生内力和变形，主要按照"确定荷载作用→计算结构响应→设计抵抗响应"的流程进行结构设计。图 2-5 为一些典型断面形式的地下结构所受荷载的简化示意图。

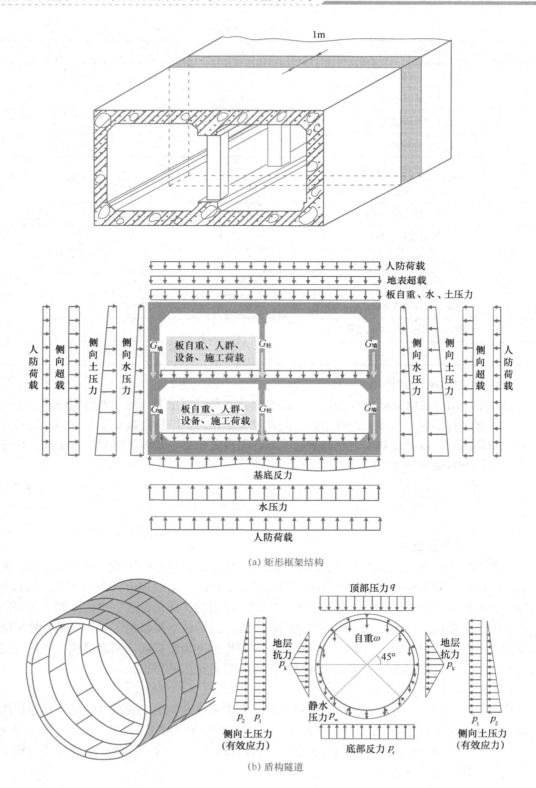

(a) 矩形框架结构

(b) 盾构隧道

图 2-5 不同截面形式隧道的荷载简化示意图

早年常用的弹性连续框架（含拱形构件）法、假定抗力法和弹性地基梁（含曲梁）法等都可归属于荷载—结构法。其中假定抗力法和弹性地基梁法都形成了一些经典计算法，而弹性地基梁法按照采用的地层变形理论的不同又可分为局部变形理论和共同变形理论计算法，其中局部变形理论因计算过程较为简单而比较常用。当周围地层与地下结构的刚度差别很大时（如土层中的地下结构），采用荷载-结构法是合适的；而在岩石地层中的地下结构设计，只有当荷载明确时采用该方法才是合适的。

2.4.3　地层—结构法

地层—结构法把地下结构与地层作为共同的受力变形整体，满足变形协调条件，按照连续介质力学原理计算结构的内力及变形，据此进行截面的设计；还可以计算出周围地层的应力与变形，据此进行地层变形与稳定性的验算。由于地层—结构法比较复杂，多利用数值模拟软件实现。地层—结构法步骤一般包括：几何参数确定→本构模型与参数确定→地层建模→结构建模→地层与结构模型组合及相互作用建模→施工过程模拟→结果分析。图 2-6 为岩体中模拟隧道开挖的有限元网格划分。

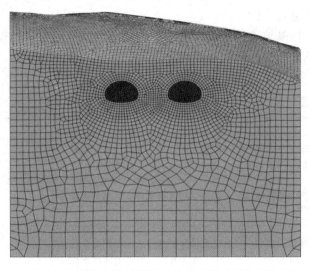

图 2-6　岩体中模拟隧道开挖的有限元网格划分

当前，基于有限单元法的数值分析软件广泛可得、功能全面、使用方便、成本较低、专业教育资源丰富，其应用范围越来越广。但是由于周围地层以及地层与结构相互作用模拟的复杂性，地层—结构法目前还无法单独用于工程设计。地层—结构法的优势在于可以提供其他方法难以得到的复杂条件下的地层、结构响应，宜与其他方法相结合，辅助工程决策。

第3章 基坑工程设计

3.1 概　述

随着经济的发展和城市化进程的加快，城市人口密度不断增大，城市建设向纵深方向飞速发展，诸如高层建筑的地下室、大型综合体的地下商场和停车场、地铁隧道、地铁车站结构、地下综合管廊、地下人防工程以及其他形式的地下建筑结构在城市内不断兴建，由此产生了大量的深基坑工程。为了保证基坑开挖和地下结构施工的安全以及保护基坑周边环境，需要对基坑进行支护。

基坑支护结构是指基坑支护工程中采用的围护结构以及内支撑结构（或土层锚杆）等的总称。常用的基坑支护形式及适用范围如表 3-1 所示。

常用基坑支护形式及适用范围 表 3-1

支护形式	适用范围	备注
放坡开挖	场地土质较好，地下水位低（也可采取降水措施降低水位），施工现场有足够放坡场地的工程。允许开挖深度取决于地基土的抗剪强度和放坡坡度	费用较低，条件允许时尽量采用
重力式水泥土墙	可采用深层搅拌法施工，也可采用旋喷法施工。软黏土地基中，一般用于支护深度小于 6m 的基坑	—
型钢水泥土搅拌墙	一种在连续套接的三轴水泥土搅拌桩内插入型钢的复合挡土隔水结构，又称为 SMW 工法。软土地区一般开挖深度不大于 13m。对于搅拌桩身范围内大部分为砂性土等透水性强的土层，慎用	型钢可回收，节省造价
土钉墙	地下水位以上或降水后的基坑边坡加固。软黏土地基中应控制使用，一般可用于深度小于 5m 且可允许产生较大变形的基坑	可与锚、撑式排桩墙支护联合使用（土钉墙用于浅层支护）
钢板桩	开挖深度不大于 7m 且周边环境保护要求不高的基坑。邻近对变形敏感的建（构）筑物的基坑工程不宜采用	钢板桩打入和拔除对周边环境影响较大。钢板桩可回收，降低造价
悬臂式排桩	深度较小，且可允许产生较大变形的基坑。软黏土地基中一般用于深度小于 6m 的基坑	常辅以水泥土搅拌桩作为截水帷幕
排桩加内支撑	适用范围广，可适用于各种土层和基坑深度。软黏土地基中一般用于深度大于 6m 的基坑	常辅以水泥土搅拌桩作为截水帷幕

续表

支护形式	适用范围	备注
排桩加拉锚	砂性土地基和硬黏土地基可提供较大的锚固力，常用于可提供较大锚固力地基中的基坑。基坑面积越大，优越性越显著。基坑周边需要有施加锚杆的空间	通过注浆可增加锚杆的锚固力
地下连续墙	适用范围广，可适用于各种土层和基坑深度。一般用于深度较大的基坑，是复杂地质与周边环境条件下深基坑的首选方案，一般基坑深度大于15m以后相比排桩有优势	既可挡土又可挡水。还可以加内支撑或拉锚联合使用
门架式支护结构	常用于开挖深度超过悬臂式支护结构合理支护深度但深度又不是很大的情况。用于软黏土地基中深度一般为7~8m，且可允许产生较大变形的基坑	—
沉井支护结构	软土地基中面积较小且呈圆形或矩形等较规则形状的基坑	—

　　本章介绍最常用且适应性比较广泛的支护方法——排桩加内支撑，并辅以水泥土搅拌桩作为截水帷幕，典型支护断面如图3-1所示。其中围护结构采用柱列式钻孔灌注桩，其形成的墙体承受基坑内外水、土侧压力以及内支撑反力，是保证基坑壁稳定的一种临时挡墙结构。内支撑结构是由围梁（也叫围檩，位于顶部的叫冠梁）、支撑构件（钢筋混凝土或钢构件）、立柱以及立柱桩等组成的结构体系，其作用是同基坑底被动区土体共同平衡支撑墙体外的主动区压力。围梁是一道或几道沿着围护墙体内侧设置，把内支撑构件的受力相对均匀地传递给围护墙体的水平方向梁；支撑构件承受着围梁传来的轴力和弯矩；立柱一般为钢构架，其作用一方面是承受支撑构件重量及施工荷载，另一方面则是增加对支撑构件的竖向约束；立柱下方须设置立柱桩。水泥土搅拌桩形成的截水（防渗）帷幕用来防止基坑外的水渗流进入基

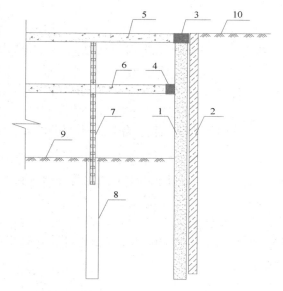

图3-1　排桩＋内支撑＋水泥土搅拌桩
基坑支护示意图
1—钻孔灌注桩；2—截水帷幕；3—冠梁；4—围梁；
5—第一道支撑；6—第二道支撑；7—立柱；
8—立柱桩；9—基坑底面；10—地表

坑内，并控制地下水绕流帷幕底部的路径以控制由于基坑内外水头差造成的流砂及管涌等现象。

　　基坑支护设计内容一般包括：收集相关资料、支护结构选型、围护结构设计、支撑结构设计、稳定性验算、地下水控制以及基坑监测方案。作为毕业设计，为了保证设计的工作量，使学生能够理解并应用理论方法解决工程问题，建议内力计算以手算为主，电算校

核为辅。

3.2　设计原则及依据

3.2.1　设计原则

基坑工程设计的基本原则是安全可靠、经济合理、技术可行、施工方便。基坑支护设计时，应综合考虑基坑周边环境和地质条件的复杂程度、基坑深度等因素，采用不同的支护结构安全等级。根据支护结构失效、土体过大变形对基坑周边环境或主体结构施工安全的影响后果很严重、严重和不严重，确定对应的安全等级分别为一级、二级和三级。

基坑支护设计应满足承载能力极限状态和正常使用极限状态验算要求，具体设计表达式如下。

1）承载能力极限状态

（1）支护结构构件或连接因超过材料强度或过度变形的承载能力极限状态设计，应符合式（3-1）要求。

$$\gamma_0 S_d \leqslant R_d \tag{3-1}$$

式中　γ_0——支护结构重要性系数，对应基坑安全等级一级、二级和三级分别取 1.1、1.0 和 0.9；

$\quad\quad S_d$——作用基本组合的效应（轴力、弯矩等）设计值；

$\quad\quad R_d$——结构构件的抗力设计值。

对临时性支护结构，作用基本组合的效应设计值应按式（3-2）确定。

$$S_d = \gamma_F S_k \tag{3-2}$$

式中　γ_F——作用基本组合的综合分项系数，不应小于 1.25；

$\quad\quad S_k$——作用标准组合的效应。

（2）整体滑动、坑底隆起失稳、围护构件嵌固段推移、锚杆与土钉拔动、支护结构倾覆与滑移、土体渗透破坏等稳定性计算和验算，均应符合式（3-3）要求。

$$\frac{R_k}{S_k} \geqslant K \tag{3-3}$$

式中　R_k——抗滑力、抗滑力矩、抗倾覆力矩、锚杆和土钉的极限抗拔承载力等土的抗力标准值；

$\quad\quad S_k$——滑动力、滑动力矩、倾覆力矩、锚杆和土钉的拉力等作用标准值的效应；

$\quad\quad K$——安全系数。

2）正常使用极限状态

由支护结构水平位移、基坑周边建筑物和地面沉降等控制的正常使用极限状态设计，应符合式（3-4）要求。

$$S_d \leqslant C \tag{3-4}$$

式中　S_d——作用标准组合的效应（位移、沉降等）；

$\quad\quad C$——支护结构水平位移、基坑周边建筑物和地面沉降的限值。

支护结构重要性系数与作用基本组合的效应设计值的乘积 $\gamma_0 S_d$ 可采用下列内力设计

值表示。

弯矩设计值

$$M = \gamma_0 \gamma_F M_k \tag{3-5}$$

剪力设计值

$$V = \gamma_0 \gamma_F V_k \tag{3-6}$$

轴向力设计值

$$N = \gamma_0 \gamma_F N_k \tag{3-7}$$

式中 M——弯矩设计值（kN·m）；

M_k——作用标准组合的弯矩值（kN·m）；

V——剪力设计值（kN）；

V_k——作用标准组合的剪力值（kN）；

N——轴向拉力设计值或轴向压力设计值（kN）；

N_k——作用标准组合的轴向拉力或轴向压力值（kN）。

3.2.2 设计依据

基坑支护设计，首先需要提供以下资料：工程项目概况、建筑平面图、结构施工图、基础平面图和剖面图、岩土工程勘察报告以及基坑周边环境资料等。

设计时所依据的相关规范和规程包括：《建筑结构荷载规范》GB 50009—2012、《建筑基坑支护技术规程》JGJ 120—2012、《混凝土结构设计规范》GB 50010—2010（2015年版）、《钢结构设计标准》GB 50017—2017、《热轧型钢》GB/T 706—2016、《建筑桩基技术规范》JGJ 94—2008、《建筑地基基础设计规范》GB 50007—2011、《建筑地基基础工程施工质量验收标准》GB 50202—2018、《混凝土结构工程施工质量验收规范》GB 50204—2015、《建筑地基处理技术规范》JGJ 79—2012、《建筑基坑工程监测技术标准》GB 50497—2019 以及其他有关的规范及规程。

3.3 排桩围护结构设计

3.3.1 桩体平面布置

排桩通常为钢筋混凝土桩，桩体平面布置即选择合适的桩径、桩距及桩的平面布置形式。

桩径的选择主要考虑地质条件、基坑深度、支撑形式、支撑或锚杆的竖向间距、允许变形等条件综合确定。一般而言，当基坑面积较大，水平支撑造价很高时，可以考虑采用较大的桩径以减小支撑道数。采用混凝土灌注桩时，埋深 12m 以内的基坑，桩径不宜小于 600mm；埋深超过 12m 以上时，桩径宜选 800～1200mm。目前市场上，桩径一般以 800mm、1000mm 和 1200mm 为多。

排桩间距可根据桩径、桩长、开挖深度、垂直度等情况来确定，一般为 1.2～1.5 倍桩径，不宜大于桩径的 2 倍。排桩的平面布置可采用分离式、咬合式、双排式、相切式、交错式、格栅式等多种形式。这里介绍钻孔灌注桩常用的分离式、咬合式和双排式三种。

分离式排桩是工程中灌注桩围护墙最常用的，也是较简单的围护结构形式，如图 3-2 所示，但分离式排桩不能隔水，在软土地区或地下水位较低时需要在外侧设置截水帷幕，截水帷幕通常采用水泥土搅拌桩；其地层适用性广，对软黏土到粉砂性土、卵砾石、岩层中的基坑均适用，软土地层中一般适用于开挖深度不大于 20m 的深基坑工程。有时因场地狭窄等原因，无法同时设置排桩和截水帷幕时，可采用桩与桩之间咬合的形式，形成可起到截水作用的咬合式排桩围护墙，咬合式排桩围护墙的先行桩采用素混凝土桩或钢筋混凝土桩，后行桩采用钢筋混凝土桩，如图 3-3 所示；其适用于淤泥、流砂、地下水富集的软土地区，适用于邻近建（构）筑物对降水、地面沉降较敏感等环境保护要求较高的基坑工程。为增大排桩的整体抗弯和抗侧移能力，可将桩设置成前后双排，将前后排桩桩顶的冠梁用横向连梁连接，就形成了双排门架式围护结构，如图 3-4 所示，其适用于场地空间充足，开挖深度较深，变形控制要求较高，且无法设置内支撑体系的工程。

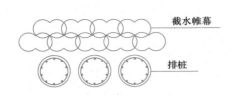

图 3-2　分离式排桩平面示意图

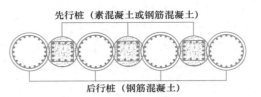

图 3-3　咬合式排桩平面示意图

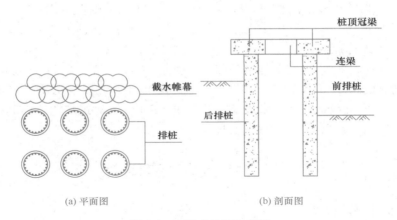

(a) 平面图　　　　　　　　　　　(b) 剖面图

图 3-4　双排式排桩示意图

3.3.2　入土深度确定

入土深度既影响桩体内力计算，也影响支护体系的稳定性，需在初步设计基础上进一步通过计算确定。初步设计手算时，一般桩体的入土深度 l_d（或嵌固深度，即基坑以下的深度）取（$1.1\sim1.2$）h（h 为基坑深度），软土可取为（$1.7\sim1.8$）h。大概估算位于哪个土层之后，便可在利用等值梁法计算围护桩内力的同时，确定桩的嵌固深度，具体见 3.3.4 节。

根据《建筑基坑支护技术规程》JGJ 120—2012（以下简称《基坑规程》）第 4.2 节，基坑支护结构的嵌固深度还需要通过稳定性验算，比如悬臂式支护结构需要验算桩端处的倾覆稳定性、整体滑动稳定性，可以不进行隆起稳定性验算；支撑式围护结构的嵌固深度可不验算整体滑动稳定性，但需满足坑底隆起稳定性；若坑底以下为软土时，还要满足以最下层支点为轴心的圆弧滑动稳定性要求；另外单支撑围护结构嵌固深度还需要满足支撑点处的倾覆稳定性。具体的稳定性验算要求详见《基坑规程》。

稳定性验算计算过程比较复杂，毕业设计中通常采用等值梁法，根据弯矩零点以下梁端处弯矩平衡手算求出入土深度，再通过电算进行稳定性验算的校核。

3.3.3　水平荷载及强度指标选用

3.3.3.1　水平荷载

作用在支护结构上的主要荷载为水平荷载，通常由以下几种因素引起：土压力、水压力、基坑周边建筑物荷载、施工材料和设备荷载以及道路车辆荷载等。

基坑外侧的土压力按主动土压力计算，基坑内侧按被动土压力计算；而水压力可根据土质情况采用水土合算或水土分算方法计入，具体计算方法参照第 2 章。

对于基坑外侧周边的荷载，一般情况下，即使周边为空地，也要按照竖向均布大面积超载 20kPa 计算（经验），这是因为施工过程中不可避免会在基坑周边有活动荷载。当基坑周边有建筑物或道路车辆荷载时，宜按局部附加荷载进行计算，计算图式如图 3-5 所示，其中 θ 宜取 45°，具体参考《基坑规程》第 3.4.7 条。按经验，若基坑周边有建筑物，且为浅基础，则将每层 15～20kPa 乘以层数以局部荷载的方式按图 3-5（a）施加，即 $p_0 = 20n$（n 为建筑物层数）；若为深基础建筑物，由于桩基会将大部分荷载传递至深部土层而不作用于围护结构上，则在桩基承台以下采用 0.2～0.3 倍的系数（经验）进行折减并按图 3-5（a）计算，即 $p_0 = (0.2 \sim 0.3) \times 20n$。一般路面交通荷载按相关规范要求施加，并按图 3-5（b）计算。周边环境对基坑的影响在 $2h$（h 为基坑开挖深度）以内影响最大，按经验，对于一般土体，$4h$ 以外可以忽略不计；而对于软土，$6h$ 以外的影响可以不考虑。

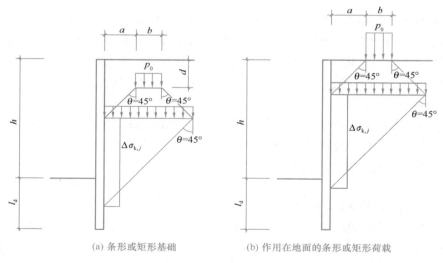

(a) 条形或矩形基础　　　　(b) 作用在地面的条形或矩形荷载

图 3-5　局部附加荷载作用于支护结构上的压力计算图式

为了便于施工，通常从地面向下放坡 0.5～1.0m 再做支护结构。《基坑规程》中规定，当支护结构顶部低于地面，其上方采用放坡时，支护结构顶面以上土体对支护结构的作用宜按库仑土压力理论计算，也可将其视作附加荷载进行计算，具体参考《基坑规程》第 3.4.8 条。毕业设计手算时为了简化计算，通常可将支护结构顶部以上的放坡土体视为大面积堆载计算，如图 3-6 所示，即

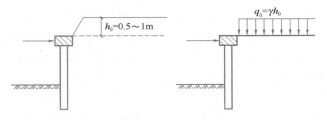

图 3-6　放坡土体视为大面积堆载

$$q_0 = \gamma h_0 \tag{3-8}$$

式中　γ——放坡土体平均重度；

　　　h_0——放坡土体高度。

3.3.3.2　强度指标选用

土压力、水压力计算以及稳定性验算时，水土分算与合算方法以及相应的抗剪强度指标选用应符合以下规定。

（1）对地下水位以上的黏性土、黏质粉土，应采用三轴固结不排水抗剪强度指标 c_{cu}、φ_{cu} 或直剪固结快剪强度指标 c_{cq}、φ_{cq}；对地下水位以上的砂质粉土、砂土、碎石土，采用有效强度指标 c'、φ'。

（2）对地下水位以下的黏性土、黏质粉土，可采用水土合算。此时，对正常固结和超固结土，土的抗剪强度指标应采用三轴固结不排水抗剪强度指标 c_{cu}、φ_{cu} 或直剪固结快剪强度指标 c_{cq}、φ_{cq}；对欠固结土，宜采用有效自重压力下预固结的三轴不固结不排水抗剪强度指标 c_{uu}、φ_{uu}。

（3）对地下水位以下的砂质粉土、砂土和碎石土，应采用水土分算。此时，土的抗剪强度指标应采用有效应力强度指标 c'、φ'。由于有效强度指标确定存在一定困难，因此，对于砂质粉土，也可采用三轴固结不排水抗剪强度指标 c_{cu}、φ_{cu} 或直剪固结快剪强度指标 c_{cq}、φ_{cq} 代替。对砂土和碎石土，可根据标准贯入试验实测击数和水下休止角等物理力学指标进行换算取值。

对于毕业设计而言，通常简化处理，采用岩土工程勘察报告中提供的土体的直剪固结快剪或三轴固结不排水抗剪强度指标进行计算。对于砂土，采用水土分算；对于黏性土，采用水土合算；对于粉土、填土，在不确定的情况下，可采用水土分算以保证有一定的安全储备。

3.3.4　围护结构内力计算方法

围护结构内力计算的目的是求出围护结构上最大弯矩值，用于围护结构的配筋计算；另外计算出支撑轴力用于围梁和支撑结构的设计。对于悬臂式围护结构，静力平衡法简单而近似，在工程设计计算中被广泛应用；对于单支撑围护结构，多用等值梁法进行内力计算。而对于多支撑支护结构，通常采用等值梁法（连续梁法）、支撑荷载 1/2 分担法、逐层开挖支撑力不变法、弹性支点法以及有限单元法等。这里主要介绍常用的等值梁法和弹性支点法，其他方法请参见相关教材。

（1）等值梁法

等值梁法又称假想铰法，可以求解多支撑的围护结构内力。首先假定围护结构弹性曲线反弯点即假想铰的位置。假想铰的弯矩为零，于是可把围护结构划分为上、下两段，上部为简支梁，下部为一次超静定结构，这样即可按照弹性结构的连续梁求解围护结构的弯矩、剪力和支撑轴力。等值梁法的关键问题是确定假想铰点的位置，通常可假设为土压力等于零的那一点或是围护结构入土面的一点，也可设假想铰点距离入土面深度 y，该 y 值可根据地质条件和结构特性计算确定。

以单支撑支护结构进行等值梁法的介绍，围护结构内力计算简图如图 3-7 所示。当围护结构入土深度较深时，围护结构底端向后倾斜，结构的前后侧均出现被动土压力，结构在土中处于弹性嵌固状态，相当于上端简支而下端嵌固的超静定梁。求解该围护结构的内力，有三个未知量：T_c（支点力）、P（嵌固端压力）和 l_d（嵌固深度），而可以建立的平衡方程只有两个，因此不能用静力平

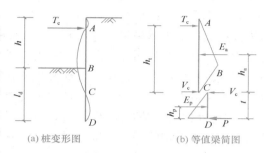

图 3-7　等值梁法计算围护结构内力简图

衡条件直接求解。图 3-7(a) 给出了围护结构的挠曲线形状，在围护结构下部有一反弯点 C。实测结果表明，净土压力强度为零点的位置（土压力零点）与弯矩零点的位置很接近，因此可假定反弯点即是土压力零点，可根据作用于墙前后侧向土压力强度为零（即主动土压力强度等于被动土压力强度）的条件求出。

反弯点位置 C 确定后，假设在 C 点处把梁切开，并在 C 点设置支点形成简支梁 AC，如图 3-7(b) 所示，则 AC 梁的弯矩将保持不变，因此 AC 梁即为 AD 梁上 AC 段的等值梁。根据 C 点和 A 点的力矩平衡方程可分别计算出支点反力 T_c 和 C 点剪力 V_c，即式（3-9）和式（3-10）。

对 C 点取矩，由 $\sum M_c = 0$ 得

$$T_c \cdot h_t = E_a \cdot h_a \tag{3-9}$$

对 A 点取矩，由 $\sum M_A = 0$ 得

$$V_c \cdot h_t = E_a(h_t - h_a) \tag{3-10}$$

而围护结构上的最大弯矩（对应于剪应力为零处）也可求出。

另外，取围护结构下段 CD 为隔离体，对桩端处 D 点列力矩平衡方程，即可求出反弯点 C 至桩端处的垂直距离 t，即

$$V_c \cdot t = E_p h_p \tag{3-11}$$

此时，围护桩的最小入土深度 l_0 可求，即坑底至土压力零点 C 的垂直距离 x 与 t 之和：$l_0 = x + t$。为保证基坑工程的安全性，可乘以系数 $1.1 \sim 1.2$ 作为安全储备，即桩的嵌固深度 $l_d = (1.1 \sim 1.2)l_0$。

多支撑支护结构等值梁法的计算原理与单支撑支护结构的等值梁法基本相同，计算时把多支撑支护结构当作刚性支撑的连续梁来计算（即支座无位移），对每一施工阶段建立静力计算体系，按各个施工阶段情况分别进行计算，具体计算过程可参考相关教材，此处不再详述。

（2）弹性支点法

弹性支点法也称侧向弹性地基反力法或土抗力法，也简称 m 法。它是在平面弹性地

基梁分析方法基础上形成的一种解析方法。《基坑规程》中规定，支撑式支护结构，可将整个结构分解为围护结构和内支撑结构分别进行分析。围护结构宜采用平面杆系结构弹性支点法进行分析；内支撑结构可按平面结构进行分析，围护结构传至内支撑的荷载应取围护结构分析时得出的支点力。

弹性支点法将围护结构视为竖向放置的弹性地基梁，支撑或锚杆简化成弹簧支座，基坑内开挖面以下土体采用温克尔地基模型来模拟，支护结构外侧作用已知的水压力和主动土压力。计算简图如图 3-8 所示，其中 F_h 为支撑点处水平反力，为支撑刚度系数 k_R 的函数，与支撑构件的模量、尺寸以及水平间距等有关；p_s 为土反力（被动土压力），与土的水平反力系数 k_s 有关，而 k_s 与土体水平反力系数的比例系数 m 有关（m 也称地基基床系数），因此弹性支点法也称为 m 法，具体计算规定及参数取值参见《基坑规程》第 4.1 节，其中支护结构的嵌固深度通过满足《基坑规程》中式（4.1.4-2）来确定，即满足用水平反力系数 k_s 计算的基坑内侧土反力与朗肯被动土压力公式计算的被动土压力相等。

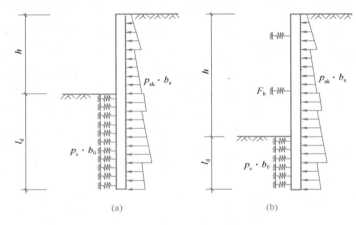

图 3-8　弹性支点法计算简图

支护结构内力计算时，考虑土体分层（m 值不同）及水平支撑等实际情况，需要沿竖向将弹性地基梁划分为若干单元，列出每个单元的微分方程，支护结构变形的挠曲方程，如式（3-12）和式（3-13）所示，一般可采用杆系有限元法进行求解。

$$EI \frac{\mathrm{d}^4 y}{\mathrm{d}x^4} - e_{aik} b_s = 0 \ (0 \leqslant z < h_n) \tag{3-12}$$

$$EI \frac{\mathrm{d}^4 y}{\mathrm{d}x^4} + m b_0 (z - h_n) y - e_{aik} b_s = 0 \ (z \geqslant h_n) \tag{3-13}$$

式中　　EI ——支护结构计算宽度的抗弯刚度；

　　　　z ——支护结构顶部至计算点的距离；

　　　　y ——计算点的水平变形；

　　　　h_n ——第 n 工况基坑开挖深度；

　　　　b_s ——荷载计算宽度，排桩可取桩中心距；

　　　　b_0 ——抗力计算宽度；

　　e_{aik} ——作用在支护结构上 z 深度处的水平荷载标准值。

分析多道支撑分层开挖时，按照施工工况顺序进行支护结构的变形和内力计算，计算中需考虑各工况下边界条件、荷载形式等的变化，并取上一工况支护结构水平位移作为下一工况的初始值，支撑点处水平反力 F_h 可根据支护结构水平位移与支撑刚度系数 k_R 的关系求出（《基坑规程》式 4.1.8）。采用数值方法，按以上步骤可求出桩的变形，进而可求出各土层的弹性抗力，求得土层的弹性抗力值后，再以静力平衡方法计算支护结构的内力。弹性支点法计算过程比较复杂，一般不进行手算，而基坑设计软件中多使用弹性支点法。

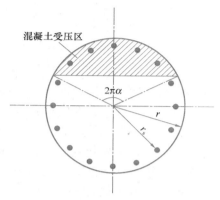

3.3.5　桩体配筋及构造要求

根据上述方法计算出支护桩体的最大弯矩，用于支护桩体的配筋。在实际工程中，排桩支护体系中的单桩以圆形截面为主。圆形截面桩的配筋可采用全对称形式，也可采用不对称形式，具体参照《基坑规程》附录 A 圆形截面混凝土支护桩的正截面受弯承载力计算和《混凝土结构设计规范》GB 50010—2010（2015 年版）附录 E 任意截面、圆形及环形构件正截面承载力计算。设计时通常采用全对称形式，计算简图如图 3-9 所示。

图 3-9　桩的配筋计算简图
（全对称形式）

（1）全对称配筋

全对称配筋的计算公式如下。

$$\alpha \alpha_1 f_c A \left(1 - \frac{\sin 2\pi\alpha}{2\pi\alpha}\right) + (\alpha - \alpha_t) f_y A_s = 0 \tag{3-14}$$

$$M \leqslant \frac{2}{3} \alpha_1 f_c A r \frac{\sin^3 \pi\alpha}{\pi} + f_y A_s r_s \frac{\sin\pi\alpha + \sin\pi\alpha_t}{\pi} \tag{3-15}$$

$$\alpha_t = 1.25 - 2\alpha \tag{3-16}$$

式中　M——截面弯矩设计值，按式（3-5）计算；

　　　A——圆形截面面积；

　　　A_s——全部纵向钢筋的截面面积；

　　　r——圆形截面的半径；

　　　r_s——纵向钢筋重心所在的圆周半径；

　　　α——受压区混凝土截面面积与全部纵筋截面面积的比值，理论上通过式（3-14）和式（3-16）联立方程求解；

　　　α_t——纵向受拉钢筋截面面积与 A_s 的比值，当 $\alpha > 0.625$ 时，取 $\alpha_t = 0$；

　　　α_1——受压区混凝土矩形应力图的应力值与混凝土轴心抗压强度设计值的比值，当混凝土强度等级不超过 C50 时，α_1 取为 1.0；当混凝土强度等级为 C80 时，α_1 取为 0.94；其间按线性内插法确定；

　　　f_c——混凝土轴心抗压强度设计值；

　　　f_y——普通钢筋抗拉强度设计值。

本条适用于截面内纵向钢筋数量不少于 6 根的情况。

对称配筋时，配筋率 ρ 的范围为 0.6%～5%。当纵向钢筋级别为 HRB400、RRB400 时，$\rho_{min} = 0.5\%$；当混凝土强度等级为 C60 及以上时，$\rho_{min} = 0.7\%$。

（2）箍筋配筋

支护桩的箍筋按一般受弯构件计算，满足斜截面的受剪承载力要求。

$$V \leqslant 0.7f_1bh_0 + 1.25f_{yv}A_{sv}h_0/s \tag{3-17}$$

式中　V——构件斜截面上的最大剪力设计值，按式（3-6）确定；

　　　f_{yv}——箍筋抗拉强度设计值；

　　　b——以 $1.76r$ 代替；

　　　h_0——以 $1.6r$ 代替；

　　　f_1——混凝土轴心抗拉强度设计值；

　　　A_{sv}——配置在同一截面内箍筋各肢的全截面面积，$A_{sv} = nA_{svt}$；

　　　n——在同一截面内箍筋的肢数；

　　　A_{svt}——单肢箍筋的截面面积；

　　　s——沿构件长度方向的箍筋间距。

除此以外，还要满足以下配筋的构造要求。

桩体通常用混凝土浇筑，桩身混凝土强度等级不低于C25；桩体纵向受力钢筋宜选用HRB400、HRB500钢筋，通常全长配筋。单桩纵向受力钢筋不宜少于8根，净间距不应小于60mm。纵向受力钢筋的保护层厚度不小于35mm。

箍筋可采用螺旋式，直径不小于纵向受力钢筋最大直径的1/4，且不小于6mm；箍筋间距宜取100～200mm，且不大于400mm及桩的直径。沿桩身配置的加强箍筋应满足钢筋笼起吊安装要求，宜选用HPB300、HRB400钢筋，其间距宜取1000～2000mm。

3.4　内支撑结构设计

内支撑结构主要包括围梁、支撑构件、立柱以及立柱桩等。以下将从支撑结构形式及特点、支撑布置形式、支撑结构内力变形计算、截面设计及承载力验算以及构造要求等方面进行详细介绍。

3.4.1　支撑的结构形式及特点

支撑体系的结构形式和特点根据其所用材料、布置形式的不同而不同。支撑按材料通常分为钢支撑和钢筋混凝土支撑，有时也组合使用。钢支撑是在基坑内将钢构件用焊接或螺栓拼接起来的结构体系，钢支撑具有架设以及拆除施工速度快、可通过施加和复加预应力控制基坑变形以及可以重复利用、经济性较好的特点，但钢支撑整体性受限于节点构造连接，钢支撑支点现场施工难度大、施工质量不易控制。钢筋混凝土支撑具有刚度大、整体性好的特点，而且可采取灵活的平面布置形式以适应基坑工程的各项要求，但需要现场浇筑和养护、工期长、拆撑难、造价相对较高。工程中，通常采用组合形式，取长避短，比如第一道采用钢筋混凝土支撑，第二道及以下采用钢支撑。

按布置形式，支撑体系一般可分为对撑、角撑结合桁架支撑形式以及钢筋混凝土环梁支撑等，如图3-10所示。对撑适合于平面形状较为规则的狭长型基坑，利用基坑的对称性将支撑对顶于基坑两对侧；角撑是将支撑布置于基坑相邻两边相交的角部，与墙体形成一定角度的支撑。为了增加支撑的整体性，常常把2个或3个对撑（或角撑）用连系梁连接起来形成桁架结构（也称之为双拼或三拼），包括边桁架、支撑桁架、斜撑桁架等，而

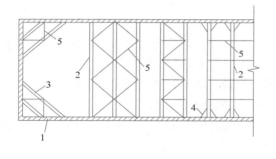
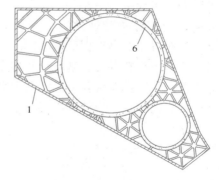

图 3-10　常见的支撑布置形式
1—围护结构；2—对撑；3—斜撑；4—八字撑；5—连系梁；6—钢筋混凝土环梁

在对撑或角撑端部可设置八字撑增强整体刚度。对于平面形状比较复杂的基坑，可以采用钢筋混凝土组合桁架作为平面支撑系统。钢筋混凝土环梁适用于平面轮廓接近正方形的基坑，对于长方形轮廓的基坑可结合对撑或采用双圆环梁支撑的形式。

围梁的作用是将围护结构承受的土压力、水压力等外荷载传递到支撑上，另外将围护结构的各施工单元组成一个整体而共同受力，从而增强其整体性。通常根据围护结构的材料来选择钢围梁或钢筋混凝土围梁，当支撑或围护结构采用钢构件时，多采用钢围梁；当支撑和围护结构采用钢筋混凝土时，常采用钢筋混凝土围梁。钢围梁多用 H 型钢或双拼槽钢等，通过钢牛腿与支护桩体连接，或通过支护桩体伸出的吊筋固定。钢围梁与围护结构之间应采用细石混凝土填实，确保传力可靠。

位于支护桩顶部的钢筋混凝土围梁又称为冠梁，如图 3-11（a）所示，它与支护桩体整体浇筑在一起。而桩身处的钢筋混凝土围梁，可通过桩身预埋筋或吊筋固定，具体固定方式如图 3-11（b）～（d）所示。

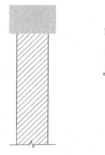
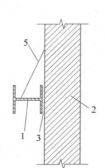
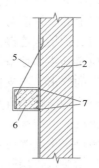

(a) 冠梁　　(b) 牛腿支承的钢围梁　(c) 吊筋支承的钢围梁　(d) 吊筋支承的钢筋混凝土围梁

图 3-11　围梁及其固定方式示意图
1—钢围梁；2—支护桩体；3—细石混凝土；4—钢牛腿；
5—吊筋；6—钢筋混凝土围梁；7—与预埋筋连接

立柱用来支承水平支撑体系的自重，并防止支撑发生竖向弯曲，通常采用格构式钢立柱。而对于软土地基，钢立柱不能直接支承于地基上，通常需要设置灌注桩作为立柱支承桩。灌注桩混凝土浇至基坑底面，立柱穿入灌注桩内。立柱通常设置于支撑交叉部位，立柱桩可以利用工程桩。

3.4.2 支撑的布置形式

支撑的布置主要是根据所需承担的支撑反力和支撑的承载能力来确定支撑间距，具体布置时需视支撑材料种类、基坑形状特点、挖土施工要求以及周围环境的条件和主体结构平面等来确定。支撑布置要遵循"受力简单、明确、均匀"的原则尽量均匀、对称。

支撑在平面布置上应符合以下要求，部分要求如图 3-12 所示。

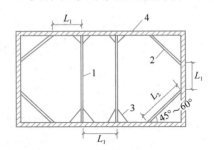

图 3-12 平面布置部分要求示意图
1—对撑；2—斜撑；3—八字撑；
4—围护结构；L_1—水平支撑
点间距；L_2—斜撑长度

（1）内支撑的布置应满足主体结构的施工要求，宜避开地下主体结构的墙、柱。

（2）水平支撑与围护结构间应设置连接围梁，当支撑设置在围护结构顶部时，水平支撑应与冠梁连接。围梁或冠梁上支撑点的间距 L_1，对钢围梁不宜大于 4m，对钢筋混凝土围梁不宜大于 9m。

（3）当需要采用较大水平间距的支撑时，宜根据支撑冠梁、围梁的受力和承载力要求，在支撑端部两侧设置八字撑与冠梁、围梁连接，八字撑宜在主撑两侧对称布置，作为构造上的加强；斜撑长度 L_2 不宜大于 9m，斜撑与冠梁、围梁之间的夹角宜取为 $45°\sim 60°$。

（4）立柱应避开主体结构的梁、柱、承重墙、后浇带、降水井等位置。对纵横双向交叉的支撑构件，立柱宜设置在支撑的交汇点处。对于用作主体结构柱的立柱，立柱在基坑支护阶段的负荷不得超过主体结构的设计要求。立柱与支撑端部及立柱之间的间距应根据支撑构件的稳定要求和竖向荷载的大小确定，且对混凝土支撑不宜大于 15m，对钢支撑不宜大于 20m；当角撑、对撑的长度很大时，为确保稳定性，大约按 10m 的间距设置立柱。

（5）一般情况下，每一道支撑标高在整个基坑要一致，也即同一个标高。

支撑在竖向上的布置应符合以下要求。

（1）支撑与支护结构连接处不应出现拉力。

（2）支撑应避开主体地下结构底板和楼板的位置，并应满足主体地下结构施工对墙、柱钢筋连接长度的要求，当支撑下方的主体结构楼板在支撑拆除前施工时，支撑底面与下方主体结构楼板间的净距不宜小于 700mm。

（3）支撑至坑底的净高不宜小于 3.5m。

（4）采用多层水平支撑时，各层水平支撑宜布置在同一竖向平面内，即上、下层水平支撑在投影上尽量接近，层间净高一般不小于 3.5m，以便施工、挖土。

3.4.3 支撑结构内力变形计算

作用于内支撑上的荷载主要有：由围护结构传至内支撑结构上的水平荷载；支撑结构自重；当支撑作为施工平台时，作用于支撑顶面的施工活荷载，可取 4～10kPa；对于钢支撑，必要时考虑预加轴力及温度变化等引起的水平荷载。

支撑结构内力计算方法有简化计算方法、平面整体分析方法以及空间整体分析方法。

当支撑体系平面形状规则，支撑构件相互正交时，可采用简化计算方法，即将支撑结构分离出来，在截离处作用着支护结构按简化平面计算模型计算得到的水平反力以及其他荷载，围梁作为承受由竖向围护结构传来的水平力的连续梁或闭合框架，支撑与围梁相连的节点即为不动支座。采用简化计算方法时具体规定如下。

（1）水平支撑轴力按围护结构沿围梁方向的水平反力乘以支撑中心距计算。当支撑和围梁斜交时，按水平反力沿支撑长度方向的投影计算。

（2）水平荷载作用下，钢筋混凝土围梁内力和变形可近似按多跨连续梁计算，计算跨度取相邻支撑点的中心距。钢围梁的内力和变形按简支梁计算，计算跨度取相邻水平支撑的中心距。当水平支撑与围梁斜交或自身转折时，应计算围梁所受到的轴向力。

（3）在垂直荷载作用下，支撑的内力和变形可按单跨或多跨连续梁分析，其计算跨度取相邻立柱中心距。

（4）立柱的轴向力取水平纵、横向支撑在其上面的支座反力之和。

（5）矩形基坑的正交平面杆系支撑可分解为纵、横两个方向的结构单元，分别按偏心受压构件计算。

3.4.4 支撑结构截面设计及承载力验算

支撑：混凝土支撑构件及其连接的受压、受弯、受剪承载力计算应符合现行国家标准《混凝土结构设计规范》GB 50010—2010（2015年版）的规定；钢支撑构件及其连接的受压、受弯、受剪承载力及各类稳定性应符合现行国家标准《钢结构设计标准》GB 50017—2017的规定。

围梁：围梁截面承载力可按水平向受弯构件计算。当围梁与水平支撑斜交或围梁作为边桁架的弦杆时，应按偏心受压构件计算，围梁受压计算长度取相邻支撑点的中心距。对于钢围梁，当拼接点按铰接考虑时，其受压计算长度取相邻支撑点中心距的1.5倍。当冠梁上不设置锚杆或支撑时，其作用是将排桩连成整体，调整各个桩受力的不均匀性，不需对其进行受力计算，可以依据现行国家标准《混凝土结构设计规范》GB 50010—2010（2015年版）仅按构造要求进行冠梁配筋。

立柱：竖向荷载作用下，内支撑结构按框架计算时，立柱应按偏心受压构件计算；内支撑水平构件按连续梁计算时，立柱可按轴心受压构件计算。单层支撑立柱、多层支撑底层立柱的受压计算长度应取底层支撑至基坑底面的净高度与立柱直径或边长的5倍之和；相邻两层水平支撑间的立柱受压计算长度应取此两层水平支撑的中心距。

立柱桩：立柱桩应满足桩基承载力验算条件。

3.4.5 支撑体系构造要求

支撑：混凝土支撑构件在构造上应符合现行国家标准《混凝土结构设计规范》GB 50010—2010（2015年版）的有关规定。混凝土的强度等级不应小于C25，支撑构件的截面高度不宜小于其竖向平面内计算长度的1/20，支撑构件的纵向钢筋直径不宜小于16mm，沿截面周边的间距不宜大于200mm，箍筋的直径不宜小于8mm，间距不宜大于250mm，支撑的纵向钢筋在围梁内的锚固长度不宜小于30倍钢筋直径。钢支撑构件的构造，应符合现行国家标准《钢结构设计标准》GB 50017—2017的有关规定。支撑的承载力应考虑施工偏心误差的影响，偏心距不宜小于支撑计算长度的1/1000，且对混凝土支撑不小于20mm，对于钢支撑不小于40mm。钢支撑构件可采用钢管、型钢及其组合，钢支撑受压杆件的长细比不应大于150，受拉杆件长细比不应大于200。钢支撑连接宜采用螺栓连接，必要时可采用焊接连接。

围梁：钢筋混凝土围梁与钢筋混凝土支撑构件整体浇筑在同一平面内，混凝土强度等级宜大于 C20，围梁截面高度（水平尺寸）不宜小于其水平方向计算跨度的 1/10，并且冠梁截面高度不小于桩径，截面宽度（竖向尺寸）不应小于支撑的截面高度，且不小于桩径的 0.6 倍。钢围梁截面宽度宜大于 300mm，可采用 H 型钢、I 型钢或槽钢及其组合，通过与设置在围梁墙上的牛腿支撑固定。钢围梁与钢筋混凝土围护结构之间应留设宽度不小于 60mm 的水平向通长空隙，并用强度等级不低于 C30 的细石混凝土填实。

立柱：立柱通常采用钢格构，最常用的型钢格构柱是采用 4 根等边角钢拼接而成的缀板格构柱，如图 3-13 所示。钢立柱断面边长多选用 420mm、440mm 和 460mm。当采用灌注桩作为立柱桩时，钢立柱锚入桩内的长度不宜小于立柱长边或直径的 4 倍。立柱长细比不宜大于 25，立柱与水平支撑的连接可采用铰接；立柱穿过主体结构底板的部位，应有有效的截水措施。立柱桩在基坑开挖面以下的深度不宜小于基坑开挖深度的 2 倍，且应穿过淤泥或淤泥质土层。

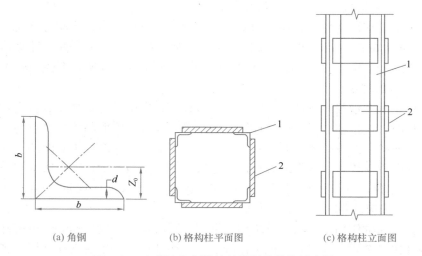

(a) 角钢   (b) 格构柱平面图   (c) 格构柱立面图

图 3-13 由等边角钢拼接的缀板格构柱示意图
1—等边角钢；2—缀板

3.4.6 拆撑与换撑

基坑开挖到基底后，随着地下室主体结构（包括底板、地下室结构墙体和楼板等）自下而上的施工，原支撑体系特别是水平支撑会影响主体结构的施工，因此需要对水平支撑进行拆除，这就导致水平支撑受力体系的改变。通常利用施工好的主体地下结构的底板或楼板替换原水平支撑的作用，即发挥换撑的作用。因此，设计时水平支撑的位置点与主体结构的水平构件（楼板）不宜相隔太远，以保证换撑时支护墙体受力状态不产生过大的变化。

底板换撑采用整体式，即在地下室底板侧面与支护墙体之间填充素混凝土（C20）至底板顶面，将支护墙体受到的力通过此道混凝土板带传至底板，达到换撑的作用和目的。中楼板换撑可在地下室中楼板施工完成后进行，如果地下室外墙防水措施不在外侧施作，则同样可以采用整板式换撑。然而，一般情况下，地下室外墙混凝土施工完成后，还需要在外侧施作防水措施，此时则需采用板式开孔换撑或梁式换撑。换撑工序示意如图 3-14 所示。

无论是整体式，还是板式开孔或梁式换撑，都是通过楼板将基坑四周的支护反力相互抵消，达到维持平衡的目的。设计时要进行拆、换撑验算，即验算拆撑后支撑上的轴力和支护墙上的最大弯矩，分别与未拆除时原支撑构件的轴力和支护墙上的最大弯矩相比，取拆、换撑前后支护结构上的最大弯矩值进行配筋，取拆、换撑前后支撑构件上的最大轴力进行支撑结构的设计。

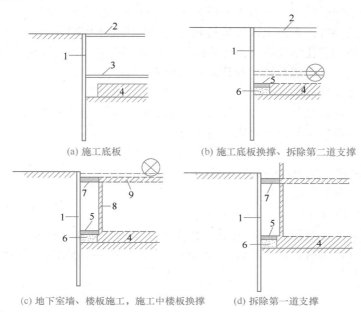

(a) 施工底板　　　　　(b) 施工底板换撑、拆除第二道支撑

(c) 地下室墙、楼板施工，施工中楼板换撑　　(d) 拆除第一道支撑

图 3-14　换撑工序示意图

1—支护墙体；2—第一道支撑；3—第二道支撑；4—底板；5—底板换撑；
6—回填土夯实；7—中楼板换撑；8—地下室外墙；9—地下室楼板

3.5　基坑地下水控制

基坑施工中，为避免产生流砂、管涌、坑底突涌等现象，防止坑壁土体的坍塌，保证施工安全和减小基坑开挖对周围环境的影响，当基坑开挖深度内存在饱和软土层和含水层及坑底以下存在承压含水层时，需要选择合适的方法控制地下水。

地下水控制的主要作用为

（1）防止基坑底面与坡面渗水，保证坑底干燥，便于施工。

（2）增加边坡和坑底的稳定性，防止边坡或坑底的土层颗粒流失，防止流砂产生。

（3）减小被开挖土体含水量，便于机械挖土、土方外运和坑内施工作业。

（4）有效提高土体的抗剪强度与基坑稳定性。对于放坡开挖，可提高边坡稳定性；对于支护开挖，可增加被动区土抗力，减小主动区土体侧压力，从而提高支护体系的稳定性和强度，保证减小支护体系的变形。

（5）减小承压水头对基坑底板的顶托力，防止坑底突涌。

控制地下水位通常采用截水、排水以及降水等措施，即"内降外堵"，基坑内的水通过降水措施降到基坑底面以下一定深度，并通过排水措施将水排出；基坑外的水通过截水措施阻止流入基坑内或增大渗流路径。截水方法包括水泥土搅拌桩、高压旋喷或摆喷注浆、地下连续墙和咬合式排桩等；排水方法通常采用排水沟和集水井等；降水方法主要包括轻型井点、喷射井点、电渗井点、管井井点以及深井井点降水等。

3.5.1 截水方法

当围护结构采用排桩时，一般可采用水泥土搅拌桩、高压旋喷桩形成截水帷幕，这里着重介绍水泥土搅拌桩。水泥土搅拌桩是利用搅拌桩机将水泥喷入土体并充分搅拌，使水泥与土发生一系列物理化学反应，使土体固结，形成具有整体性、水稳定性和一定强度的水泥土桩，并大大降低渗透系数，起到截水的作用。

（1）截水帷幕深度

当坑底以下存在连续分布、埋深较浅的隔水层时，应采用落底式帷幕。落底式帷幕进入下卧隔水层的深度应满足以下要求，且不宜小于1.5m。

$$l \geqslant 0.2\Delta h - 0.5b \tag{3-18}$$

式中　l——帷幕进入隔水层的深度（m）；

　　　Δh——基坑内外的水头差值（m）；

　　　b——帷幕厚度（m）。

当坑底以下含水层厚度大时，则采用悬挂式帷幕进行截水。截水帷幕底端位于碎石土、砂土或粉土含水层时，对均质含水层，帷幕进入透水层的深度需要满足流土稳定性要求（图3-15），即

$$\frac{(2l_d + 0.8D_1)\gamma'}{\Delta h \gamma_w} \geqslant K_f \tag{3-19}$$

式中　K_f——流土稳定性安全系数，安全等级为一、二、三级的支护结构，K_f分别不应小于1.6、1.5、1.4；

　　　l_d——截水帷幕在坑底以下的插入深度（m）；

　　　D_1——潜水面或承压水含水层顶面至基坑底面的土层厚度（m）；

　　　γ'——土的浮重度（kN/m³）；

　　　Δh——基坑内外的水头差（m）；

　　　γ_w——水的重度（kN/m³）。

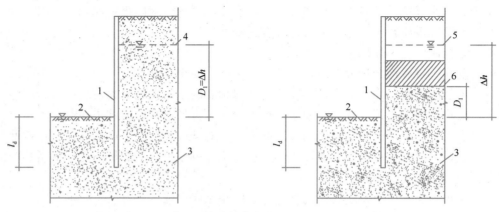

图3-15　采用悬挂式帷幕截水时的流土稳定性验算

1—截水帷幕；2—基坑底面；3—含水层；4—潜水水位；5—承压水测管水位；6—承压水含水层顶面

当坑底以下为级配不连续的砂土、碎石土含水层时，应进行土的管涌可能性判别。

当坑底以下有水头高于坑底的承压水含水层，且未用截水帷幕隔断其基坑内外水力联系时，如图 3-16 所示，承压水作用下的坑底突涌稳定性还应满足以下条件。

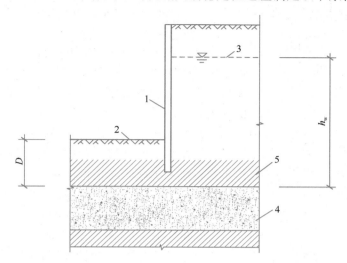

图 3-16　坑底土体的突涌稳定性验算

1—截水帷幕；2—基底；3—承压水测管水位；4—承压水含水层；5—隔水层

$$\frac{D\gamma}{h_{\mathrm{w}}\gamma_{\mathrm{w}}} \geqslant K_{\mathrm{h}} \tag{3-20}$$

式中　K_{h}——突涌稳定安全系数，K_{h} 不应小于 1.1；

$\quad\ \ D$——承压水含水层顶面至坑底的土层厚度（m）；

$\quad\ \ \gamma$——承压水含水层顶面至坑底土层的天然重度（kN/m³），对多层土，取按土层厚度加权的平均天然重度；

$\quad\ \ h_{\mathrm{w}}$——承压水含水层顶面的压力水头高度（m）；

$\quad\ \ \gamma_{\mathrm{w}}$——水的重度（kN/m³）。

截水帷幕的抗流土稳定性和突涌稳定性一般通过电算结果进行校核。

（2）水泥土搅拌桩施工方法及要求

水泥土搅拌桩直径宜取为 450～800mm，按施工方法可分为单轴、双轴和三轴搅拌桩。目前，工程上主要采用双轴搅拌桩和三轴搅拌桩。双轴水泥土搅拌桩，就是桩机上有两根钻杆、两个螺旋钻头，能够同时施工两根桩，前后两次打的桩要有一定的搭接长度，一般为 200mm 左右，如图 3-17（a）所示，水泥掺量多取为土的天然质量的 15%～20%，

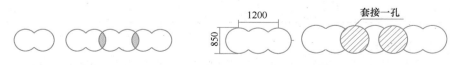

(a) 双轴水泥土搅拌桩搭接　　　　　(b) 三轴水泥土搅拌桩套打

图 3-17　水泥土搅拌桩施工方式

考虑到现场水泥土搅拌桩的施工质量有时难以保证，特别是软土地区，通常采用双排双轴搅拌桩。三轴水泥土搅拌桩，即施工时三个螺旋钻孔同时向下施工形成三根桩，采用套打方式，即一次施工三根桩，移机后有一根桩和前面一根桩重合，如图 3-17（b）所示。三轴水泥土搅拌桩的水泥掺量在 20% 左右，浆液水灰比宜取 0.6～0.8。

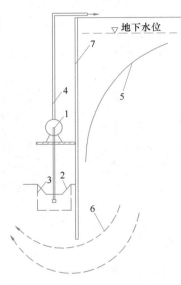

图 3-18 排水沟和集水井示意图
1—水泵；2—排水沟；3—集水井；
4—压力水管；5—降落曲线；
6—水流曲线；7—截水帷幕

3.5.2 排水方法

排水沟和集水井是施工现场普遍应用的一种降低地下水位、排除明水、保障施工的方法，如图 3-18 所示。它施工方便、设备简单，可应用于除细砂外的各种土质的施工场合。

（1）排水沟

在开挖基坑的周围一侧或两侧，或在基坑中心设置排水沟，排水沟截面应根据流量确定，一般排水沟深度 0.4～0.6m，宽度不小于 0.4m，坡度不宜小于 0.3%。排水沟底部与侧壁应采取防渗措施。

（2）集水井

沿排水沟宜每隔 30～50m 设置一口集水井，使地下水汇流于集水井内，便于用水泵将水排出基坑，集水井应低于排水沟 1m 左右并深于抽水泵进水阀高度。集水井井壁直径一般为 0.6～0.8m，井壁采取防渗措施，井底铺设 0.3m 厚的碎石或卵石作为反滤层。

3.5.3 降水方法

在设置大量水泵进行明排水也不能有效解决降水问题时，需要采取井点降水来控制地下水，降水后基坑内的水位应低于坑底至少 0.5m。井点降水通过对地下水施加作用力来促使地下水排走，从而达到降水的目的。根据井点布置方式、施加作用力方式以及抽水设备的不同，井点降水可分为轻型（真空）井点、喷射井点、电渗井点、管井井点和深井井点等。这里着重介绍轻型井点、喷射井点以及管井井点（管材可采用钢管、混凝土管、聚氯乙烯硬管等），其适用条件如表 3-2 所示。

常用降水方法和适用条件　　　　　　　　　　　　　　　表 3-2

降水方法	适用土类	渗透系数（m/d）	降水深度（m）
轻型井点	黏性土、粉土、砂土	0.005～20	单级井点小于 6 多级井点小于 20
喷射井点	黏性土、粉土、砂土	0.005～20	<20
管井井点	粉土、砂土、碎石土	0.1～200	不限

3.5.3.1 轻型井点

轻型井点降水是通过真空作用抽水，因此也称为真空井点，如图 3-19 所示。轻型井点由井点管、过滤器、集水总管、支管、阀门等组成管路系统，由抽水设备在井点系统中形成真空，并在井点周围一定范围形成真空区，井点附近的地下水通过过滤器被抽走，从

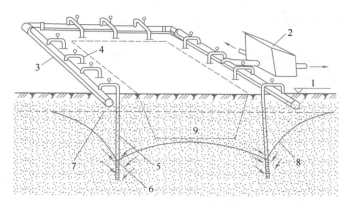

图 3-19　轻型井点降水示意图

1—地面；2—水泵房；3—总管；4—弯联管；5—井点管；6—滤管；

7—原地下水位；8—降后地下水位；9—基坑

而降低地下水位。

　　井点管采用金属管，直径取 38～110mm，井的成孔直径满足填充滤料的要求，且不大于 300mm，孔壁与井管之间滤料采用中粗砂。过滤器直径同井点管，其上的渗水孔按梅花状布置，直径取 12～18mm，渗水段长度大于 1m。井间距宜取 0.8～2.0m。

　　当降水深度在 6m 以内时，采用单级井点降水；当降水深度较大时，可采用下卧降水设备或多级井点降水。一般情况下，降水深度不大于 8m 时，多采用下卧降水设备，即先挖土 1～2m 再布置井点；降水深度为 8～12m 时采用二级井点降水；大于 12m 时可采用多级井点降水，多级井点降水如图 3-20 所示。

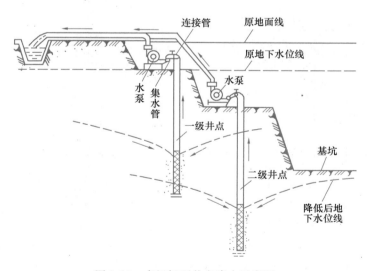

图 3-20　多级轻型井点降水示意图

　　井点管设计数量 n 可根据式（3-21）计算。

$$n = 1.1 \frac{Q}{q}$$

（3-21）

式中 Q——基坑降水总涌水量（m^3/d），可根据《基坑规程》附录 E 基坑涌水量计算确定；

q——单井出水量（m^3/d），真空井点出水量可取 36～60m^3/d。

3.5.3.2 喷射井点

当基坑开挖所需降水深度超过 6m 时，一级轻型井点难以达到降水效果，而采用二级甚至多级轻型井点会增加土方施工量和降水设备用量，而且会扩大井点降水的影响范围，对环境保护不利，此时可考虑采用喷射井点。

喷射井点系统主要由喷射井点、高压水泵（或空气压缩机）和管路系统组成，如图 3-21 所示。喷射井管由内管和外管组成，在内管的下端装有喷射扬水器，其与滤管相连。当喷射井点工作，由地面高压离心水泵供应的高压工作水经过内、外管之间的环形空间直达底端，在此处工作流体由特制内管的两侧进水孔至喷嘴喷出，在喷嘴处由于断面突然收缩变小，使工作流体具有极高的流速，从而在喷口附近形成负压，将地下水经过滤管吸入。吸入的地下水在混合室与工作水混合，然后进入扩散室，在强大压力的作用下把地下水同工作水一同扬升地面，经排水管道系统排至集水池或水箱，一部分用低压泵排走，另一部分供高压水泵压入井管外管作为工作水流。如此循环作业，将地下水不断从井点管中抽走，使地下水逐渐下降，从而达到设计要求的降水深度。

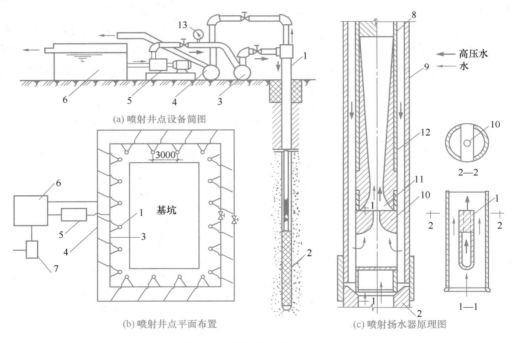

(a) 喷射井点设备简图

(b) 喷射井点平面布置

(c) 喷射扬水器原理图

图 3-21 喷射井点降水示意图

1—喷射井管；2—滤管；3—供水总管；4—排水总管；5—高压离心水泵；6—水池；
7—排水泵；8—内管；9—外管；10—喷嘴；11—混合室；12—扩散管；13—压力表

喷射井点过滤器构造要求同轻型井点，喷射器混合室直径可取 14mm，喷嘴直径取 6.5mm，井的成孔直径取 400～600mm，井孔应比滤管底部深 1m 以上。当基坑面积较大时，井点采用环形布置；当基坑宽度小于 10m 时，采用单排线形布置；当基坑宽度大于

10m 时，采用双排布置。喷射井点降水的井间距一般为 1.5～3m。当采用环形布置时进出口（道路）处的井点间距可扩大为 5～7m。

喷射井点降水设计方法与轻型井点降水设计方法基本相同，而喷射井点的出水量按表 3-3 确定。

喷射井点出水能力
表 3-3

外管直径 （mm）	喷射管		工作水压力 （MPa）	工作水流量 （m³/d）	设计单井 出水流量 （m³/d）	适用含水层 渗透系数 （m/d）
	喷嘴直径 （mm）	混合室直径 （mm）				
38	7	14	0.6～0.8	112.8～163.2	100.8～138.2	0.1～5.0
68	7	14	0.6～0.8	110.4～148.8	103.2～138.2	0.1～5.0
100	10	20	0.6～0.8	230.4	259.2～388.8	5.0～10.0
162	19	40	0.6～0.8	720.0	600.0～720.0	10.0～20.0

3.5.3.3 管井井点

管井井点是在坑内降水时每一定范围内设置一个管井，每个管井单独用一台水泵不断抽取管井内的水来降低地下水位。管井降水系统一般由管井、抽水泵（一般采用潜水泵、深井泵、深井潜水泵或者真空深井泵等）、泵管、排水总管、排水设施等组成。管井由井孔、井管、过滤管、沉淀管、填砾层、止水封闭层等组成。管井井点具有排水量大、排水效果好、设备简单、易于维护等特点。管井降水如图 3-22 所示。

可根据所需降水深度、单井涌水量以及抽水影响半径等确定管井井点间距，再以此间距在坑内呈棋盘状布置，如图 3-23 所示。管井间距一般为 10～15m，同时应不小于抽水影响半径 R，以保证基坑内全范围地下水位降低。

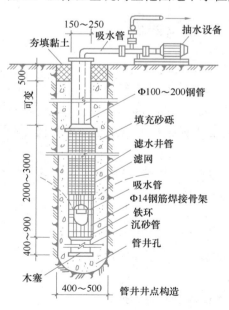

图 3-22 管井降水示意图（单位：mm）

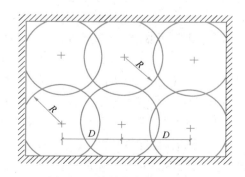

图 3-23 管井井点布置示意图
R—抽水影响半径；D—井点间距

管井的构造要符合以下要求：管井的滤管可采用无砂混凝土滤管、钢筋笼、钢管或铸铁管。滤管内径应按满足单井设计流量要求而配置的水泵规格确定，宜大于水泵外径50mm；滤管外径不小于200mm。管井成孔直径应满足填充滤料的要求，井管与孔壁之间填充的滤料规格须满足规范要求。

在以黏性土特别是淤泥质土为主的松散弱含水层中，由于渗透性小，出水量低，管井以疏干为主要目的，从而使土体达到满足施工时的抗剪强度，此时管井数量通常按地区经验进行估算，如上海、天津等软土地区的单井有效疏干降水面积一般为 $200\sim300\text{m}^2$；在以砂质粉土、粉砂等为主的含水层中，单井有效疏干降水面积一般以 $120\sim180\text{m}^2$ 为宜。除根据地区经验以外，管井的数量 n 计算可参照式（3-21），管井井点的出水量按式（3-22）确定。

$$q = 120\pi r_s l \sqrt[3]{k} \tag{3-22}$$

式中　q——单井出水能力（m^3/d）；

$\quad\quad r_s$——过滤器半径（m）；

$\quad\quad l$——过滤器进水部分的长度（m）；

$\quad\quad k$——含水层渗透系数（m/d）。

对于管井深度，一般情况下，管井底部埋深应大于基坑开挖深度6m。

值得注意的是，本节降水方法主要针对潜水层，而在基坑工程施工中，还要十分重视承压水对基坑稳定性的重要影响。由于基坑突涌的发生是承压水的高水头压力引起的，通过减压降水从而降低承压水位已成为最直接、最有效的承压水控制措施之一。通常有坑内减压、坑外减压以及坑内外联合减压降水措施，此处不再详述。

3.6　基坑监测内容及要求

基坑监测是指导基坑施工、避免事故发生的重要措施。在基坑土方开挖和地下室施工期间须进行基坑监测工作。具体需要按照《建筑地基基础设计规范》GB 50007—2011，《建筑基坑工程监测技术标准》GB 50497—2019 和《建筑基坑支护技术规程》JGJ 120—2012 中的相关要求，对基坑监测范围、监测项目及测点布置、监测频率和监测预警值等进行规定。

《建筑基坑工程监测技术标准》GB 50497—2019 中规定对于以下土质基坑应实施监测。

（1）基坑设计安全等级为一、二级的基坑。

（2）开挖深度大于或等于5m。

（3）开挖深度小于5m但现场地质情况和周围环境较复杂的基坑。

3.6.1　基坑监测的内容

基坑监测的内容分为两大部分，即基坑本体监测和相邻环境监测。基坑本体包括围护桩墙、支撑、锚杆、土钉、坑内立柱、地下水等，相邻环境包括周围地层、地下管线、相邻建筑物、相邻道路等。基坑工程的监测项目应与基坑工程设计和施工方案相匹配，应针对监测对象的关键部位，做到重点观测、项目配套，并形成有效的、完整的监测系统。根据《建筑基坑工程监测技术标准》GB 50497—2019，基坑工程监测项目应按表 3-4 进行选择。具体监测点的布置及要求请参照相关规范或标准。

基坑工程监测项目　　　　　　　　　　　　　　　表 3-4

监测项目		基坑类别		
		一级	二级	三级
围护墙（边坡）顶部水平位移		应测	应测	应测
围护墙（边坡）顶部竖向位移		应测	应测	应测
深层水平位移		应测	应测	宜测
立柱竖向位移		应测	宜测	宜测
围护墙内力		宜测	可测	可测
支撑内力		应测	宜测	可测
立柱内力		可测	可测	可测
锚杆内力		应测	宜测	可测
土钉内力		宜测	可测	可测
坑底隆起（回弹）		宜测	可测	可测
围护墙侧向土压力		宜测	可测	可测
孔隙水压力		宜测	可测	可测
地下水位		应测	应测	应测
土体分层竖向位移		宜测	可测	可测
周边地表竖向位移		应测	应测	宜测
周边建筑	竖向位移	应测	应测	应测
	倾斜	应测	宜测	可测
	水平位移	宜测	可测	可测
周边建筑、地表裂缝		应测	应测	应测
周边管线变形	竖向位移	应测	应测	应测
	水平位移	可测	可测	可测
周边道路竖向位移		应测	宜测	可测

3.6.2　基坑监测的预警值

为了保证基坑工程的顺利施工，必须严格保证相关的监测数据低于规范要求，如果超过监测预警值，则应立即预警，通知有关各方及时分析原因并采取相应措施。土质基坑及支护结构监测预警值如表 3-5 所示。

土质基坑及支护结构监测预警值　　　　　　　　　　　　　　表 3-5

序号	监测项目	支护类型	基坑设计安全等级								
			一级			二级			三级		
			累计值		变化速率(mm/d)	累计值		变化速率(mm/d)	累计值		变化速率(mm/d)
			绝对值(mm)	相对基坑设计深度H控制值		绝对值(mm)	相对基坑设计深度H控制值		绝对值(mm)	相对基坑设计深度H控制值	
1	围护墙（边坡）顶部水平位移	土钉墙、复合土钉墙、锚喷支护、水泥土墙	30~40	0.3%~0.4%	3~5	40~50	0.5%~0.8%	4~5	50~60	0.7%~1.0%	5~6
		灌注桩、地下连续墙、钢板桩、型钢水泥土墙	20~30	0.2%~0.3%	2~3	30~40	0.3%~0.5%	2~4	40~60	0.6%~0.8%	3~5
2	围护墙（边坡）顶部竖向位移	土钉墙、复合土钉墙、喷锚支护	20~30	0.2%~0.4%	2~3	30~40	0.4%~0.6%	3~4	40~60	0.6%~0.8%	4~5
		水泥土墙、型钢水泥土墙	—	—	—	30~40	0.6%~0.8%	3~4	40~60	0.8%~1.0%	4~5
		灌注桩、地下连续墙、钢板桩	10~20	0.1%~0.2%	2~3	20~30	0.3%~0.5%	2~3	30~40	0.5%~0.6%	3~4
3	深层水平位移	复合土钉墙	40~60	0.4%~0.6%	3~4	50~70	0.6%~0.8%	4~5	60~80	0.7%~1.0%	5~6
		型钢水泥土墙	—	—	2~3	50~60	0.6%~0.8%	4~5	60~70	0.7%~1.0%	5~6
		钢板桩	50~60	0.6%~0.7%	2~3	60~80	0.7%~0.8%	3~5	70~90	0.8%~1.0%	4~5
		灌注桩、地下连续墙	30~50	0.3%~0.4%	2~3	40~60	0.4%~0.6%	3~5	50~70	0.6%~0.8%	4~5
4	立柱竖向位移		20~30	—	2~3	20~30	—	2~3	20~40	—	2~4
5	地表竖向位移		25~35	—	2~3	35~45	—	3~4	45~55	—	4~5
6	坑底隆起（回弹）		累计值 30~60mm，变化速率 4~10mm/d								
7	支撑内力		最大值：(60%~80%)f_2			最大值：(70%~80%)f_2			最大值：(70%~80%)f_2		
8	锚杆内力		最小值：(80%~100%)f_y			最小值：(80%~100%)f_y			最小值：(80%~100%)f_y		
9	土压力		(60%~70%)f_1			(70%~80%)f_1			(70%~80%)f_1		
10	孔隙水压力										
11	围护墙内力		(60%~70%)f_2			(70%~80%)f_2			(70%~80%)f_2		
12	立柱内力										

注：1. H——基坑设计深度；f_1——荷载设计值；f_2——构件承载能力设计值，锚杆为极限抗拔承载力；f_y——钢支撑、锚杆预应力设计值。

2. 累计值取绝对值和相对基坑设计深度 H 控制值两者的较小值。

3. 当监测项目的变化速率达到表中规定值或连续 3 次超过该值的 70% 应预警。

4. 底板完成后，监测项目的位移变化速率不宜超过表中速率预警值的 70%。

关于基坑监测范围、监测点布置、监测频率等方面的内容及要求可查阅相关规范或标准，此处不再赘述。

3.7　设计案例——某复建房基坑工程设计

3.7.1　工程概况

某复建房设计标高±0.000 为 9.60m（绝对标高，吴淞高程），除特别说明外均采用相对高程系。根据建设单位提供的资料可知，拟建复建房为 18 层住宅楼，剪力墙结构，共两层地下室，地下室底板厚 80cm，垫层 10cm，两层地下室净空 3.5m，中板及顶板厚 80cm，地下室负二层底板顶面标高为 −10.6m，拟采用桩筏基础。建筑基础底板平面布置以及周边信息如图 3-24 所示。

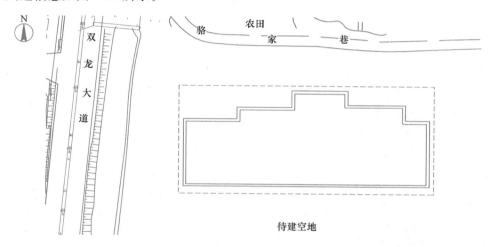

图 3-24　基础底板平面图及基坑周边信息图

拟建场地周边地面绝对标高 7.74～8.21m。为简化计算，根据建筑物基础的外围线确定基坑为形状规则的矩形，如图 3-24 中虚线框所示（基坑边线一般在基础平面包线以外 1～1.2m，便于地下室外墙的施工以及地下室外墙与排桩间的肥槽回填），东西方向长 40m，南北向宽 18.5m，基坑面积约 740m²。基坑底标高 −11.50m，基坑实际挖深 9.64～10.11m。基坑北侧距离 19.4m 处为道路，西侧 36.8m 以外为道路，其他周边环境相对简单，为农田、塘，地势基本较平整、起伏不大，无管线等市政设施，有利于基坑施工，基坑范围内未发现有影响基坑施工的障碍物。

该场地土层地勘布孔如图 3-25 所示，典型截面 1-1′ 的工程地质剖面图如图 3-26 所示。

根据项目建设单位提供的岩土工程勘察报告，该项目场地的工程地质和水文地质条件总结如下。

（1）工程地质条件

场地土类型为软弱土～中软土，根据钻探结果，该场地覆盖层厚度在 25m 左右，按照《建筑抗震设计规范》GB 50011—2010（2016 年版）第 4.1.6 条规定，判定场地类别为 Ⅱ 类。场地区域稳定性较好，对建筑物稳定性有影响的不良地质作用不发育。

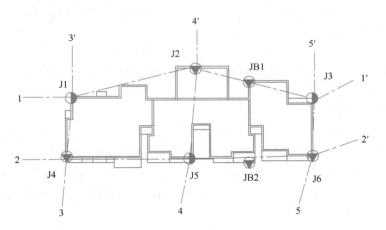

图 3-25　地勘布孔图

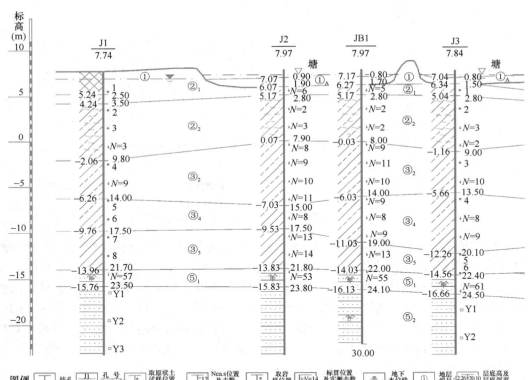

图 3-26　典型截面 1-1'工程地质剖面图（单位：m）

各土层的工程地质条件详细情况如下。

①$_A$ 层淤泥：分布于塘底部位。层厚 0.6～0.9m。

① 层素填土：主要由黏性土组成，结构较松散，夹碎石、碎砖等建筑垃圾硬杂质。层厚 0.7～2.5m，平均层厚为 1.0m。

②₁层粉质黏土：可塑状态，中偏高压缩性，低强度，分布于场地大部分地段，其工程地质性能差。层厚 0.9～2.3m，平均层厚 1.3m。

②₂层淤泥质粉质黏土：流塑，强度低，高压缩性，低透水性，局部夹粉土，含少量腐殖质，土质不均匀，其工程地质性能很差。层厚 4.3～6.3m，平均层厚 5.5m。

③₂层粉质黏土：可塑，中等压缩性，可见铁锰质氧化物斑纹，夹粉土团块，整体粉性重，工程地质性能一般。层厚 4.1～7.1m，平均层厚 5.4m。

③₄层粉质黏土：可塑，中等压缩性，中等强度，局部夹少量粉土，粉土与黏性土层呈混杂形式，工程地质性能一般。层厚 2.5～7.0m，平均层厚 4.7m。

③₅层粉质黏土夹粉土：可塑，压缩性和强度中等，粉土呈团块状，与黏性土层呈混杂形式，无层理，底部混杂粉砂，工程地质性能一般。层厚 1.8～4.3m，平均层厚 3.2m。

⑤₁层强风化粉砂岩：呈密实、碎块状，组织结构大部分破坏，矿物成分显著变化，标准贯入实测击数皆大于 50，强度较高。本层浸水易软化，岩体基本质量等级为 V 级。工程地质性质较好。层厚 1.8～3m，平均层厚 2.2m。

⑤₂层中风化粉砂岩：该层未穿透，为第三纪赤山组砂岩，呈半成岩状，岩体强度低，较完整，岩块用手易掰断，矿物成分为石英、长石。岩块天然单轴抗压强度标准值为 777kPa，属极软岩类，岩体基本质量等级为 V 级。工程地质性能较好。

（2）水文地质条件

根据地下水的赋存埋藏条件，勘察揭示的地下水类型为孔隙潜水、基岩裂隙水。孔隙潜水：主要分布于①层填土及②₂层土中。场地①层填土堆积时间短，由于密实度差，土粒间形成的大孔隙往往成为地下水的赋存空间，且连通性较好，富水性及透水性较好，雨季水量较丰富。②₂层淤泥质粉质黏土，饱含地下水，但给水性较差、透水性弱，属微透水地层。③层土为隔水层。潜水平均水位埋深 0.47m。

综合场地周边环境、破坏后果、基坑开挖深度、场地工程地质和水文地质条件，按照《基坑规程》，本工程基坑安全等级为二级，拟采用钻孔灌注桩＋两层钢筋混凝土内支撑＋双轴深搅拌桩截水帷幕的围护结构形式，并在坑内采用管井降水。计算工况如下。

工况 1：施工支护桩、截水帷幕、立柱桩及立柱、埋设前期的监测器件，围护桩体达到设计强度的 80％后，放坡开挖土方到冠梁底标高下 0.5m。

工况 2：凿桩浇筑冠梁、第一道支撑。

工况 3：待围护桩体达到设计强度 100％，且冠梁、支撑达到设计强度的 80％，开挖土方到二层支撑底面设计标高下 0.5m。

工况 4：浇筑第二层围梁、第二道支撑。

工况 5：待第二层围梁、第二道支撑达到设计强度的 80％，方可继续开挖土方到基坑底设计标高。

工况 6：铺设垫层（厚 10cm），浇筑底板（厚 80cm），浇筑底板时应将底板浇筑至支护桩边作为换撑构件。

工况 7：底板达到设计强度的 80％后，拆除第二道支撑。

工况 8：施工负二层主体结构，并在负二层顶板位置换撑构件。

工况 9：待负二层结构和换撑构件达到设计强度，拆除第一道支撑，并继续施工负一层主体结构，回填土方。

3.7.2 排桩围护结构设计

基坑边线在平面上应该是闭合的形状，设计时首先要沿基坑边线进行分段，主要考虑以下因素。

（1）基坑深度不同，特别是基坑边有无电梯井、集水井、承台等。

（2）土层性质不同，特别是软土厚度变化大，存在 0.5～1m 左右的层厚变化。

（3）周边环境不同，基坑边有无建（构）筑物，有无超载等。

（4）基坑形状有无改变。

基坑边线区段的划分要根据基坑周边环境条件、地下结构以及土层分布情况等综合考虑。基坑周边环境越复杂，土层分布厚度越不均匀，地下结构分布形式越多，区段划分得则越多。所有区段要覆盖整个基坑边线，即要闭合。本工程案例基坑周边环境、地下结构以及土层分布情况比较简单，考虑到毕业设计的工作量，将基坑划分为 *FAB*、*BCDE* 和 *EF* 三个计算区段，如图 3-27 所示，对每个计算区段应选取最不利钻孔（对应最差土层）进行计算，分别对应 J1、J3、J5 钻孔。由于天然地面存在起伏，因此计算时要对场地进行整平，以保证支护以及支撑结构处于同一平面。计算区段划分依据及超载说明情况如表 3-6 所示。

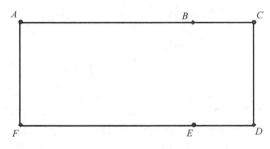

图 3-27 计算分段划分

计算区段划分表 表 3-6

计算区段	计算依据	一般超载（kPa）	局部超载	备注
FAB	J1（最不利钻孔）	20	0	此段周边无超载
BCDE	J3（最不利钻孔）	20	0	此段周边无超载
EF	J5（最不利钻孔）	20	0	此段周边无超载

注：此案例周边环境简单，只按一般超载 20kPa 考虑。

3.7.2.1 围护结构内力计算

以 *FAB* 区段为例进行围护结构内力计算。该区段基坑底标高 −11.50m，自然地面标高 −1.86m，基坑实际挖深 9.64m，冠梁顶面标高为 −2.50m，放坡 0.64m，地下水位位于自然地面以下 0.64m。根据支撑布置的原则，考虑土质及周边环境，初步确定第一道支撑轴线标高为 −2.90m，第二道支撑轴线标高为 −7.40m。一般超载考虑均布 20kPa，冠梁顶面以上放坡土体计入超载。基坑设计计算剖面如图 3-28 所示（此时桩长是假定的）。

根据 J1 钻孔资料，确定 *FAB* 段基坑支护设计所用的岩土参数如表 3-7 所示。

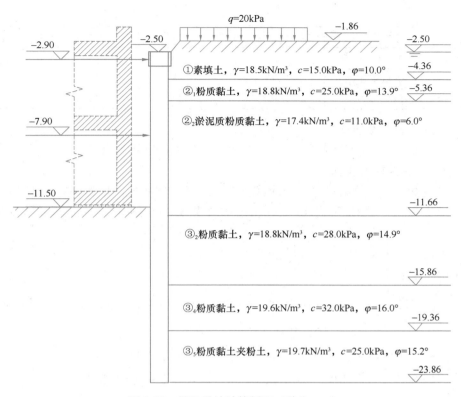

图 3-28　基坑设计计算剖面（单位：m）

基坑支护设计时所采用的土层物理力学指标　　　　　　　　　　　　表 3-7

土层序号	土层名称	重度 γ (kN/m³)	固结快剪		渗透系数 k (10^{-6} cm/s)	土层厚度 (m)
			c_{cq} (kPa)	φ_{cq} (°)		
①	素填土	18.5	15.0	10.0	20.0	2.5
②₁	粉质黏土	18.8	25.0	13.9	12.9	1.0
②₂	淤泥质粉质黏土	17.4	11.0	6.0	15.6	6.3
③₂	粉质黏土	18.8	28.0	14.9	4.63	4.2
③₄	粉质黏土	19.6	32.0	16.0	2.18	3.5
③₅	粉质黏土夹粉土	19.7	25.0	15.2	3.50	4.5

以朗肯土压力理论作为土侧向压力计算的依据，具体参照第 2 章。各土层的主动和被动土压力系数如表 3-8 所示。

各土层的主动和被动土压力系数　　　　　　　　　　　　表 3-8

土层序号	土层名称	K_a	$2c\sqrt{K_a}$	K_p	$2c\sqrt{K_p}$
①	素填土	0.704	25.170	1.420	35.760
②₁	粉质黏土	0.613	39.150	1.632	63.900
②₂	淤泥质粉质黏土	0.810	19.800	1.233	24.442

土层序号	土层名称	K_a	$2c\sqrt{K_a}$	K_p	$2c\sqrt{K_p}$
③₂	粉质黏土	0.590	43.064	1.692	72.856
③₄	粉质黏土	0.568	48.256	1.761	84.928
③₅	粉质黏土夹粉土	0.584	38.200	1.711	65.400

冠梁顶以上的超载计算为

$$q = 20（一般超载）+18.5 \times 0.64（放坡超载）=31.84 \text{kPa}$$

1）第一道支撑轴力计算

采用等值梁法，从冠梁顶部开始计算至第一次开挖坑底处，即施工第二道支撑以前，位于第二道支撑中心线以下 50cm 处，土压力计算示意如图 3-29 所示，具体计算过程如下。

（1）主动土压力计算

第①层，素填土（水土分算）

$$p_{a1上} = (q+0)K_{a1}-2c_1\sqrt{K_{a1}} = 31.840 \times 0.704 - 25.170 = -2.755 \text{kPa}$$

$$p_{a1下} = (q+\gamma_1 h_1 - \gamma_w h_1)K_{a1} - 2c_1\sqrt{K_{a1}} + \gamma_w h_1$$
$$= (31.840+18.5 \times 1.86 - 10 \times 1.86) \times 0.704 - 25.170 + 10 \times 1.86 = 26.976 \text{kPa}$$

求第①层土中的临界深度，即土压力零点，设其与冠梁顶距离为 z_0，则

$$2.755/z_0 = 26.976/(1.86-z_0)$$

$$z_0 = 0.172 \text{m}$$

第②₁层，粉质黏土（水土合算）

$$p_{a2-1上} = (q+\gamma_1 h_1)K_{a2-1} - 2c_{2-1}\sqrt{K_{a2-1}} = (31.840+18.5 \times 1.86) \times 0.613 - 39.150$$
$$= 1.461 \text{kPa}$$

$$p_{a2-1下} = (q+\gamma_1 h_1 + \gamma_{2-1} h_{2-1})K_{a2-1} - 2c_{2-1}\sqrt{K_{a2-1}}$$
$$= (31.840+18.5 \times 1.86 + 18.8 \times 1.0) \times 0.613 - 39.150 = 12.986 \text{kPa}$$

第②₂层，淤泥质粉质黏土（水土合算）

$$p_{a2-2上} = (q+\gamma_1 h_1 + \gamma_{2-1} h_{2-1})K_{a2-2} - 2c_{2-2}\sqrt{K_{a2-2}}$$
$$= (31.840+18.5 \times 1.86 + 18.8 \times 1.0) \times 0.810 - 19.800 = 49.091 \text{kPa}$$

$$p_{a2-2坑底} = (q+\gamma_1 h_1 + \gamma_{2-1} h_{2-1} + \gamma_{2-2} h_{2-2-d1})K_{a2-2} - 2c_{2-2}\sqrt{K_{a2-2}}$$
$$= (31.840+18.5 \times 1.86 + 18.8 \times 1.0 + 17.4 \times 2.54) \times 0.810 - 19.800$$
$$= 84.889 \text{kPa}$$

注意，这里已计算至坑底，h_{2-2-d1} 为第②₂层到第一次开挖坑底的厚度。

$$p_{a2-2下} = (q+\gamma_1 h_1 + \gamma_{2-1} h_{2-1} + \gamma_{2-2} h_{2-2})K_{a2-2} - 2c_{2-2}\sqrt{K_{a2-2}}$$
$$= (31.840+18.5 \times 1.86 + 18.8 \times 1.0 + 17.4 \times 6.3) \times 0.810 - 19.800$$
$$= 137.883 \text{kPa}$$

第③$_2$层，粉质黏土（水土合算）

$$p_{a3\text{-}2\text{上}} = (q + \gamma_1 h_1 + \gamma_{2\text{-}1} h_{2\text{-}1} + \gamma_{2\text{-}2} h_{2\text{-}2}) K_{a3\text{-}2} - 2c_{3\text{-}2}\sqrt{K_{a3\text{-}2}}$$
$$= (31.840 + 18.5 \times 1.86 + 18.8 \times 1.0 + 17.4 \times 6.3) \times 0.590 - 43.064$$
$$= 71.791 \text{kPa}$$

（2）被动土压力计算

第②$_2$层，淤泥质粉质黏土

$$p_{p2\text{-}2\text{坑底}} = 0 \times K_{p2\text{-}2} + 2c_{2\text{-}2}\sqrt{K_{p2\text{-}2}} = 24.442 \text{kPa}$$

$$p_{p2\text{-}2\text{下}} = \gamma_{2\text{-}2} h_{d1\text{-}2\text{-}2} K_{p2\text{-}2} + 2c_{2\text{-}2}\sqrt{K_{p2\text{-}2}} = 17.4 \times 3.76 \times 1.233 + 24.442$$
$$= 105.110 \text{kPa}$$

$h_{d1\text{-}2\text{-}2}$为第一次开挖坑底到第②$_2$层底部的厚度，$h_{d1\text{-}2\text{-}2} = 3.76\text{m}$。

第③$_2$层，粉质黏土

$$p_{p3\text{-}2\text{上}} = (\gamma_{2\text{-}2} h_{d1\text{-}2\text{-}2}) K_{p3\text{-}2} + 2c_{3\text{-}2}\sqrt{K_{p3\text{-}2}}$$
$$= 17.4 \times 3.76 \times 1.692 + 72.856 = 183.553 \text{kPa}$$

（3）土压力零点 $h_{1\sum p=0}$ 确定

从上面计算可以看出在第②$_2$层底处，右侧主动土压力 $p_{a2\text{-}2\text{下}}$ 大于左侧被动土压力 $p_{p2\text{-}2\text{下}}$；而在第③$_2$ 顶面处，右侧主动土压力 $p_{a3\text{-}2\text{上}}$ 小于左侧被动土压力 $p_{p3\text{-}2\text{上}}$，且在第③$_2$ 层中，被动土压力恒大于主动土压力，故而取第②$_2$ 层底为土压力零点位置，即在开挖深度下 3.76m 处，标高为 $-7.90 - 3.76 = -11.66\text{m}$，则

$$h_{1\sum p=0} = 11.66 - 1.86 = 9.8\text{m}$$

该土压力零点的近似在工程上是允许的，如要精确也可继续向下层土计算。

（4）主动土压力合力及作用点计算（分层计算）

第①层，素填土

主动土压力合力

$$E_{a1} = \frac{1}{2} \times p_{a1\text{下}} \times (h_1 - z_0) = \frac{1}{2} \times 26.976 \times (1.86 - 0.172) = 22.768 \text{kN/m}$$

注意：设计案例中的合力均为沿围护结构纵向取 1 延米。

主动土压力合力作用点

$$h_{a1} = \frac{1}{3} \times (1.86 - 0.172) = 0.563\text{m}（合力作用点至该计算土层底的距离）$$

第②$_1$层，粉质黏土

主动土压力合力

$$E_{a2\text{-}1} = \frac{1}{2} \times (p_{a2\text{-}1\text{上}} + p_{a2\text{-}1\text{下}}) \times h_{2\text{-}1} = \frac{1}{2} \times (1.461 + 12.986) \times 1.0 = 7.224 \text{kN/m}$$

主动土压力合力作用点

$$h_{a2\text{-}1} = \frac{1.461 \times 1.0 \times 1.0 \times \frac{1}{2} + \frac{1}{2} \times (12.986 - 1.461) \times 1.0 \times 1.0 \times \frac{1}{3}}{7.224} = 0.367\text{m}$$

第②$_2$层，淤泥质粉质黏土

主动土压力合力

$$E_{a2-2}=\frac{1}{2}\times(p_{a2-2上}+p_{a2-2下})\times h_{2-2}=\frac{1}{2}\times(49.091+137.883)\times 6.3=588.968kN/m$$

主动土压力合力作用点

$$h_{a2-2}=\frac{49.091\times 6.3\times 6.3\times\frac{1}{2}+\frac{1}{2}\times(137.883-49.091)\times 6.3\times 6.3\times\frac{1}{3}}{588.968}=2.651m$$

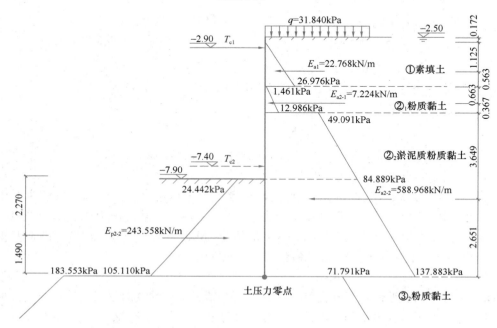

图 3-29　FAB 段 J1 孔开挖至标高−7.90m 的土压力示意图（单位：m）

（5）被动土压力合力及作用点计算

第②₂ 层，淤泥质粉质黏土

被动土压力合力

$$E_{p2-2}=\frac{1}{2}\times(p_{p2-2坑底}+p_{p2-2下})\times h_{d1-2-2}=\frac{1}{2}\times(24.442+105.110)\times 3.76=243.558kN/m$$

被动土压力合力作用点

$$h_{p2-2}=\frac{24.442\times 3.76\times 3.76\times\frac{1}{2}+\frac{1}{2}\times(105.110-24.442)\times 3.76\times 3.76\times\frac{1}{3}}{243.558}=1.490m$$

（6）支撑轴力 T_{c1} 计算

设第一道支撑轴力为 T_{c1}，对土压力零点（$h_{1\Sigma p=0}$）处取力矩平衡，得

$$T_{c1}\times(h_{1\Sigma p=0}-h_{slope}-\frac{1}{2}\times h_{CB})+E_{p2-2}\times h_{p2-2}$$

$$=E_{a1}\times(h_{a1}+h_{2-1}+h_{2-2})+E_{a2-1}\times(h_{a2-1}+h_{2-2})+E_{a2-2}\times h_{a2-2}$$

$$T_{c1}\times(9.8-0.64-0.4)+243.558\times 1.490$$

$$=22.768\times(0.563+1.0+6.3)+7.224\times(0.367+6.3)+588.968\times 2.651$$

其中，$h_{\Sigma p=0}$ 为地面至土压力零点的距离；h_{slope} 为底部放坡高度；h_{CB} 为冠梁高度。
求解上面等式，可得

$$T_{c1}=162.744\text{kN/m}$$

2）第二道支撑轴力计算

第二道支撑轴力计算方法同第一道，从冠梁顶面计算至基坑底面，第二道支撑中心线
标高为－7.40m，基坑底面标高－11.50m，并且假定向下开挖不影响第一道支撑轴力的
变化。第二道支撑轴力计算时的土压力示意如图 3-30 所示，通过计算求得第二道支撑轴
力 $T_{c2}=85.112\text{kN/m}$。由于③₂的粉质黏土层 $2c\sqrt{K_p}$ 较大，被动土压力远大于主动土压
力，因此土层分界面即为土压力零点，即土压力零点仍然位于②₂层底，具体计算过程
从略。

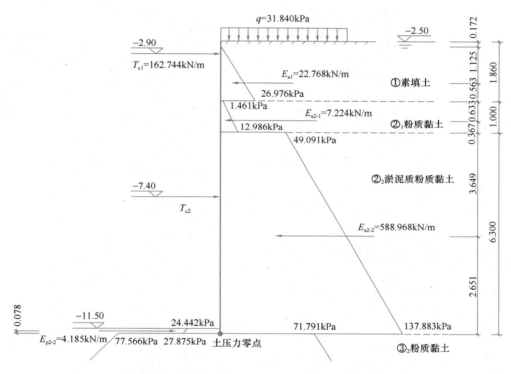

图 3-30 *FAB* 段 J1 孔开挖至标高－11.50m 的土压力示意图（单位：m）

3）嵌固深度 t 及桩长 L 计算

该项目场地土层物理力学性质相对较好，考虑嵌固深度大约在（1.1～1.2）h 范围
内，由于 $h=9.64$m，那么桩底标高为－（9.64×1.1＋9.64＋1.86）＝－22.104m，即桩端
位于第③₅层中。设桩端进入第③₅层的深度为 z，根据等值梁法计算出坑底以下土压力零
点处的剪力 V_c，嵌固深度可以根据 V_c 和支护桩上土压力对桩端的力矩相等求得，具体计
算示意如图 3-31 所示。

$$\begin{aligned}V_c &= E_{a1}+E_{a2-1}+E_{a2-2}-E_{p2-2}-T_{c1}-T_{c2}\\ &= 22.768+7.224+588.968-4.185-162.744-85.112=366.919\text{kN/m}\end{aligned}$$

（1）主动土压力计算（土压力零点至桩底的土压力，具体过程从略）

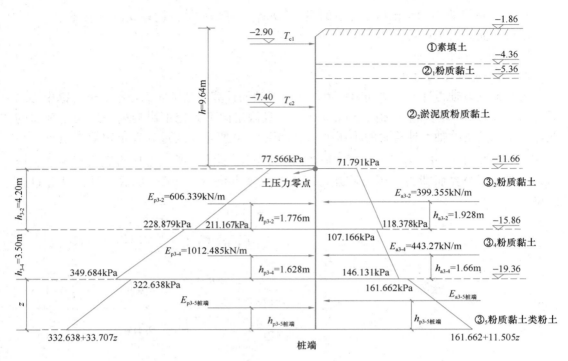

图 3-31　*FAB* 段围护桩嵌固深度及桩长计算示意图（单位：m）

第③$_2$ 层，粉质黏土
$$p_{a3-2上} = 71.791\text{kPa}; \quad p_{a3-2下} = 118.378\text{kPa}$$

第③$_4$ 层，粉质黏土
$$p_{a3-4上} = 107.166\text{kPa}; \quad p_{a3-4下} = 146.131\text{kPa}$$

第③$_5$ 层，粉质黏土夹粉土
$$p_{a3-5上} = 161.662\text{kPa}; \quad p_{a3-5桩端} = 161.662 + 11.505z$$

（2）被动土压力计算

第③$_2$ 层，粉质黏土
$$p_{p3-2上} = 77.566\text{kPa}; \quad p_{p3-2下} = 211.167\text{kPa}$$

第③$_4$ 层，粉质黏土
$$p_{p3-4上} = 228.879\text{kPa}; \quad p_{p3-4下} = 349.684\text{kPa}$$

第③$_5$ 层，粉质黏土夹粉土
$$p_{p3-5上} = 322.638\text{kPa}; \quad p_{p3-5桩端} = 322.638 + 33.707z; \quad p_{p3-5下} = 474.319\text{kPa}$$

（3）主动土压力合力及作用点计算

第③$_2$ 层，粉质黏土

主动土压力合力：$E_{a3-2} = 399.355\text{kN/m}$；作用点：$h_{a3-2} = 1.928\text{m}$

第③$_4$ 层，粉质黏土

主动土压力合力：$E_{a3-4} = 443.270\text{kN/m}$；作用点：$h_{a3-4} = 1.660\text{m}$

第③$_5$ 层，粉质黏土夹粉土（计算至桩端）

主动土压力合力：$E_{a3-5桩端} = 161.662z + 5.752z^2$；作用点：$h_{a3-5桩端}$

$$= \dfrac{\dfrac{1}{2} \times 161.662z^2 + \dfrac{1}{6} \times 11.505z^3}{161.662z + 5.752z^2}$$

（4）被动土压力合力及作用点计算

第③$_2$ 层，粉质黏土

被动土压力合力：$E_{p3-2}=606.339\text{kN/m}$；作用点：$h_{p3-2}=1.776\text{m}$

第③$_4$ 层，粉质黏土

被动土压力合力：$E_{p3-4}=1012.485\text{kN/m}$；作用点：$h_{p3-4}=1.628\text{m}$

第③$_5$ 层，粉质黏土夹粉土（计算至桩端）

被动土压力合力：$E_{p3-5桩端}=322.639z+16.854z^2$；作用点：$h_{p3-5桩端}$

$$=\dfrac{\frac{1}{2}\times322.639z^2+\frac{1}{6}\times33.707z^3}{322.639z+16.854z^2}$$

（5）嵌固深度及桩长

对桩端求力矩平衡，得

$$V_c\times(h_{3-2}+h_{3-4}+z)+E_{a3-2}\times(h_{a3-2}+h_{3-4}+z)+E_{a3-4}\times(h_{a3-4}+z)+E_{a3-5桩端}\times h_{a3-5桩端}$$
$$=E_{p3-2}\times(h_{p3-2}+h_{3-4}+z)+E_{p3-4}\times(h_{a3-4}+z)+E_{p3-5桩端}\times h_{p3-5桩端}$$

$$366.919\times(4.2+3.5+z)+399.355\times(1.928+3.5+z)+443.270\times(1.660+z)+\frac{1}{2}$$
$$\times161.662z^2+\frac{1}{6}\times11.505z^3=606.339\times(1.776+3.5+z)+1012.485\times(1.628+z)+\frac{1}{2}$$
$$\times322.639z^2+\frac{1}{6}\times33.707z^3$$

求解得 $z=1.608\text{m}$

嵌固深度：$t=h_{d2-2-2}+h_{3-2}+h_{3-4}+z=0.16+4.2+3.5+1.608=9.468\text{m}$

则桩长 $L=H-h_{slope}+t=9.64-0.64+9.468=18.468\text{m}$

最终，取 $L=19.0\text{m}$。

4）桩体最大弯矩计算

（1）T_{c1} 和 T_{c2} 之间最大弯矩 M_{max1} 计算

已知 $T_{c1}=162.744\text{kN/m}$，设剪力零点（弯矩最大点）位于第②$_2$ 层土顶面以下 x 处，计算该点主动土压力。

$$p_{a2-2x}=49.091+14.094x$$

根据该点处剪力为 0，则 $\Sigma T_c=\Sigma E_a$，则可得

$$T_{c1}=E_{a1}+E_{a2-1}+E_{a2-2x}=E_{a1}+E_{a2-1}+\frac{1}{2}\times(p_{a2-2上}+p_{a2-2x})x$$

$$162.744=22.768+7.224+\frac{1}{2}\times(49.091+49.091+14.094x)x$$

可求出 $x=2.082\text{m}>2.04\text{m}$，超出了 T_{c1} 和 T_{c2} 之间的范围，故令 $x=2.04\text{m}$，则

$$p_{a2-2x}=77.834\text{kPa}$$

$$E_{a2-2x}=129.462\text{kN/m}$$

$$h_{a2-2x}=0.943\text{m}$$

对 $x=2.04\text{m}$ 点取矩计算，得

$$M_{\text{max1}}+T_{c1}\times(1.46+h_{2-1}+x)=E_{a1}\times(h_{a1}+h_{2-1}+x)+E_{a2-1}\times(h_{a2-1}+x)+E_{a2-2x}\times h_{a2-2x}$$

$M_{\text{max1}}=-510.844\text{kN}\cdot\text{m}$（顺时针为正）

（2）T_{c2} 和 p_d 之间最大弯矩 M_{max2} 计算

已知 $T_{c2}=85.112\text{kN/m}$，通过计算得到，剪力零点（弯矩最大点）位于第②$_2$ 层土顶面以下 3.078m 处，对该点取矩，求得

$$M_{\text{max2}}=-557.979\text{kN}\cdot\text{m}（顺时针为正）$$

（3）基坑底面最大弯矩 M_{max3} 计算

通过计算求得剪力零点位于第③$_4$ 层土顶面以下 1.18m 处，对该点取矩，求得

$$M_{\text{max3}}=1331.870\text{kN}\cdot\text{m}（顺时针为正）$$

5）拆撑验算

当地下室负二层底板混凝土浇筑至支护桩完成，且其混凝土强度达到设计要求 80% 后，拆除第二道支撑。地下室底板厚 0.8m，垫层厚 0.1m，此时地下室负二层底板顶面标高为 -10.6m。

拆除第二道支撑后，圈梁顶面到地下室第二层底板顶面之间主动土压力、土压力合力及作用点计算结果如下（具体计算过程从略）。

第①层，素填土

$p_{a1\text{上}}=-2.755\text{kPa}$；$p_{a1\text{下}}=26.976\text{kPa}$；$E_{a1}=22.768\text{kN/m}$；$h_{a1}=0.563\text{m}$

第②$_1$ 层，粉质黏土

$p_{a2-1\text{上}}=1.461\text{kPa}$；$p_{a2-1\text{下}}=12.986\text{kPa}$；$E_{a2-1}=7.224\text{kN/m}$；$h_{a2-1}=0.367\text{m}$

第②$_2$ 层，淤泥质粉质黏土

$p_{a2-2\text{上}}=49.091\text{kPa}$；$p_{a2-2\text{底板}}=122.94\text{kPa}$；$E_{a2-2\text{底板}}=450.7\text{kN/m}$；$h_{a2-2\text{底板}}=2.245\text{m}$

（1）对地下室第二层底板顶面取矩计算拆撑后的第一道支撑轴力 $T_{c1\text{拆}}$。

$$T_{c1\text{拆}}\times8.1=E_{a1}\times(0.563+1.0+5.24)+E_{a2-1}\times(0.367+5.24)+E_{a2-2\text{底板}}h_{a2-2\text{底板}}$$

$$T_{c1\text{拆}}=149.039\text{kN/m}<T_{c1}=162.744\text{kN/m}$$

（2）求拆除第二道支撑后的最大弯矩 M_{max4}

计算求得剪力零点位于第②$_2$ 层土顶面以下 2.055m 处，对该点取矩，得

$$M_{\text{max4}}+T_{c1\text{拆}}\times4.515=E_{a1}\times3.618+E_{a2-1}\times2.422+E_{a2-2x}\times h_{a2-2x}$$

$M_{\text{max4}}=-484.02\text{kN}\cdot\text{m}$（顺时针为正）

按同样的方法，分别计算 BCDE 段和 EF 段的两道支撑轴力、拆撑后的第一道支撑轴力、围护结构上的最大弯矩、嵌固深度及桩长。取围护结构上所有弯矩值的最大值用于配筋，支撑轴力最大值用于支撑结构的设计。各区段计算的桩长如果相差不大，则可以取相同的桩长；若相差较大，则各区段可取不同的桩长。

3.7.2.2 围护结构配筋

实际工程中通常采用电算进行基坑设计，因此本设计综合手算结果与《理正深基坑支护软件》电算结果（具体电算介绍见 3.7.6 节），进行围护结构的配筋计算。将所有计算区段手算最大弯矩值（取 $M_{\text{max1}}\sim M_{\text{max4}}$ 中最大值）以及电算的最大弯矩值列于表 3-9。

表 3-9

围护结构最大弯矩汇总表

计算区段	支护桩弯矩 M（kN·m）	
	手算	电算
FAB（J1）	1331.87	**1604.64**
BCDE（J3）	1041.04	1280.18
EF（J5）	772.72	928.77

注：表中支护桩的弯矩值为单位长度的值。

理论上可以根据不同区段的最大弯矩分别进行配筋。特别地，若基坑面积大，各区段地基条件相差较远，计算的最大弯矩差别较大的情况下，可以考虑分段配筋。而在各区段弯矩相差不大的情况下，为了便于工程施工，各区段配筋可以一致。本设计案例各区段采用统一配筋，因此选取表中的最大值，即 FAB 区段的电算结果 $M_{max}=1604.64$kN·m 进行配筋计算。

根据经验，选取直径 1000mm 的钻孔灌注桩，桩间距 1200mm，采用 C35 混凝土，主筋选用 22 根直径为 28mm 的 HRB400 钢筋（注意：目前 HRB335 钢筋已基本停用），即 22 Φ 28，保护层厚度 50mm。基坑等级为二级，支护结构重要性系数 $\gamma_0=1.0$，作用基本组合的综合分项系数 $\gamma_F=1.25$。

圆形截面混凝土支护桩配筋需要满足正截面受弯承载力要求（具体参照 3.3.5 节），即

$$M\leqslant [M]=\frac{2}{3}\,\alpha_1\,f_c Ar\,\frac{\sin^3\pi\alpha}{\pi}+f_y\,A_s\,r_s\,\frac{\sin\pi\alpha+\sin\pi\,\alpha_t}{\pi}$$

根据《混凝土结构设计规范》GB 50010—2010（2015 年版），C35 混凝土轴心抗压强度设计值 $f_c=16.7$N/mm²，HRB400 钢筋抗拉强度设计值 $f_y=360$N/mm²。

纵向钢筋截面面积 $A_s=22\times r^2\times\pi=22\times 14\times 14\times\pi=13,546.548$mm²

桩的横截面面积 $A=r^2\times\pi=500\times 500\times\pi=785,398.163$mm²

$$r_s=500-50-14=436\text{mm}$$

$\alpha_1=1.0$（混凝土等级小于 C50）

联立方程求解 α 计算过程十分复杂，因此通常采用一种简化方法进行计算，即假设

$$\alpha=1+0.75a-\sqrt{(1+0.75a)^2-0.5-0.625a}=0.3285$$

其中 $a=\dfrac{f_y A_s}{f_c A}=\dfrac{360\times 13,546.548}{16.7\times 785,398.163}=0.3718$

则 $\alpha_t=1.25-2\alpha=0.5930$

综上可得 $[M]=\dfrac{2}{3}\times f_c\times A\times r\times\dfrac{\sin^3\pi\alpha}{\pi}+f_y\times A_s\times r_s\times\dfrac{\sin\pi\alpha+\sin\pi\,\alpha_t}{\pi}=2108.96$kN·m

弯矩设计值 $M=\gamma_0\times\gamma_F\times\varphi\times M_{max}\times 1.2=2045.92$kN·m$<[M]=2108.96$kN·m，由此，该支护桩的配筋设计满足要求。

上式中 φ 为弯矩调幅系数（刚度折减系数），是考虑桩塑性内力重分布的一种近似方法，取值在 0.7~0.9，一般取 0.85；1.2m 为桩间距，即实际计算宽度。

另外，采用螺旋箍筋 Φ 10@200，按一般受弯构件进行斜截面受剪承载力验算（式 3-17）满足条件，具体过程从略。为满足钢筋笼起吊安装要求，采用加强箍 Φ 16@

2000，具体配筋平面图和纵截面如图 3-32 所示。

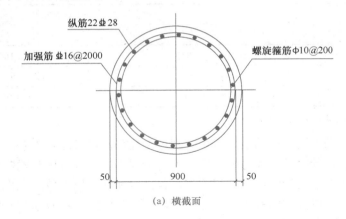

(a) 横截面

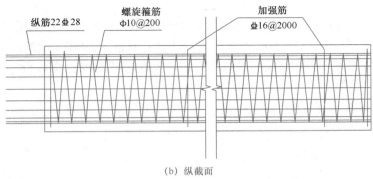

(b) 纵截面

图 3-32　钻孔灌注桩配筋图（单位：mm）

3.7.3　支撑结构设计

支撑结构设计包括冠梁、围梁、内支撑、立柱以及立柱桩的设计。通常是根据经验给出初步尺寸，再按照支撑结构截面承载力条件进行验算。各计算区段两道内支撑轴力的手算和电算结果列于表 3-10，采用各区段中的最大支撑轴力进行支撑结构设计，即 $T_{c1max}=165.03kN/m$、$T_{c2max}=168.93kN/m$。

支撑轴力汇总表　　　　　　　　　　　　　　　表 3-10

计算区段	支撑轴力（kN/m）			
	T_{c1}		T_{c2}	
	手算	电算	手算	电算
FAB（J1）	162.74	165.03	85.11	85.10
BCDE（J2）	149.63	146.32	111.94	113.34
EF（J3）	143.17	142.26	168.93	167.32

注：表中的支撑轴力均为单位长度 1m 的值。

3.7.3.1　冠梁计算（对应第一道支撑）

按照经验，冠梁尺寸选用 h（宽，一般为支护桩径加 200mm）×b（高）=1200mm×800mm，钢筋保护层厚度取 50mm，如图 3-33 所示。冠梁顶面标高−2.50m，支撑最大间

距取 $L=8.0$m（一般为 7～9m），采用 C35 混凝土、HRB400 级钢筋。根据手算和电算的第一道支撑轴力的最大值 $T_{c1max}=165.03$kN/m 进行截面承载力条件验算。电算给出的支撑轴力结果为单位长度的轴力值乘以支撑间距，具体见 3.7.6 节输出的结构位移内力工况图。要注意的是，若 $T_{c1拆}>T_{c1}$，则取 $T_{c1max}=T_{c1拆}$。

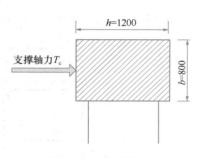

图 3-33　冠梁横截面示意图（单位：mm）

（1）正截面受弯计算

采用 C35 混凝土，轴心抗压强度设计值 $f_c=16.7$N/mm²，轴心抗拉强度设计值 $f_t=1.57$N/mm²；HRB400 级钢筋，抗拉强度设计值 $f_y=360$N/mm²。

$$h_0=h-50=1150mm$$

按等值梁法计算均布荷载下水平向正截面最大弯矩，即

$$M=\gamma_0\gamma_F\frac{T_{c1max}L^2}{12}=1.0\times1.25\times\frac{165.03\times8\times8}{12}=1100.2kN\cdot m$$

$$\alpha_s=\frac{M}{f_c\times b\times h_0^2}=\frac{1100.2\times10^6}{16.7\times800\times1150\times1150}=0.0623$$

$$\gamma_s=(1+\sqrt{1-2\alpha_s})/2=0.9678$$

γ_s 为内力臂系数；α_s 为钢筋混凝土截面的弹塑性抵抗矩系数。

$$A_s=A_s'=\frac{M}{\gamma_s\times f_y\times h_0}=2745.91mm^2$$

故取 8Φ22，则 $A_s=A_s'=3041.06$mm²。

验算最小配筋率，即

$$\rho_{min}=0.45\frac{f_t}{f_y}=0.196\%<0.2\%，取 \rho_{min}=0.2\%。$$

$A_s=A_s'=3041.06$mm² $\geqslant\rho_{min}\times b\times h=1920$mm²，满足要求。

（2）斜截面受剪计算

剪力设计值 $V=\gamma_0\times\gamma_F\times\frac{1}{2}\times T_{c1max}\times L=825.2$kN

$V<0.25\beta_c\times f_c\times b\times h_0=3841.0$kN（当混凝土强度等级小于 C50 时，$\beta_c=1$）

$V<0.70\beta_h\times f_t\times b\times h_0=923.1$kN，其中 $\beta_h=\left(\frac{800}{h_0}\right)^{\frac{1}{4}}=0.913$

故只需要按照构造配筋，选用四肢箍Φ10@200 箍筋，其横向钢筋抗拉强度设计值 $f_{yv}=270$N/mm²。

箍筋间距宜取 100～200mm，且不应大于 400mm 及桩的直径。

验算最小配筋率，即

$$\rho_{min,sv}=0.24\frac{f_t}{f_{yv}}=0.140\%$$

$$\rho_{sv}=\frac{nA_{sv}}{b\times s}=\frac{4\times78.5}{800\times200}=0.20\%>\rho_{min,sv}=0.140\%，满足要求。$$

n 为箍筋根数；A_{sv} 为箍筋截面积；s 为箍筋间距。

冠梁的配筋截面如图 3-34 所示。

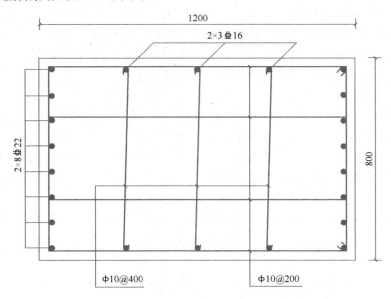

图 3-34　冠梁配筋截面图（单位：mm）

3.7.3.2　围梁计算（对应第二道支撑）

围梁尺寸同样选用 $h \times b = 1200\text{mm} \times 800\text{mm}$，钢筋保护层厚度取 50mm，围梁轴线与第二道支撑中心线标高相同，即 -7.4m，围梁顶面标高 -7m，支撑最大间距取 $L = 8.0\text{m}$，采用 C35 混凝土、HRB400 级钢筋。取第二道支撑轴力的最大值 $T_{c2} = 168.93\text{kN/m}$ 进行正截面受弯和斜截面受剪承载力计算，确定围梁配筋为 8Φ22，四肢箍Φ10@200 箍筋，围梁配筋截面如图 3-35 所示，验算过程同冠梁，具体从略。

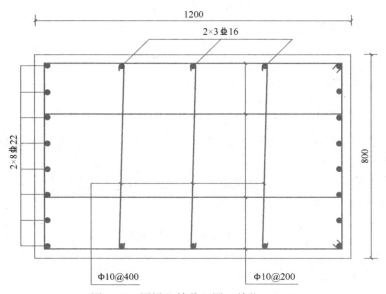

图 3-35　围梁配筋截面图（单位：mm）

3.7.3.3　钢筋混凝土支撑计算

第一道、第二道支撑均采用钢筋混凝土支撑结构，各层支撑设计参数如表 3-11 所示。第一道支撑平面布置如图 3-36 所示，基坑短边（南北）方向为两个对撑，并通过连系梁连接为双拼，基坑四角为四个角撑。本节以第一道支撑为例进行介绍。

各区段支撑设计参数一览表　　　　　　　　表 3-11

支撑	区段	最大支撑力 T_c （kN/m）	支撑间距 L （m）	立柱间距 l_0 （m）	支撑角度 β （°）	支撑轴力 N （kN）
第一道	角撑	165.03	8.0	6.0	45	2339.93
	对撑			9.5	90	1650.30
第二道	角撑	168.93		6.0	45	2389.06
	对撑			9.5	90	1689.32

注：支撑轴力 $N = \gamma_0 \times \gamma_F \times T_c \times L / \sin\beta$。

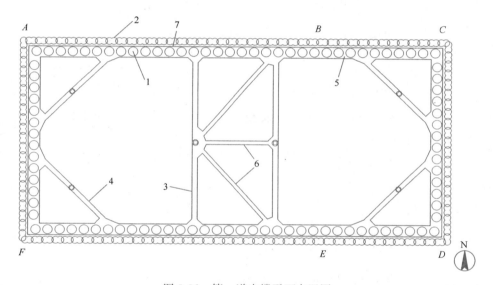

图 3-36　第一道支撑平面布置图

1—钻孔灌注桩；2—双轴水泥土搅拌桩；3—对撑；4—角撑；5—冠梁；6—连系梁；7—基坑边线

1）角撑计算

角撑的横截面尺寸为 $b_j \times h_j = 500\mathrm{mm} \times 700\mathrm{mm}$，采用 C35 混凝土，HRB400 钢筋，$T_{c1max} = 165.03\mathrm{kN}$，支撑最大间距 $L = 8.0\mathrm{m}$，立柱最大间距 $6.0\mathrm{m}$，保护层厚度 50mm。正截面受弯验算过程如下。

（1）支撑轴力 N

$N = 2339.93\mathrm{kN}$

（2）支撑弯矩计算

① 自重产生的弯矩 M_1

$q_1 = \gamma_0 \times \gamma_F \times b_j \times h_j \times \gamma = 1.0 \times 1.25 \times 0.5 \times 0.7 \times 25 = 10.938\mathrm{kN/m}$

$M_1 = \dfrac{q_1 l_0^2}{12} = 32.814\mathrm{kN \cdot m}$

② 施工荷载产生的弯矩 M_2

$q_2 = 10\text{kN/m}$（根据实际情况可取 $4 \sim 10\text{kN/m}$）

$$M_2 = \frac{10 \times 6.0^2}{12} = 30\text{kN} \cdot \text{m}$$

③ 安装支撑产生的弯矩 M_3

$$M_3 = N \times l_0 \times 0.003 = 46.80\text{kN} \cdot \text{m}$$

此处 $0.003l_0$ 为施工偏心距，如果立柱间距很大，也可取 $0.002l_0$；《基坑规程》第 4.9.7 条规定，偏心距取值对混凝土支撑不宜小于 20mm，因此，此处取施工偏心距 20mm。

总的支撑弯矩按最不利组合计算为

$$\sum M = M_1 + M_2 + M_3 = 109.61\text{kN} \cdot \text{m}$$

（3）偏心距

轴向压力对截面重心的初始偏心距 $e_0 = \dfrac{M}{N} = 46.8\text{mm}$

附加偏心距 $e_a = \max\{20, h/30\} = 23.3\text{mm}$

初始偏心距 $e_i = e_0 + e_a = 70.1\text{mm}$

判断是否考虑偏心距增大系数 η，由 $l_0/h = 6.0/0.7 = 8.57 > 5.0$，则需要考虑偏心距增大系数（$l_0/h \leqslant 5.0$ 时可不考虑）。

$$\xi = \frac{0.5 \times f_c \times b_j \times h_j}{N} = 1.249 > 1，取 \xi = 1$$

得 $\eta = 1 + \dfrac{1}{1300\dfrac{e_i}{h_0}}(l_0/h)^2 \xi = 1.524$

所以 $\eta e_i = 106.83\text{mm}$

（4）配筋计算

$$\xi = \frac{N}{\alpha_1 \times f_c \times b \times h_0} = 0.431 < \xi_b = \frac{\beta_1}{1 + \dfrac{f_y}{E_s \varepsilon_{cu}}} = 0.518$$

混凝土强度等级不超过 C50 时，$\alpha_1 = 1.0$；ξ 为相对受压区高度；ξ_b 为相对界限受压区高度，按有屈服点钢筋算；β_1 系数当混凝土强度等级不超过 C50 时，取为 0.80，当混凝土强度等级为 C80 时，β_1 取为 0.74，其间按线性内插法确定；非均匀受压时的混凝土极限压应变 $\varepsilon_{cu} = 0.0033$；钢筋弹性模量 $E_s = 2.0 \times 10^5 \text{N/mm}^2$；$h_0 = h - a_s$，$a_s$ 是受拉区纵向普通钢筋合力点至截面受压边缘的距离，此处只有一排钢筋，因此 a_s 为保护层厚度。ξ_b 也可通过查表 3-12 确定。

ξ_b 值   表 3-12

混凝土强度等级	≤C50	C55	C60	C65	C70	C75	C80
HRB400/RRB400	0.518	0.508	0.499	0.490	0.481	0.472	0.463

根据《混凝土结构设计规范》GB 50010—2010（2015 年版）第 6.2.17 条判断为大偏心受压构件（$\xi \leqslant \xi_b$）。采用对称配筋，则

$$e = \eta e_i + h/2 - a_s = 106.83 + 700/2 - 50 = 406.83\text{mm}$$

$$x = \frac{N}{\alpha_1 \times f_c \times b} = 280.2 \text{mm}$$

$$2a_s \leqslant x \leqslant \xi_b \times h_0 = 336.7 \text{mm}$$

e 为轴向压力作用点至纵向受拉钢筋合力点的距离；x 为混凝土受压区高度。

$$A_s = A'_s = \frac{N \times e - \xi(1 - 0.5\xi)\alpha_1 \times f_c \times b \times h_0^2}{f'_y \times (h_0 - a'_s)} < 0$$

a'_s 为受压区纵向普通钢筋合力点至截面受压边缘的距离，此处只有一排钢筋，即 $a'_s = 50$mm（保护层厚度）。

因此，按最小配筋率 0.2% 进行配筋，则 $A_s = 0.002b \times h = 700 \text{mm}^2$

实际配筋 4 Φ 20，$A_s = A'_s = 1256.8 \text{mm}^2$

斜截面受剪计算过程从略。经计算，按构造配筋，选配 HPB300 四肢箍 Φ 8@200。

第一道支撑配筋截面图如图 3-37 所示。

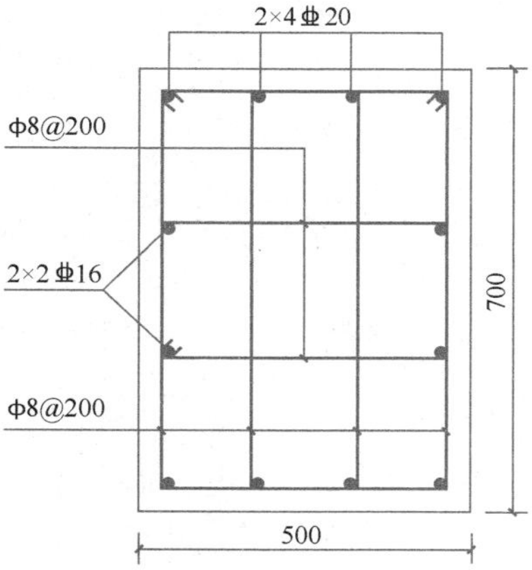

2）对撑计算

对撑截面尺寸为 $b_d \times h_d = 500 \text{mm} \times 700 \text{mm}$，C35 混凝土，HRB400 钢筋，$T_{c1max} = 165.03 \text{kN}$，支撑最大间距 $L = 8.0$m，立柱最大间距 $l_0 = 9.5$m，保护层厚度 50mm。详细计算过程同角撑，此处只列出关键步计算结果。

支撑轴力 $N = 1650.30 \text{kN}$

总的支撑弯矩 $\Sigma M = M_1 + M_2 + M_3 = 204.643 \text{kN} \cdot \text{m}$

轴向压力对截面重心的初始偏心距 $e_0 = 123.6 \text{mm}$

初始偏心距 $e_i = e_0 + e_a = 146.9 \text{mm}$

考虑偏心距增大系数 $\eta e_i = 232.41 \text{mm}$

为大偏心受压构件，采用对称配筋。

图 3-37　第一道支撑配筋截面图（单位：mm）

$$A_s = A'_s = \frac{N \times e - \xi(1 - 0.5\xi)\alpha_1 \times f_c \times b \times h_0^2}{f'_y \times (h_0 - a'_s)} < 0$$

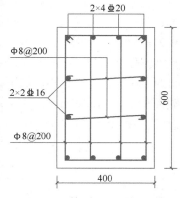

图 3-38　第一层连系梁配筋截面图（单位：mm）

按最小配筋率配筋 $A_s = 0.002b \times h = 700 \text{mm}^2$

实际配筋 4 Φ 20，$A_s = A'_s = 1256.8 \text{mm}^2$

斜截面按构造配筋，选配四肢 Φ 8@200 箍筋。

3）第一层连系梁

第一层连系梁截面尺寸 $b_l \times h_l = 400 \text{mm} \times 600 \text{mm}$，C35 混凝土，受压构件上下均配 4 Φ 20（HRB400），实配面积 $A_s = A'_s = 1256.8 \text{mm}^2$。连系梁一般不予计算，满足构造要求即可，第一层连系梁配筋截面如图 3-38 所示。

第二道支撑计算方法与第一道支撑一致，此处不再详述。需要注意的是，第二道支撑与围护桩是通过围梁连接，因此在平面上第二道支撑与第一道支撑布置不同，第二道支撑平面布置图如图 3-39所示。

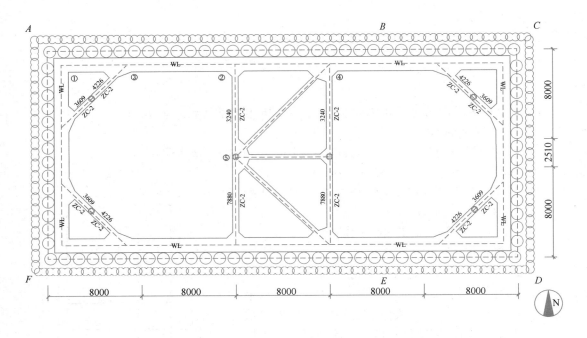

图 3-39　第二道支撑平面布置图（单位：mm）

3.7.3.4　立柱及立柱桩设计计算

1）立柱

选用四肢 Q235 等边角钢∠160×12 组成的截面尺寸为 400mm×400mm 的缀板式格构柱（边宽度 160mm，边厚度 12mm），缀板选用 350×200×10@600（缀板宽 350mm，高 200mm，厚 10mm，间距 600mm），如图 3-40 所示。立柱主要承受来自水平支撑包括对撑、角撑和连系梁传递的荷载。根据《钢结构设计标准》GB 50017—2017 第 7.2.1 条进行轴心受压构件的稳定性验算。

根据《热轧型钢》GB/T 706—2016 附录 A 表 A.3 可以得到角钢的截面特征如下。

单肢角钢截面积 $A_0＝37.44cm^2$
四肢角钢总截面积 $A＝149.76cm^2$

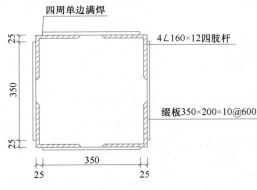

图 3-40　缀板式格构立柱（单位：mm）

重心距离 $Z_0＝4.39cm$
惯性矩 $I_0＝I_x＝I_y＝917cm^4$
单肢回转半径 $i＝3.18cm$
第一道支撑作用于立柱上的竖向荷载

$$N_1 = \gamma_0 \times \gamma_F \times (F_c + F_{l1} + F_{l2} + F_q)$$
$$= 1.0 \times 1.25 \times (0.5 \times 0.7 \times 9.5 + 0.4 \times 0.6 \times 8 + 0.4 \times$$
$$0.6 \times \sqrt{9.5^2 + 8^2}) \times 25 + 10 \times 9.5$$
$$= 352.054 \text{kN}$$

第二道支撑作用于立柱上的竖向荷载

$$N_2 = 1.0 \times 1.25 \times (0.5 \times 0.7 \times 9.5 + 0.4 \times 0.6 \times 8 + 0.4 \times 0.6 \times \sqrt{9.5^2 + 8^2}) \times 25 = 257.054 \text{kN}$$

F_c 为对撑和角撑的重力；F_{l1} 为双拼间正交连系梁的重力；F_{l2} 为双拼间斜交连系梁的重力；F_q 为施工荷载。

另外，作用于立柱上的竖向荷载还要考虑支撑轴力的影响，按 0.1 倍轴力进行简化计算，即 $N_3 = 0.1 \gamma_0 \times \gamma_F \times T_c \times L$。

（1）第一、二道支撑之间立柱强度计算

计算作用于立柱上的总竖向荷载 N_z

$$N_{z1\text{-}2} = N_1 + 0.1 \times \gamma_0 \times \gamma_F \times T_{c1max} \times L$$
$$= 352.054 + 0.1 \times 1.0 \times 1.25 \times 165.03 \times 8 = 517.084 \text{kN}$$

立柱横截面惯性矩 $I_z = I_{xz} = I_{yz} = 4 \times [I_x + A_0 \times (b/2 - Z_0)^2]$
$$= 4 \times [917 + 37.44 \times (20 - 4.39)^2]$$
$$= 4.016 \times 10^4 \text{cm}^4 \quad (b \text{ 为格构柱横截面边长})$$

计算长度 $L_c = 4.5 \text{m}$（第一道和第二道支撑之间的距离）

缀板净间距 $L_j = 0.4 \text{m}$（L_j 为缀板间距减去板高）

$$i_x = i_y = \sqrt{\frac{I_z}{A_0}} = 32.75 \text{cm}$$

长细比 $\lambda_x = \lambda_y = \dfrac{L_c}{i_x} = 13.74$

$$\lambda_1 = \frac{L_j}{i} = 40/3.18 = 12.58 \quad (i \text{ 为单肢回转半径})$$

则 $\lambda = \sqrt{\lambda_x^2 + \lambda_1^2} = 18.63$

而 $\dfrac{\lambda}{\varepsilon_k} = \lambda\sqrt{\dfrac{f_y}{235}} = 18.63$

ε_k 为钢号修正系数，其值为 235 与钢材牌号中屈服点数值的比值的平方根；Q235 钢筋的 f_y 取为 235N/mm²。

根据《钢结构设计标准》GB 50017—2017 附录 D 表 D.0.2，得到受压构件稳定系数 $\varphi = 0.974$，则轴心受压构件的稳定性满足

$$\frac{N_z}{\varphi A f_y} = \frac{517.084 \times 10^3}{0.974 \times 149.76 \times 10^2 \times 235} < 1.0$$

第一道支撑与立柱连接详图如图 3-41 所示。

（2）第二道支撑以下立柱强度计算

$$N_{z2} = N_1 + N_2 + 0.1 \times \gamma_0 \times \gamma_F \times T_{c2max} \times L = 778.038 \text{kN}$$

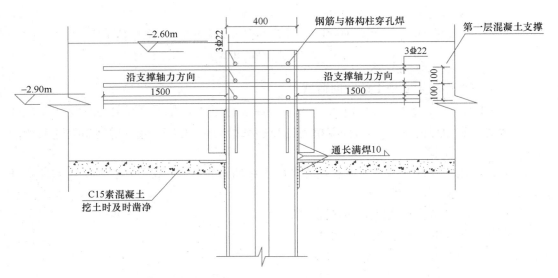

图 3-41　第一道混凝土支撑与立桩连接详图（单位：mm）

计算长度 L_c＝3.6（第二道支撑到坑底距离）＋2.0（立柱直径的 5 倍）＝5.6m

其他参数及验算过程同第一道与第二道支撑间的立柱，具体从略。

2）立柱桩

立柱桩通常采用钻孔灌注桩，在工程允许的情况下可以直接利用工程桩作为立柱支承桩，此时一般不再需要进行立柱桩承载力验算。另一种则是专门打设的用于支承立柱的钻孔灌注桩，需要进行承载力验算。此工程采用直径为 1000mm 的钻孔灌注桩，C35 混凝土，实配 22 Φ 28。立柱桩长 10m，由基坑开挖面向下分别穿越了 0.16m 的②₂ 淤泥质粉质黏土、4.2m 的③₂ 粉质黏土、3.5m 的③₄ 粉质黏土以及 2.23m 的③₅ 粉质黏土夹粉土。立柱及立柱桩立面图如图 3-42 所示，立柱与立柱桩一般要搭接 2～3m。立柱桩承载力验算设计参数如表 3-13 所示。

桩基承载力验算设计参数　　　　　　　　　　　　表 3-13

土层序号	土层名称	钻孔灌注桩		穿越该土层厚度（m）
		极限侧摩阻力 q_{sik}（kPa）	极限端阻力 q_{pk}（kPa）	
②₂	淤泥质粉质黏土	18	—	0.16
③₂	粉质黏土	58	—	4.2
③₄	粉质黏土	56	—	3.5
③₅	粉质黏土夹粉土	58	800	2.23

根据《建筑桩基技术规范》JGJ 94—2008，立柱桩抗压承载力验算为

$$Q_{uk}=Q_{sk}+Q_{pk}=u\sum q_{sik}\,l_i+q_{pk}A_p$$

$$=1.0\times\pi\times(0.16\times18+4.2\times58+3.5\times56+2.23\times58)+0.5\times0.5\times\pi\times800$$

$$=2424.74\text{kN}>2N_{z2}=2\times778.038=1556.076\text{kN},满足设计要求。$$

3.7.4　地下水控制

（1）截水设计

基坑底标高－11.50m，基坑范围内土层分布（J1孔）：①层素填土、②₁层粉质黏土、②₂层淤泥质粉质黏土、③₂层粉质黏土、③₄层粉质黏土、③₅层粉质黏土夹粉土。

基坑范围内以及坑底以下土层均为隔水层，满足落底式截水帷幕要求，采用双轴水泥土搅拌桩，直径700mm，搭接200mm，进入隔水层深度 l 满足 3.5.1 节式（3-18），即 $l \geqslant 0.2\Delta h - 0.5b = 0.2(12.0 - 2.5) - 0.5 \times 0.7 = 1.55\text{m}$，取进入③₂层粉质黏土深度 l 为 1.6m，因此水泥土搅拌桩总长 11.4m。

值得注意的是，由于本基坑开挖范围内大部分为流塑状态的淤泥质粉质黏土，水泥土搅拌桩在功能上更多的是起到挡土的作用，防止土从排桩之间流失，水泥土搅拌桩进入基坑底一定深度即可，可不进行计算；若基坑范围及坑底以下有粉砂、粉土等透水层，截水帷幕进入隔水层深度 l 必须满足 3.5.1 节式（3-19）要求。

（2）降水与排水设计

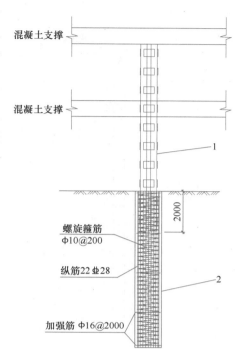

图 3-42　立柱和立柱桩立面图（单位：mm）
1—立柱；2—立柱桩

本场地地下水主要为①土层中的孔隙潜水，其余粉质黏土层为隔水层。场地内潜水稳定水位在自然地面下 0.64m，可设置主要起疏干作用的管井，按照经验单井有效疏干降水面积为 $200 \sim 300\text{m}^2$，此基坑面积约 740m^2，因此共布置三口疏干井，管井长度应满足底部埋深大于基坑开挖深度6m。

采用明沟排水，施工时在开挖基坑周围的两侧设置排水沟，水沟截面要考虑基坑排水量及邻近建筑物的影响，排水沟深 0.5m，宽 0.4m，水沟的边坡为 1:1，边沟具有 0.4% 的最小纵向坡度，使水流不致阻滞而淤塞。为保证沟内流水通畅，避免携砂带泥，明沟排水时，沟底及侧壁应采取防渗措施。疏干井和排水沟立面如图 3-43 所示。

3.7.5　监测方案

本基坑周边环境较简单，基坑工程安全等级为二级，因此在基坑开挖及地下主体结构施工期间应有基坑监测工作来配合施工，根据监测数据及时地调整施工方案和施工进度。这里重点介绍该基坑工程的监测方案（监测点平面布置如图 3-44 所示）。

（1）圈梁顶部的水平、垂直位移：主要目的是通过控制圈梁的位移掌握周围土体的变形对周围建筑物的影响，每隔 10~15m 左右设置一个观测点。

（2）支护桩体深层水平位移：主要目的是通过水平位移的监测掌握周围土体的变形情况，在围护桩入土深度部位每隔 10~20m 左右设置一个观测点。

（3）立柱桩竖向、水平位移观测：在每根支撑立柱桩上设置沉降/隆起监测点。

（4）支撑轴力监测：第一道、第二道支撑各选择 3 根进行支撑轴力的监测。

（5）支护桩桩身应力监测：选择 4 根支护桩进行桩身应力监测，通过对支护桩内力监测，掌握桩身受力情况。

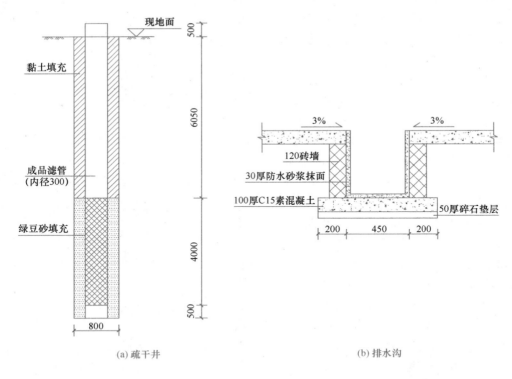

图 3-43　疏干井和排水沟立面图（单位：mm）

（6）道路沉降观测：每隔 15～25m 设置一沉降观测点。

（7）周边建筑物沉降监测：在建筑物角点等沉降敏感部位布置沉降监测点。

（8）管线监测：根据市政部门要求进行。

3.7.6　电算结果

目前，深基坑设计常用的计算软件有理正深基坑、同济启明星等，两款软件的界面友好，使用简单，适用支护类型较广。同济启明星考虑了国家和上海市规范，在上海地区的设计院应用更多；理正深基坑提供了国家及多个地方规程作为可供选择的计算依据，能较好地与规范衔接。当基坑较为复杂时，还可以采用 MIDAS、PLAXIS、ANSYS、FLAC、ABAQUS 等有限元软件进行数值模拟研究和分析，作为设计的校核和补充。

这里着重以理正深基坑 7.0 为例进行介绍，该软件提供单元计算（即简化计算方法）和整体计算（即平面整体分析方法）。单元法中有弹性法（即 m 法，围护结构采用平面杆系结构弹性支点法，土反力即被动土压力以及支撑对围护结构的约束作用按弹性支座考虑；内支撑结构按平面结构分析，围护结构传至内支撑的荷载应取围护结构分析时得出的支点力）和经典法（土压力按朗肯土压力理论计算），图 3-45 为理正深基坑支护结构设计软件打开界面。此节以单元法即简化计算方法为例进行电算的介绍。

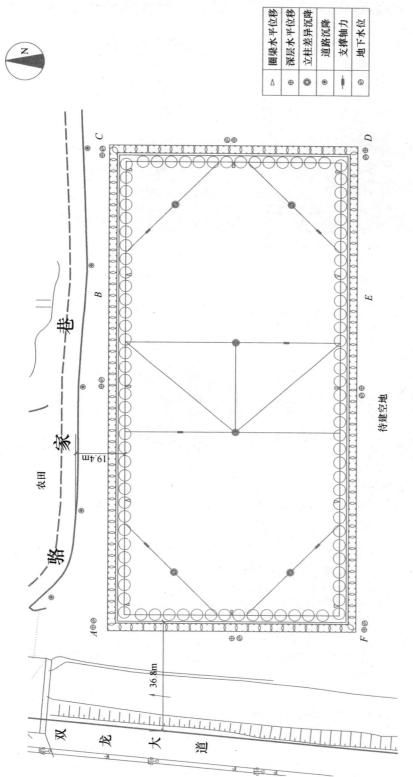

图 3-44　监测点平面布置图

◁	圈梁水平位移
⊕	深层水平位移
◎	立柱差异沉降
⊙	道路沉降
—▭—	支撑轴力
⊖	地下水位

图 3-45　理正深基坑支护结构设计软件打开界面

勾选"单元计算"，弹出支护形式窗口，选择排桩支护形式，主要包含三个模块，"基本信息""土层信息""支锚信息"，分别如图 3-46～图 3-48 所示。根据实际设置不同工况，并输入相关参数。

规范与规程	《建筑基坑支护技术规程》 JGJ 120-2012
内力计算方法	增量法
基坑等级	二级
基坑侧壁重要性系数 γ0	1.00
基坑深度H(m)	9.640
嵌固深度(m)	10.000
桩顶标高(m)	-0.640
桩材料类型	钢筋混凝土
混凝土强度等级	C35
桩截面类型	圆形
└桩直径(m)	1.000
桩间距(m)	1.200
有无冠梁	有
└冠梁宽度(m)	1.200
└冠梁高度(m)	0.800

坡号	台宽(m)	坡高(m)	坡度系数
1	1.000	0.640	1.000

超载序号	类型	超载值(kPa, kN/m)	作用深度(m)	作用宽度(m)	距坑边距(m)	形式	长度(m)	
1		20.000	—	—	—			

图 3-46　理正深基坑软件之"基本信息"模块

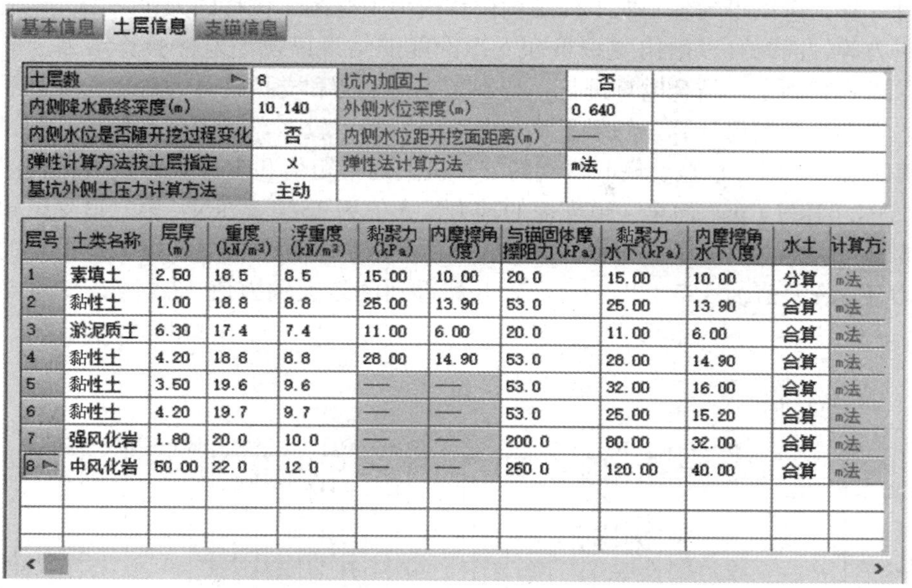

图 3-47 理正深基坑软件之"土层信息"模块

土层数	►	8	坑内加固土		否	
内侧降水最终深度(m)		10.140	外侧水位深度(m)		0.640	
内侧水位是否随开挖过程变化		否	内侧水位距开挖面距离(m)		—	
弹性计算方法按土层指定		×	弹性法计算方法		m法	
基坑外侧土压力计算方法		主动				

层号	土类名称	层厚 (m)	重度 (kN/m³)	浮重度 (kN/m³)	黏聚力 (kPa)	内摩擦角 (度)	与锚固体摩擦阻力(kPa)	黏聚力 水下(kPa)	内摩擦角 水下(度)	水土	计算方
1	素填土	2.50	18.5	8.5	15.00	10.00	20.0	15.00	10.00	分算	m法
2	黏性土	1.00	18.8	8.8	25.00	13.90	53.0	25.00	13.90	合算	m法
3	淤泥质土	6.30	17.4	7.4	11.00	6.00	20.0	11.00	6.00	合算	m法
4	黏性土	4.20	18.8	8.8	28.00	14.90	53.0	28.00	14.90	合算	m法
5	黏性土	3.50	19.6	9.6	—	—	53.0	32.00	16.00	合算	m法
6	黏性土	4.20	19.7	9.7	—	—	53.0	25.00	15.20	合算	m法
7	强风化岩	1.80	20.0	10.0			200.0	80.00	32.00	合算	m法
8 ►	中风化岩	50.00	22.0	12.0			250.0	120.00	40.00	合算	m法

图 3-47 理正深基坑软件之"土层信息"模块

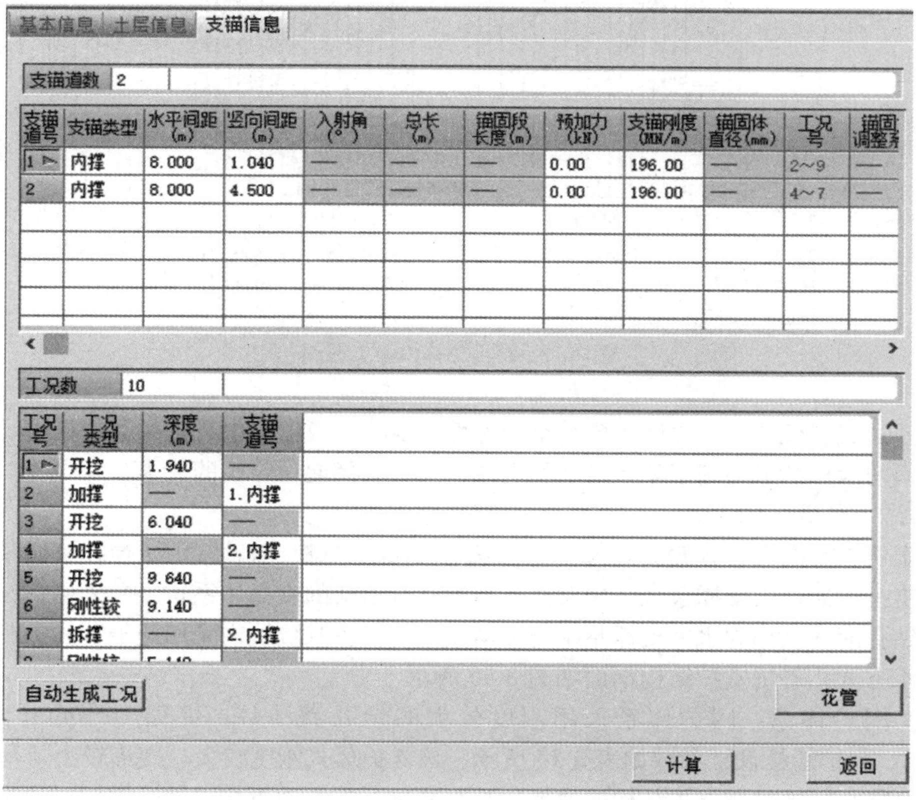

支锚道数 2

支锚道号	支锚类型	水平间距 (m)	竖向间距 (m)	入射角 (°)	总长 (m)	锚固段长度(m)	预加力 (kN)	支锚刚度 (MN/m)	锚固体直径(mm)	工况号	锚固调整系
1 ►	内撑	8.000	1.040	—	—	—	0.00	196.00	—	2～9	—
2	内撑	8.000	4.500	—	—	—	0.00	196.00	—	4～7	—

工况数 10

工况号	工况类型	深度 (m)	支锚道号	
1 ►	开挖	1.940	—	
2	加撑	—	1.内撑	
3	开挖	6.040	—	
4	加撑	—	2.内撑	
5	开挖	9.640	—	
6	刚性铰	9.140	—	
7	拆撑	—	2.内撑	

自动生成工况 花管

计算 返回

图 3-48 理正深基坑软件之"支锚信息"模块

通过计算，可以得到各工况下的结构位移内力工况图、位移内力包络图、地表沉降图以及土压力等，同时可以给出支护桩和支撑的配筋结果以及稳定性验算结果。毕业设计时，通常以手算为主，结合电算进行，特别是支撑轴力和支护桩最大弯矩，要取手算和电算结果之大者进行配筋计算，如果手算与电算结果相差较多，则要仔细校核。经过对比可知，电算工况 5，即开挖至坑底时得到的支护桩上的弯矩值和支撑轴力最大，其中最大弯矩值为 1604.64kN·m，而第一道支撑的轴力最大值为 1320.22kN，第二道支撑轴力的最大值为 680.81kN，如图 3-49 所示。值得注意的是，表 3-10 中 FAB 段电算得到的第一道支撑轴力 T_{c1} 最大值为 165.03kN/m，为电算得到的最大轴力值 1320.22kN 与支撑间距 8m 之比。

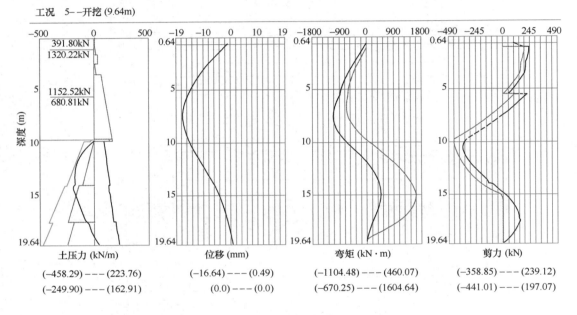

工况 5——开挖 (9.64m)

土压力 (kN/m)
(-458.29) --- (223.76)
(-249.90) --- (162.91)

位移 (mm)
(-16.64) --- (0.49)
(0.0) --- (0.0)

弯矩 (kN·m)
(-1104.48) --- (460.07)
(-670.25) --- (1604.64)

剪力 (kN)
(-358.85) --- (239.12)
(-441.01) --- (197.07)

图 3-49　结构位移内力工况图

另外，支护桩的嵌固深度还要满足稳定性要求，主要依据电算结果进行校核，本案例所有断面的验算结果均满足整体滑动稳定性以及坑底隆起稳定性的要求。

3.7.7　总体支护方案

本案例工程的支护方案概括为：基坑采用钻孔灌注桩＋双轴水泥土搅拌桩做截水帷幕的联合支护形式；内支撑系统采用对撑、角撑结合桁架的支撑体系，竖向采用临时钢立柱及柱下钻孔灌注桩作为水平支撑系统的竖向支承构件；基坑坑内采用疏干管井＋明沟集水井的排水方式。基坑支护结构剖面如图 3-50 所示。

（1）围护体系：围护体系采用刚度较大的钻孔灌注桩，桩径 1000mm，桩间距 1200mm，围护结构设计参数如表 3-14 所示。该支护形式刚度较大，变形较小，易于设置内支撑，能很好地控制支护结构的变形，减小基坑开挖及地下结构施工期间对周边环境的影响。

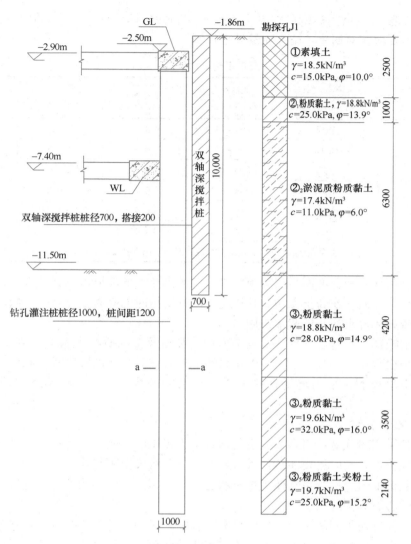

图 3-50　基坑支护结构剖面图（单位：mm）

围护结构设计参数 表 3-14

类型	桩长 (m)	桩顶标高 (m)	桩径 (mm)	桩间距 (mm)	纵向钢筋 (HRB400)	螺旋箍筋 (HPB300)	加强筋 (HRB400)	混凝土强度等级
WHZ-1	19	−2.50	1000	1200	22 ⏀ 28	Φ 10@2000	⏀ 16@2000	C35
WHZ-2	18	−2.50	1000	1200	22 ⏀ 28	Φ 10@200	⏀ 16@2000	C35
WHZ-3	17	−2.50	1000	1200	22 ⏀ 28	Φ 10@200	⏀ 16@2000	C35

注：WHZ-1 对应于 FAB 段；WHZ-2 对应于 BCDE 段；WHZ-3 对应于 EF 段。

（2）支撑体系：支撑体系采用两道刚度较大的钢筋混凝土支撑，角部采用角撑，南北方向设置对撑。冠梁顶标高为 −2.50m，第一道支撑中心标高为 −2.90m，第二道支撑中心标高为 −7.40m。设置适量的缀板格构柱作为竖向支撑构件，并支承于立柱桩上。支撑的设计参数如表 3-15 所示。钢筋混凝土支撑可控制为先撑后挖，易于控制基坑侧壁的变形，施工技术要求相对简单，施工质量易于控制。

支撑结构设计参数 表 3-15

类型		截面尺寸 （mm×mm）	主筋 （HRB400）	箍筋 （HPB300）	混凝土强度 等级
一层支撑	冠梁	1200×800	8 Φ 22	Φ 10@200	C35
	主撑	500×700	4 Φ 20	Φ 8@200	C35
	角撑	500×700	4 Φ 20	Φ 8@200	C35
二层支撑	围檩	1200×800	8 Φ 22	Φ 10@200	C35
	主撑	500×700	4 Φ 20	Φ 8@200	C35
	角撑	500×700	4 Φ 20	Φ 8@200	C35
立柱		上部采用 4∠160×12 格构缀板柱；下部采用直径 1000mm 钻孔灌注桩，L＝10.0m			

（3）基坑顶部处理：地面与圈梁顶部有一定的高差，该部分可以将截水帷幕深搅拌桩桩顶标高升高至地面，作为土方初始开挖浇筑圈梁支撑时的临时支护措施。同时在深搅拌桩外侧设置砖砌体排水沟兼作截水作用。

（4）截水帷幕：本基坑开挖深度范围为粉质黏土及淤泥质粉质黏土，结合施工经验，本基坑外侧采用直径 700mm、搭接 200mm 的单排双轴深搅拌桩形成截水帷幕。

（5）地下水控制：采用疏干管井＋明沟集水井的排水方式，将地下水降至坑底以下 0.5m。

3.7.8　案例总结

基坑设计采用荷载基本组合效应进行承载能力极限状态验算，包括支护结构的配筋以及基坑稳定性验算，同时还要注意荷载效应要根据基坑安全等级乘以不同的基坑重要性系数。采用荷载标准组合进行正常使用极限状态验算，包括支护结构位移、基坑周边建筑物和地面沉降的验算等。

基坑设计要针对不同的工程地质条件和工程需求采用合适的支护方法，本章主要介绍钻孔灌注桩＋内支撑的围护结构形式，除了内支撑还可采用外拉锚的形式。另外地铁车站结构也常采用地下连续墙作为围护结构，内支撑可根据需要采用钢筋混凝土、钢管或型钢等形式。地下连续墙还可以兼作截水结构，一般可不进行挡水结构的另外设置。其他支护形式的设计可参考相关教材。

第4章 地铁车站设计

4.1 概　述

车站是地铁系统中一个很重要的组成部分，乘客乘坐地铁必须经过车站，它与乘客的关系极为密切；同时，它又集中了地铁运营中很大一部分技术设备和运营管理系统，因此，对保证地铁的安全运营起着很重要的作用。通常，地铁车站由车站主体（站台、站厅、设备和管理用房）、出入口及通道和通风道及地面通风亭这三部分组成。

本章中所涉及的地铁车站指明挖为主、电力牵引且以钢轮钢轨为导向的地铁中间站或换乘站。其设计内容一般应包括建筑设计、围护结构设计、主体结构设计、结构防水设计以及施工组织设计。由于篇幅限制，本章主要介绍建筑设计和主体结构设计。而车站建筑设计影响因素复杂，需要一定实际经验和技术基础，因此对建筑设计内容进行了简化。

4.2　地铁车站建筑设计

这里主要介绍车站主体建筑设计，包括车站规模计算、车站总平面布置和车站建筑布置。地铁车站建筑设计应遵循以下原则。

（1）适用性：满足客流高峰时所需的各种面积及楼梯通道等宽度要求，具有设备用房和管理用房。

（2）安全性：具有足够明亮的照明设施、足够宽的楼梯及疏散通道、指示牌及防灾设施等。

（3）识别性：车辆线路及车站都要有明显的特征和标志。

（4）舒适性：以人为本，舒适的内部环境和现代的视觉观感。

（5）经济性：降低造价，节约投资。

4.2.1　车站类型

按与地面相对位置，地铁车站可分为地面车站、地下车站和高架车站。

按地下车站埋深可分为深埋车站与浅埋车站。目前浅埋和深埋车站的划分无统一的标准，一般认为小于20m为浅埋，大于20m为深埋。浅埋式：土方量较小，技术难度小，客流上下高度小，节省投资；深埋式：深基坑的技术难度增加，土方量增加，客流上下高度增加，投资加大。

按车站运营性可分为：（1）中间站（即一般站）：中间站仅供乘客上、下车用；（2）换乘站：位于两条及两条以上线路交叉点上的车站；（3）枢纽站：由此站分出另一条线路的车站；（4）联运站：指车站内设有两种不同性质的列车线路进行联运及客流换乘；（5）终点站：设在线路两端的车站。

按车站结构横断面形式可分为矩形断面、拱形断面、圆形断面以及其他类型断面。

按车站站台形式可分为岛式站台、侧式站台和岛侧混合式站台。岛式站台位于上、下行行车线路之间，便于乘客换乘其他车次，两根单线隧道布线方式在地下工况复杂情况下穿行具有较大的灵活性，但是改建扩建时延长车站很困难，一般用于客流量较大的车站（图 4-1a）；侧式站台位于上、下行行车线路的两侧，轨道布置集中，有利于区间采用大的隧道或双圆隧道双线穿行，具有一定的经济性，但是城市地下工况复杂的情况下，大隧道双线穿行反而又缺乏灵活性，且不利于乘客换乘其他车次，适用于客流量不大的车站或高架车站（图 4-1b）；岛侧混合式站台是将岛式站台及侧式站台设在一个车站内，可同时在两侧站台上、下车，站台可布置成一岛一侧式或一岛两侧式（图 4-1c）。

按乘客换乘方式可分为站台直接换乘、站厅换乘和通道换乘。按车站换乘形式可分为：一字形、L 形、T 形、十字形和工字形换乘。

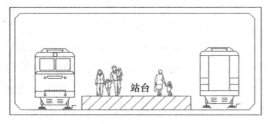

(a) 岛式站台

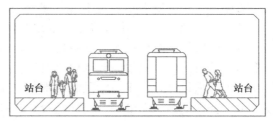

(b) 侧式站台

(c) 岛侧混合式站台

图 4-1　地铁车站站台形式

4.2.2　车站规模计算

地铁车站规模主要指车站外形尺寸、层数及站房面积，主要根据该站远期（建成通车后 25 年）预测高峰小时客流量、所处位置的重要性、站内设备和管理用房面积、列车编组长度及该地区远期发展规划等因素综合考虑确定。主要设计内容包括车站客流量、站台长度、站台宽度及楼梯宽度、售检票设施数量、出入口楼梯及通道宽度的计算。

车站客流量由合计最大高峰时段客流量乘以超高峰系数得到。

站台长度分为站台总长度和站台有效长度两种。站台总长度是包含了站台有效长度和所设置的设备、管理用房及迂回风道等的长度，即车站规模长度；站台有效长度即站台计算长度，其为远期列车编组有效使用长度加停车误差。

岛式站台和侧式站台宽度计算方法不同，岛式站台宽度包括沿站台纵向布置的楼梯（及自动扶梯）的宽度、结构立柱（或墙）的宽度和侧站台宽度；侧式站台宽度可分为两种情况：沿站台纵向布设楼梯（自动扶梯）时，则站台总宽度由楼（扶）梯的宽度、设备和管理用房所占的宽度、结构立柱的宽度和侧站台宽度等组成；通道垂直于站台长度方向布置时，楼梯（自动扶梯）均布置在通道内，站台总宽度包含设备和管理用房所占的宽度、结构立柱（或墙）的宽度和侧站台宽度。其中，侧站台宽度、楼梯和自动扶梯宽度与每列车超高峰小时客流量相关，计算也与客流量相关，具体要求可参照《地铁设计规范》GB 50157—2013。

售票设施可分为人工售票和自动售票两种，两种形式可以组合，数量与售票设施的售票能力和客流量有关。检票设施数量需要考虑进、出站客流量的需要，按远期预测高峰小时的进站、出站人数分别计算。

出入口楼梯及通道宽度应按远期分向设计客流量乘以 1.1～1.25 的不均匀系数计算确定，出入口数量多时宜取上限值，出入口少时取下限值；还要满足最小宽度要求和紧急疏散要求。

4.2.3　车站总平面布置

车站总平面布置主要根据车站所在地周边环境条件、相关规范对车站要求以及选定的车站类型，合理地布设车站出入口、通道、风亭等设施，以使乘客能安全、便捷地进出车站。另外还应合理考虑车站出地面的附属设施与周边建筑物、道路交通、公交站点、地下过街通道或天桥、绿地之间的关系。随着设备和技术的进步，地下空间向着更大、更深的方向发展，地下综合体的大规模开发是新趋势，地铁车站建设时也应综合考虑周边交通接驳以及地上、地下商业和其他设施配套。这里主要介绍车站站位布置、出入口及风亭（井）布置。

车站站位需依据总平面图对车站位置、形式、埋深、车站规模、出入口数量及位置、施工条件、客流吸引以及安全便捷等方面进行综合分析，以便选择最优站位。车站与路口相对站位关系如图 4-2 所示。

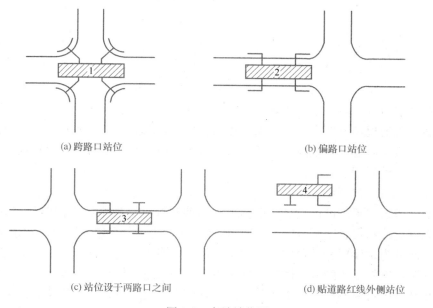

(a) 跨路口站位　　　　　　　　　　　　　　(b) 偏路口站位

(c) 站位设于两路口之间　　　　　　　　　　(d) 贴道路红线外侧站位

图 4-2　车站站位图

出入口平面上主要形式有如下几种：（1）一字形，占地面积小，结构及施工简单，经济方便，但口部较宽，不宜建在路面狭窄地区（图 4-3a）；（2）L 形，人员进出方便，结构及施工较简单，较经济，同样口部较宽，不宜建在路面狭窄地区（图 4-3b）；（3）T 形，人员进出方便，结构及施工稍复杂，但适用路面狭窄地区（图 4-3c）；（4）Π 形，在出入口长度设置有困难时，采用这种形式，出入口人员要走回头路（图 4-3d）；（5）Y 形，常用于一个主出入口通道有两个及两个以上出入口的情况，此形式较灵活（图 4-3e 和 f）。此外，出入口的位置既要考虑到地下通道的顺畅，又不宜过长；也要考虑能均匀地吸纳地面客流。出入口及通道的数量由车站规模、站位选择、城市规划、地形地貌、环境条件以及预测远期高峰小时客流量等因素综合确定。出入口通道的输送能力应大于车站内楼梯和自动扶梯输送能力之和。每个通道的宽度应与分向客流相匹配，兼作城市地下过街通道的，应根据过街客流量加宽。地下车站一般宜设四个出入口，当车站设计客流较小时，可根据站址环境的具体情况酌情减少出入口数量，但不能少于两个。出入口通道具体尺寸要求可参考《地铁设计规范》GB 50157—2013。

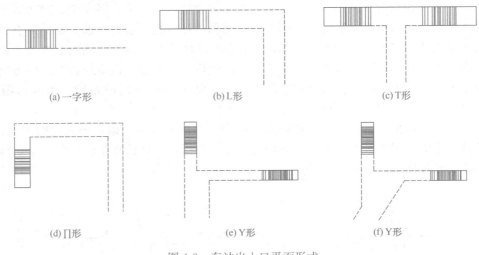

(a) 一字形   (b) L 形   (c) T 形

(d) Π 形   (e) Y 形   (f) Y 形

图 4-3　车站出入口平面形式

地下车站按通风、空调工艺要求，一般需设活塞风井、进风井和排风井。风亭（井）应根据地面建筑的现场条件、规划要求、环保和景观要求集中或分散布置，还应满足规范部门规定的红线距离要求，单独修建的车站出入口和地面通风亭与周围建筑物之间的距离还应满足防火距离的要求。

4.2.4　车站建筑布置

对于车站建筑布置，设计人员应根据车站类型和规模合理组织人流路线（乘客流线、站内工作人员流线和设备工艺流线），划分功能分区，再进行车站不同部位的建筑布置。

车站平面分为站厅层和站台层。站厅层的作用是将入口进入的乘客迅速安全方便地引导到站台乘车，或将下车的乘客同样引导至出口出站，站厅层也是乘客上、下车的过渡空间，乘客在站厅内需要办理上、下车的手续。站厅内需要设置售票、检票、问询等服务设施，层内设有地铁运营设备用房、管理用房，具有组织和分配人流的作用。站台层是供乘客上、下车及候车的场所。

站厅层和站台层在进行建筑平面布局时必须同时考虑。设计时首先从站台层着手，根据列车编组确定站台有效长度；根据站台两端应有的设备用房和必需的端头井确定车站的初步长度；根据计算得到的站台宽度加上、下行车道的宽度确定车站的总宽度；再根据站厅层设备管理用房所需面积划分出站厅公共区和设备管理用房区，同时调整站厅至站台的楼梯数量及位置，使其能均匀地面向客流。具体车站建筑布置要点参考相关教材或规范。

4.2.5　车站相关尺寸确定

地铁车站相关尺寸包括埋深、各主要构件尺寸（顶板、侧墙、中板、底板、纵梁、柱子）以及车站外包尺寸等。地铁车站埋深的确定要综合考虑地下管线、冻土层厚度、车站区段线路坡度以及车站建筑高度等因素的影响。地铁车站埋深的增加会显著提高工程的造价，因此要合理确定埋深，以减少不必要的投入。车站主要构件尺寸和车站外包尺寸可参考已有经验。

明挖法地铁车站主体结构一般采用现浇的钢筋混凝土箱形结构。构件形式及尺寸确定的一般规则如下：当站台宽度为 8m 时，车站标准断面可采用无柱单跨箱形结构；当站台宽度为 10m 时，车站标准断面可采用单柱双跨箱形结构；当站台宽度为 12m、14m 时，车站标准断面可采用双柱三跨箱形结构。按照经验，明挖地铁车站结构总长度为 170～220m，总宽度为 20～30m，沿高度方向一般分 2～3 层，其结构形式多为箱形框架结构，结构内部设纵梁。基坑深度一般为 15～20m，结构的顶板、底板和边墙厚度一般为 0.6～1.0m，顶梁和底梁的截面高度一般为 1.6～2.2m，中板厚度一般为 0.3～0.5m。柱宽的取值一般可采用工程类比法或根据经验确定，采用单柱双跨或双柱三跨车站结构，柱宽（径）一般可取 0.7～0.9m，柱距可取 6～8m。

4.3　地铁车站主体结构设计

本节主要介绍明挖法施工的地铁车站结构设计，主体结构设计内容应包括拟定结构尺寸及材料、确定荷载和种类并进行荷载组合及计算、确定计算模型和图示、对车站不同阶段（不同工况）的结构内力进行计算（标准断面及非标准断面、纵梁）、主要部件的配筋计算及验算、车站抗浮验算以及绘制车站结构截面配筋图。

4.3.1　拟定结构尺寸

由于结构内力计算需首先确定结构尺寸，因此通常依据以往经验或近似计算方法初拟车站结构断面的几何尺寸，经内力计算后，再反过来验算截面尺寸是否合适，若不合适，重复此过程直至截面尺寸合适为止。明挖地铁车站一般采用现浇的钢筋混凝土材料，相关尺寸确定规则见第 4.2.5 节，典型的明挖地铁车站主体结构横断面形式及尺寸如图 4-4 所示。

4.3.2　荷载种类及组合

作用于地下结构上的荷载分为永久荷载、可变荷载和偶然荷载，具体见第 2.2.1 节。地铁车站主要考虑的永久荷载包括结构自重、地层压力、水压力及浮力、设备重量以及地面建筑物超载等；可变荷载包括地面车辆荷载及引起的侧向土压力、地铁车辆荷载、人群荷载以及施工荷载等；偶然荷载包括地震作用和人防荷载。

计算结构自重时，钢筋混凝土重度一般取 $25kN/m^3$，素混凝土重度一般取 $22kN/m^3$。

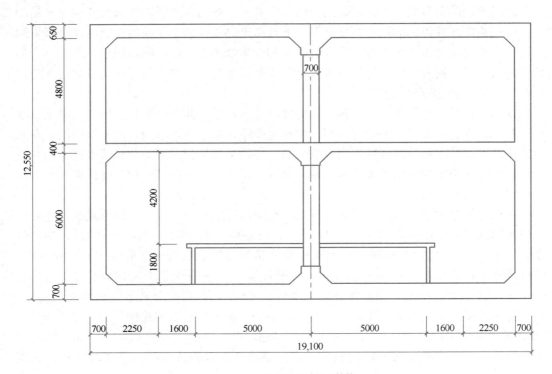

(a) 单柱双跨箱形结构

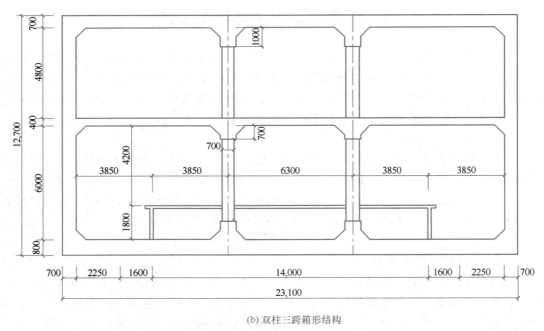

(b) 双柱三跨箱形结构

图 4-4 典型明挖地铁车站结构横断面（单位：mm）

作用于围护结构和永久结构外侧墙上的水平侧压力在施工阶段和使用阶段可分别按主动土压力、静止土压力计算。同时，在黏性土地层的施工阶段可采用水土合算，对于砂性土地层可采用水土分算；在使用阶段无论是黏性土还是砂性土均采用水土分算。还应计入地面超载、邻近建（构）筑物以及施工过程可能产生的附加水平侧压力。

地面车辆及施工堆载（路面活荷载）一般取 20kPa 的均匀荷载，盾构井处不应小于 30kPa；侧向土压力在施工阶段按主动及被动土压力计算，使用阶段采用静止土压力；人群荷载一般取 4kPa；设备荷载一般取 8kPa；直接承受地铁车辆荷载的楼板等构件，应按地铁车辆的实际轴重和排列计算其产生的竖向荷载作用，若按 6 节列车编组考虑，轴重 14t，折算成等效静荷载 20kPa。

《地铁设计规范》GB 50157—2013 第 11.6.1 条规定，地下结构应按施工阶段和正常使用阶段分别进行结构强度、刚度和稳定性计算。对于钢筋混凝土结构，尚应对使用阶段进行裂缝宽度验算；偶然荷载参与组合时，不验算结构的裂缝宽度。根据《混凝土结构设计规范》GB 50010—2010（2015 年版）第 3.3 节及 3.4 节，进行地铁车站主体结构计算时，需要验算承载能力极限状态进行配筋计算，之后再按正常使用极限状态对其裂缝宽度进行验算。因此，需要分别计算两种极限状态下的弯矩、轴力和剪力，并分别用于配筋计算和裂缝宽度验算。之后再进行抗震验算，即计算地震组合下的结构内力、变形，以对结构的安全性和配筋结果进行验算。

荷载的选择和取值跟地铁车站的阶段（设计状况）有很大关系，如施工阶段和使用阶段的荷载选择是不同的。作为毕业设计，简化为仅考虑长期使用阶段（对应持久设计状况），只针对车站标准断面、非标准断面、纵梁采用承载能力极限状态的荷载基本组合进行结构内力计算或验算并配筋，采用正常使用极限状态的荷载准永久组合进行裂缝验算。如需考虑地震作用和人防荷载请参考相关资料。

（1）承载能力极限状态

承载能力极限状态设计时，应符合下列要求。

$$\gamma_0 S_d \leqslant R_d \tag{4-1}$$

式中　γ_0——结构重要性系数；

　　　S_d——作用基本组合的效应（轴力、弯矩等）设计值；

　　　R_d——结构或构件的抗力设计值。

需要注意的是，地铁工程设计年限一般为 100 年，对于持久设计状况或短暂设计状况（对应荷载基本组合），结构重要性系数 γ_0 应取 1.1，对偶然设计状况和地震设计状况 γ_0 取为 1.0。进行结构承载能力极限状态验算时，混凝土和钢筋的强度也应选用设计值。

对持久设计状况（长期使用阶段），采用作用的基本组合。当作用与作用效应按线性关系考虑时，基本组合的效应设计值 S_d 可简化为

$$S_d = \sum_{j=1}^{m} \gamma_{G_j} G_{jk} + \sum_{i=1}^{n} \gamma_{Q_i} \gamma_{L_i} \psi_{c_i} Q_{ik} \tag{4-2}$$

式中　γ_{G_j}——第 j 个永久荷载的分项系数，当永久荷载效应对结构不利时，对由永久荷载效应控制的组合应取 1.35，对由可变荷载效应控制的组合应取 1.2；当永久荷载效应对结构有利时不应大于 1.0；

G_{jk} ——永久荷载标准值；

γ_{Q_i} ——第 i 个可变荷载分项系数，对于标准值大于 4kPa 的工业房屋楼面结构的活荷载，应取 1.3；其他情况，应取 1.4；

γ_{L_i} ——第 i 个可变荷载考虑设计使用年限的调整系数，对于荷载标准值可控制的活荷载，设计使用年限调整系数取 1.0；

ψ_{c_i} ——第 i 个可变荷载的组合系数，由于地铁车站主体结构设计中考虑的可变荷载主要为作用在楼板上的均布活载（人群荷载），按《建筑结构荷载规范》GB 50009—2012 表 5.1.1 第 4 项（车站类别），取组合值系数为 0.7；

Q_{ik} ——第 i 个可变荷载标准值。

（2）正常使用极限状态

结构或构件按正常使用极限状态设计时，应进行变形、裂缝验算，符合下列要求。

$$S_d \leqslant C \tag{4-3}$$

式中 S_d ——作用组合的效应（变形、裂缝等）设计值；

C ——设计对变形、裂缝等规定的相应限值。

当作用与作用效应按线性关系考虑时，准永久组合的效应设计值 S_d 可按式（4-4）计算。

$$S_d = \sum_{j=1}^{m} S_{G_{jk}} + \sum_{i=1}^{n} \psi_{q_i} S_{Q_{ik}} \tag{4-4}$$

式中 ψ_{q_i} ——第 i 个可变荷载的准永久值系数，考虑到地铁主体结构设计的可变荷载，按《建筑结构荷载规范》GB 50009—2012 表 5.1.1 第 4 项（车站类别），取准永久值系数为 0.5；

$S_{G_{jk}}$ ——第 j 个永久作用标准值的效应（变形、裂缝等）；

$S_{Q_{ik}}$ ——第 i 个可变作用标准值的效应（变形、裂缝等）。

4.3.3 计算模型及内力计算方法

明挖地铁车站需要进行基坑支护开挖，地铁车站一般采用地下连续墙、钻孔灌注桩、人工挖孔桩及 SWM 工法等作为围护结构，其中地下连续墙适用于各种地层和复杂环境，自身能够截水，在软土地区最为常用。地下连续墙可直接作为地铁车站主体结构侧墙，也可作为主体侧墙结构的一部分，与现浇钢筋混凝土内衬墙组成双层衬砌结构。地下连续墙与主体结构的侧墙组合形式有单一墙、复合墙和叠合墙等，如图 4-5 所示。

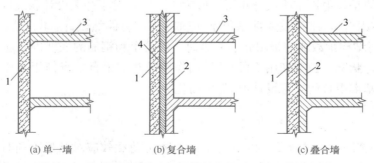

(a) 单一墙　　　　　　(b) 复合墙　　　　　　(c) 叠合墙

图 4-5　地下连续墙与主体结构侧墙组合示意图

1—地下连续墙；2—内衬墙；3—楼板；4—衬垫材料（含防水层）

作用在明挖车站结构底板上的地基反力大小及分布规律根据结构与基底地层相对刚度的不同而变化。当地层刚度相对较软时，多接近于均匀分布；在坚硬地层中，多集中分布在侧墙及柱的附近。为了反映底板受力这一分布特点，可采用底板支承在弹性地基上的框架模型来计算。当围护墙作为主体结构使用时，可在底板以下的围护墙上设置分布水平弹簧，并在墙底假定集中竖向弹簧，以分别模拟地层对墙体水平变位及竖向变位的约束作用。此时计算所得的墙趾竖向反力不应大于围护墙的竖向承载力。

由于围护结构与主体结构之间的结合形式不同，应根据所设计的车站围护结构形式采用不同的计算图示。图 4-6 给出了常见的复合墙式单柱双跨箱形框架地铁车站结构长期使用阶段的计算图示。

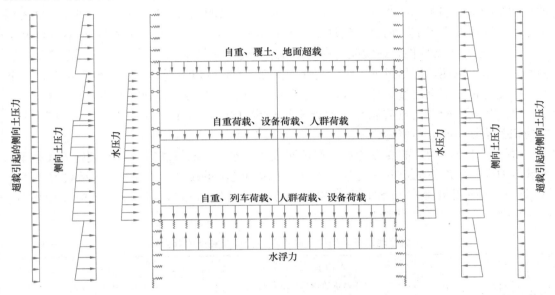

图 4-6　复合墙式结构地铁车站结构计算简图（长期使用阶段）

由于一般地铁车站为长通道结构，纵向长度比横向长度大得多，所以一般可按平面变形问题简化处理，取纵向长度 1m。目前通常采用两种简化方法：一种是参照工民建当中无梁楼板的设计方法，即等代框架法；另一种是刚度等效法。毕业设计中通常对模型进行简化，要求采用弯矩分配法进行手算，再采用结构力学求解器如 SM SOLVER 辅助校核，设计院多采用结构设计软件如 PKPM 进行设计，并辅以有限元数值软件如 SAP2000、MIDAS 等进行分析。

4.3.4　配筋及裂缝控制验算

《地铁设计规范》GB 50157—2013 中规定，一般环境条件下明挖地下结构混凝土的最低设计强度等级为 C35，普通钢筋混凝土中的钢筋应按下列规定选用。

（1）梁、柱纵向受力钢筋应采用 HRB400、HRB500、HRBF400、HRBF500 钢筋，其他纵向受力钢筋也可采用 HPB300、RRB400 钢筋。

（2）箍筋宜采用 HRB400、HRBF400、HPB300、HRB500、HRBF500 钢筋。

纵向受力钢筋以 HRB400 为主，拉筋或箍筋采用 HPB300、HRB400 为主。

通常情况下，地铁车站的钢筋混凝土裂缝宽度限值为迎水侧 0.2mm，背水侧

0.3mm。毕业设计中可根据此标准进行裂缝宽度的控制，也可适当放宽至 0.3mm，以减小配筋难度。

明挖地铁车站主体结构的钢筋混凝土净保护层最小厚度规定如下：顶板和底板外侧为 45mm，内侧为 35mm，楼板为 30mm；当地下连续墙与内衬组成叠合墙时，其内侧钢筋保护层厚度可取 50mm。

《地铁设计规范》GB 50157—2013 中规定，明挖法施工的地下结构周边构件和中楼板每侧暴露面上分布钢筋的配筋率不宜低于 0.2%，同时分布钢筋的间距也不宜大于 150mm。另外还应满足《混凝土结构设计规范》GB 50010—2010（2015 年版）中关于钢筋混凝土结构构件中纵向受力钢筋的最小配筋率要求。根据工程设计经验，一般情况下地铁车站结构板、墙配筋率为 0.3%～0.8%（单筋），梁的配筋率为 0.6%～1.5%（单筋），考虑到实际配筋会做成双筋梁，配筋率基本控制在 1.0%～1.5%，柱的配筋率不宜大于 5%。一般地铁车站构件，最大配筋率约 2.4%，最小配筋率 0.25%。另外，为避免钢筋种类多，施工不便，应尽量采用统一规格的钢筋，18mm 以下受力钢筋一般不用，同一个断面中受力钢筋不宜超过 3 种，直径相差宜大于 4mm。另外，普通混凝土构件（板、梁、柱、墙）的配筋构造上也应满足《混凝土结构设计规范》GB 50010—2010（2015 年版）中的相关条款，此处不赘述。

根据车站不同构件的受力特点，需按照表 4-1 进行截面承载力计算及裂缝宽度验算。承载能力极限状态下的正截面受弯承载力、正截面受压承载力、斜截面受剪承载力计算公式以及正常使用极限状态下的裂缝控制验算公式具体请参考《混凝土结构设计规范》GB 50010—2010（2015 年版）。

明挖地铁车站构件截面承载力计算及裂缝验算内容 表 4-1

构件	受力特性	截面承载力计算 （承载能力极限状态计算）	裂缝验算 （正常使用极限状态验算）
板	偏心受压	正截面受压、斜截面受剪	最大裂缝宽度
侧墙	偏心受压	正截面受压、斜截面受剪	最大裂缝宽度
柱	轴心受压或 偏心受压	正截面受压、 斜截面受剪（当偏心受压时）	轴压比（考虑抗震要求）、 最大裂缝宽度（当偏心受压时）
纵梁	受弯	正截面受弯、斜截面受剪	最大裂缝宽度

注：对 $e_0/h<0.55$ 的偏心受压构件，可不验算裂缝宽度，其中，e_0 为偏心距；h 为截面高度。

4.3.5 抗浮验算

地铁车站结构，应按施工和正常使用的不同阶段进行抗浮稳定性验算，并按水反力的最不利荷载组合计算结构构件的应力，各荷载分项系数均取 1.0。毕业设计中可仅考虑运营阶段（长期使用状况）下的抗浮稳定性验算（考虑结构自重、覆土重量之和与最大水浮力的比值）。

抗浮稳定性验算公式为

$$\frac{G+T_m+P_b}{F_{浮}} \geqslant K_F \tag{4-5}$$

式中　G——结构、覆土等重量（kN）；

T_m——地下连续墙等围护结构的侧壁摩阻力（kN）；

P_b——抗拔桩的抗拔力（若采用抗拔桩作为抗浮措施）（kN）；

$F_浮$——水浮力（kN）；

K_F——抗浮安全系数。

抗浮安全系数 K_F 取值可参考类似工程根据各地的工程实践经验确定。毕业设计中，可参考广州、深圳、南京、北京等地的取值，即不考虑侧壁摩阻力时，安全系数取为 1.05；考虑侧壁摩阻力时，安全系数取为 1.15。若不满足抗浮稳定性要求，则需要采取必要的抗浮措施，比如增加压重、顶部压梁、底板下设置土锚或抗拔桩等。

需要说明的是，端头井是地铁车站特有且非常重要的部分，既是盾构施工工作井，又是地铁车站设备用房的一部分，但端头井计算复杂，一般采用有限元软件进行设计分析。另外，地铁车站结构还要进行防水设计，可参考本教材相关章节或其他相关资料，此处不赘述。

4.4 设计案例——某地铁车站结构设计

某明挖地铁车站主体结构外包总长为 491.5m，宽度为 21.3m，车站采用岛式站台。标准段采用两层双柱三跨现浇钢筋混凝土框架结构，标准段结构高度为 12.41m，宽度为 21.3m，站中心顶板覆土厚约 2.5m，纵向标准柱跨均为 9.75m，基坑平均深度 17.7m。咬合桩段采用两层单柱双跨现浇钢筋混凝土框架结构，结构高度为 12.61m，宽度为 10m，站中心顶板覆土厚约 2.5m。

4.4.1 工程地质及水文地质条件

根据沿线土层的沉积年代、沉积环境、岩性特征及物理力学性质，确定岩土分层和定名，场地主要地层自上而下依次如下。

①$_1$层杂填土：杂色，松散，主要由碎砖、混凝土块、碎石、瓦片等建筑垃圾组成，大小不一，碎石粒径一般 2～20cm，最大粒径 30cm 以上，成分复杂，均一性差。

①$_2$层素填土：灰、灰黄色，松散～稍密，地下水位以上稍湿，水位以下饱和。

③$_2$层砂质粉土：灰、灰黄色，稍密，局部中密，湿，含云母碎屑，摇振反应迅速，土面粗糙，强度及韧性低。

③$_3$层砂质粉土夹粉砂：灰色，中密，湿，含云母碎屑，夹粉砂，摇振反应迅速，土面粗糙，强度及韧性低。

③$_5$层砂质粉土：灰色，稍密，局部中密，湿～很湿。含云母，局部夹软塑状黏性土及少量粉砂，摇振反应迅速，土面粗糙，强度及韧性低。

③$_6$层粉砂：灰、青灰色，中密，饱和，含云母碎屑，局部孔段夹有少量砂质粉土，摇振反应迅速，土面粗糙，强度及韧性低。

③$_{7-1}$层淤泥质土夹砂质粉土：灰色，流塑，夹砂质粉土薄层，摇振反应无，切面稍光滑，强度及韧性中等。

③$_7$层砂质粉土夹淤泥质土：灰，稍密，湿～很湿。含云母，偶见贝壳碎屑，夹淤泥质土，局部为淤泥质粉质黏土夹粉土，摇振反应迅速，土面粗糙，强度及韧性低。

拟建工程沿线地下水主要为第四系松散岩类孔隙潜水和基岩裂隙水两大类。主体结构标准断面处地下水位于地表下 1.6m 处。

本地铁车站主体结构标准断面处典型土层的物理力学性质指标如表 4-2 所示。

地铁车站主体结构标准断面处土层物理力学性质指标　　　　表 4-2

层号及名称	土层厚度（m）	重度 γ（kN/m³）	黏聚力 c（kPa）	内摩擦角 φ（°）	静止土压力系数 K_0	垂直基床系数 K_v（MPa/m）	水平基床系数 K_x（MPa/m）
①₂素填土	2.5	17.8	3.0	15.0	—	—	—
③₂砂质粉土	4.0	19.3	5.0	26.6	0.43	23.4	23.6
③₃砂质粉土夹粉砂	3.3	19.3	4.4	27.0	0.43	25.0	24.9
③₅砂质粉土	1.5	19.2	4.9	26.9	0.43	24.3	24.1
③₆粉砂	3.4	19.7	2.9	28.4	0.41	24.4	24.2
③₇₋₁淤泥质土夹砂质粉土	1.9	18.5	13.7	10.4	0.5	10.1	10.5

4.4.2　车站主体结构形式及尺寸

一般情况下，地铁车站围护结构多采用地下连续墙，限于篇幅，本案例只介绍主体结构的设计。值得注意的是，应按不同设计阶段的最不利组合进行计算。此案例仅选取车站主体结构标准断面，以持久设计状况（长期使用阶段）为例，说明主体结构的设计过程，地震作用和人防荷载暂不考虑。主体结构标准断面主要构件尺寸拟定如表 4-3 所示，主体结构标准段剖面图如图 4-7 所示，顶板埋深 2.5m，纵向柱间距为 9.75m，侧墙采用叠合墙式。

车站主体结构标准段主要构件尺寸　　　　表 4-3

构件名称	构件尺寸
顶板（厚）	800mm
中板（厚）	400mm
底板（厚）	900mm
顶纵梁（$b \times h$）	1000mm×1800mm
中纵梁（$b \times h$）	800mm×1000mm
底纵梁（$b \times h$）	1000mm×2200mm
中柱（$b \times h$）	700mm×1100mm
侧墙（内衬墙）（宽）	700mm
站台板（厚）	200mm
站台板（宽）	800mm

地铁车站主体结构主要构件采用的混凝土设计强度如下：内部结构钢筋混凝土顶板（梁）、中板（梁）、底板（梁）及侧墙均为 C35，框架柱为 C45。纵向受力钢筋采用 HRB400 级钢筋，分布钢筋采用 HRB400；箍筋采用 HRB400、HPB300 级钢筋；钢结构构件采用 Q235B 钢。钢筋混凝土净保护层厚度：顶板（梁）、底板（梁）、侧墙外侧为 45mm；侧墙内侧为 35mm；中板（梁）为 30mm；柱为 45mm。

4.4.3　荷载计算及组合

以地铁车站标准断面的长期使用工况（持久设计状况）设计为例，取纵向长度 1m，荷载种类及取值参考第 4.3.2 节，计算简图如图 4-8 所示。具体的荷载计算过程如下。

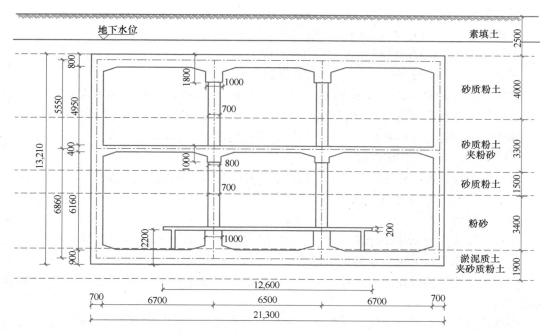

图 4-7　主体结构标准段横剖面图（单位：mm）

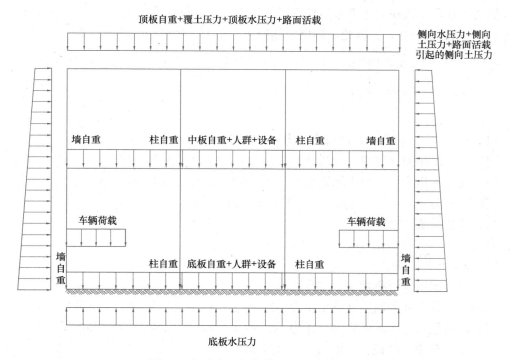

图 4-8　标准断面长期使用阶段计算简图

1）永久荷载

（1）结构自重

顶板自重 $G_d = \gamma d_d = 25 \times 0.8 = 20 kN/m^2$

中板自重 $G_z = \gamma d_z = 25 \times 0.4 = 10 kN/m^2$

底板自重 $G_b = \gamma d_b = 25 \times 0.9 = 22.50 kN/m^2$

站厅层侧墙自重（高度 4.95m）$G_{q1} = \gamma V_{q1} = 25 \times 4.95 \times 0.7 = 86.63 kN/m$

站台层侧墙自重（高度 6.16m）$G_{q2} = \gamma V_{q2} = 25 \times 6.16 \times 0.7 = 107.80 kN/m$

站厅层中柱自重（柱间距 9.75m，站厅层中柱高度 4.95m）$G_{p1} = \gamma V_{p1} = 25 \times 4.95 \times 0.7 \times 1.1 \div 9.75 = 9.77 kN/m$

站台层中柱自重（柱间距 9.75m，站台层中柱高度 6.16m）$G_{p2} = \gamma V_{p2} = 25 \times 6.16 \times 0.7 \times 1.1 \div 9.75 = 12.16 kN/m$

（2）土压力

顶板上覆土压力 $q_s = \sum \gamma_i h_i = 1.6 \times 17.8 + 0.9 \times (17.8 - 10) = 35.50 kN/m^2$

车站附近建筑压力视为地面均布超载 $p = 20 kN/m^2$

侧向土压力采用静止土压力计算公式，考虑地面均布超载，并假设侧向土压力沿侧墙高度呈线性分布。

侧墙顶端位于砂质粉土层，采用水土分算，其重度 $\gamma_2 = 19.3 kN/m^3$，静止土压力系数 $k_2 = 0.43$。因此，侧墙顶端静止土压力（顶板中轴线处）为

$$q_3 = (20 + 35.5 + 0.4 \times 9.3) \times 0.43 = (20 + 39.22) \times 0.43 = 25.46 kPa$$

侧墙底端位于淤泥质土夹砂质粉土层，采用水土分算，其重度 $\gamma_6 = 18.5 kN/m^3$，静止土压力系数 $k_6 = 0.5$。因此，侧墙底端静止土压力（底板中轴线处）为

$$q_4 = (20 + 35.5 + 4 \times 9.3 + 3.3 \times 9.3 + 1.5 \times 9.2 + 3.4 \times 9.7 + 0.56 \times 8.5) \times 0.5$$
$$= (20 + 154.93) \times 0.5 = 87.47 kPa$$

（3）水压力

地下水位深度为 1.6m，顶板水压力 $q_{wd} = 10 \times 0.9 = 9 kN/m^2$

侧墙顶端水压力（顶板中轴线处）$q_{w1} = 10 \times 1.3 = 13 kN/m^2$

侧墙底端水压力（底板中轴线处）$q_{w2} = 10 \times 13.66 = 136.6 kN/m^2$

底板水压力 $q_{wb} = 10 \times 14.11 = 141.1 kN/m^2$

（4）设备荷载

底板、中板 $p_e = 8 kN/m^2$

2）基本可变荷载

（1）路面车辆等活荷载 $p = 20 kN/m^2$

路面活荷载引起的侧墙顶端土压力：$\Delta_{e3} = p \times k_2 = 20 \times 0.43 = 8.60 kN/m^2$

路面活荷载引起的侧墙底端土压力：$\Delta_{e4} = p \times k_6 = 20 \times 0.5 = 10.00 kN/m^2$

（2）人群荷载（中板、底板）$q_c = 4 kN/m^2$

（3）列车荷载按 6 节列车编组考虑，假定集中荷载大小为 73kN

综上，长期使用阶段标准断面各构件的荷载值如表 4-4 所示。

标准断面荷载计算值 表 4-4

荷载分类			长期使用阶段
永久荷载	结构自重	顶板自重 G_d (kPa)	20.00
		中板自重 G_z (kPa)	10.00
		底板自重 G_b (kPa)	22.50
		站厅层侧墙自重 G_{q1} (kN/m)	86.63
		站台层侧墙自重 G_{q2} (kN/m)	107.80
		站厅层中柱自重 G_{p1} (kN/m)	9.77
		站台层中柱自重 G_{p2} (kN/m)	12.16
	地层压力	上覆土层 q_s (kPa)	35.50
		侧墙顶端 q_3 (kPa)	25.46
		侧墙底端 q_4 (kPa)	87.47
	水压力	顶板水压 q_{wd} (kPa)	9.00
		底板水压 q_{wb} (kPa)	141.10
		侧墙顶端 q_{w1} (kPa)	13.00
		侧墙底端 q_{w2} (kPa)	136.60
可变荷载	设备荷载 p_e (kPa)		8.00
	路面活荷载 p (kPa)		20.00
	由路面活荷载引起的侧向土压力 Δ_{ea} (kPa)	侧墙顶端 Δ_{e3} (kPa)	8.60
		侧墙底端 Δ_{e4} (kPa)	10.00
	人群荷载 q_c (kPa)		4.00
	列车荷载 q_l (kN)		73.00

在长期使用阶段，水压力由内衬墙单独承担，土压力由内外墙（内衬墙＋地下连续墙）共同承担，作用于内衬墙上的土压力需按内外墙的刚度进行分配（内衬墙宽度 700mm，地下连续墙宽度为 800mm）。

$$e_0 = \frac{\dfrac{1.0 \times h_{in}^3}{12}}{\dfrac{1.0 \times h_{in}^3}{12} + \dfrac{1.0 \times h_{out}^3}{12}} e_1 = \frac{0.7^3}{0.7^3 + 0.8^3} e_1 = 0.401 e_1$$

其中，h_{in} 为内衬墙宽度；h_{out} 为地下连续墙宽度。

3）工况一：长期使用阶段基本组合

顶板 $p_d = 1.35 \times (G_d + q_s + q_{wd}) + 1.4 \times 0.7 \times p = 106.68 \text{kN/m}^2$

中板 $p_z = 1.35 \times (G_z + p_e) + 1.4 \times 0.7 \times q_c = 28.22 \text{kN/m}^2$

站厅层侧墙（竖向）$p_{zq} = 1.35 \times G_{q1} = 1.35 \times 86.63 = 116.95 \text{kN/m}$

站厅层中柱（竖向）$p_{zz} = 1.35 \times G_{p1} = 1.35 \times 9.77 = 13.19 \text{kN/m}$

底板均布荷载 $p_b = 1.35 \times (G_b - q_{wb} + p_e) + 0.7 \times 1.4 \times q_c = -145.39 \text{ kN/m}^2$

底板列车荷载（视为作用在线路中心处的集中荷载）

$\quad p_{bl} = 1.4 \times 0.7 \times q_l = 1.4 \times 0.7 \times 73 = 71.54 \text{kN/m}$

站台层侧墙（竖向）$p_{bq} = 1.35 \times G_{q2} = 1.35 \times 107.80 = 145.53 \text{kN/m}$

站台层中柱（竖向）$p_{bz} = 1.35 \times G_{p2} = 1.35 \times 12.16 = 16.42 \text{kN/m}$

侧墙顶端（将土压力按内外墙刚度进行分配，0.401 为分配系数）

$$e_1 = 1.35 \times (0.401 \times q_3 + q_{w1}) + 1.4 \times 0.7 \times \Delta_{e3} = 39.76 \text{ kN/m}^2$$

侧墙底端 $e_2 = 1.35 \times (0.401 \times q_4 + q_{w2}) + 1.4 \times 0.7 \times \Delta_{e4} = 241.56 \text{ kN/m}^2$

综上，标准断面长期使用阶段各构件荷载基本组合值如表 4-5 所示。

标准断面长期使用阶段荷载基本组合值　　　　表 4-5

构件名称	基本组合值
顶板	106.68kN/m^2
中板	28.22kN/m^2
站厅层侧墙（竖向）	116.95kN/m
站厅层中柱（竖向）	13.19kN/m
底板均布荷载	-145.39kN/m^2
底板列车荷载	71.54kN/m
站台层侧墙（竖向）	145.53kN/m
站台层中柱（竖向）	16.42kN/m
侧墙顶端	39.76kN/m^2
侧墙底端	241.56kN/m^2

4）工况二：长期使用阶段准永久组合

顶板 $p_d = 1.0 \times (G_d + q_s + q_{wd}) + 0.5 \times p = 74.50 \text{kN/m}^2$

中板 $p_z = 1.0 \times (G_z + p_e) + 0.5 \times q_c = 20.00 \text{kN/m}^2$

站厅层侧墙（竖向）$p_{zq} = 1.0 \times G_{q1} = 1.0 \times 86.63 = 86.63 \text{kN/m}$

站厅层中柱（竖向）$p_{zz} = 1.0 \times G_{p1} = 1.0 \times 9.77 = 9.77 \text{kN/m}$

底板均布荷载 $p_b = 1.0 \times (G_b - q_{wb} + p_e) + 0.5 \times q_c = -108.60 \text{ kN/m}^2$

底板列车荷载（视为作用于线路中心处的集中荷载）

$$p_{bl} = 0.5 \times q_l = 0.5 \times 73 = 36.50 \text{kN/m}$$

站台层侧墙（竖向）$p_{bq} = 1.0 \times G_{q2} = 1.0 \times 107.80 = 107.80 \text{kN/m}$

站台层中柱（竖向）$p_{bz} = 1.0 \times G_{p2} = 1.0 \times 12.16 = 12.16 \text{kN/m}$

侧墙顶端 $e_1 = 1.0 \times (0.401 \times q_3 + q_{w1}) + 0.5 \times \Delta_{e3} = 27.51 \text{ kN/m}^2$

侧墙底端 $e_2 = 1.0 \times (0.401 \times q_4 + q_{w2}) + 0.5 \times \Delta_{e4} = 176.68 \text{ kN/m}^2$

综上，标准断面长期使用阶段各构件荷载准永久组合值如表 4-6 所示。

标准断面长期使用阶段荷载准永久组合值　　　　表 4-6

构件名称	准永久组合值
顶板	74.50kN/m^2
中板	20.00kN/m^2
站厅层侧墙（竖向）	86.63kN/m
站厅层中柱（竖向）	9.77kN/m
底板均布荷载	-108.60kN/m^2
底板列车荷载	36.50kN/m
站台层侧墙（竖向）	107.80kN/m
站台层中柱（竖向）	12.16kN/m
侧墙顶端	27.51kN/m^2
侧墙底端	176.68kN/m^2

4.4.4　标准断面内力计算及设计

本设计对长期使用阶段的基本组合、准永久组合进行内力计算。采用弯矩分配法针对长期使用阶段的基本组合进行手算，再利用结构力学求解器对基本组合和准永久组合进行电算。

4.4.4.1　结构力学方法手算求解

根据等效刚度原则将中柱直径进行等效墙厚的计算。纵向标准柱跨均为 9.75m，则与柱等效刚度的墙厚 h 为

$$9.75 \times h = 1.1 \times 0.7$$
$$h = 0.079\text{m}$$

由于各地层静止土压力系数变化不大，为简化计算，假定土压力沿整个侧墙呈线性分布。地铁车站标准断面长期使用阶段荷载基本组合值及分布如图 4-9 所示。

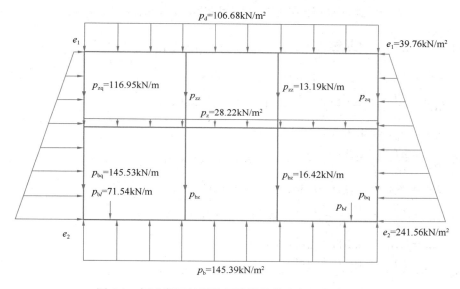

图 4-9　标准断面长期使用阶段荷载基本组合分布图

1）弯矩

采用弯矩分配法计算结构内力时，对于两层三跨的对称结构，可取一半结构进行计算，计算简图如图 4-10 所示。主体结构各构件采用 C35 混凝土，弹性模量 $E = 3.15 \times 10^7 \text{ kN/m}^2$。

（1）线性刚度及转动刚度

顶板抗弯刚度 $EI_d = 3.15 \times 10^7 \times \dfrac{1.0 \times 0.8^3}{12} = 13.44 \times 10^5 \text{ kN} \cdot \text{m}^2$

中板抗弯刚度 $EI_z = 3.15 \times 10^7 \times \dfrac{1.0 \times 0.4^3}{12} = 1.68 \times 10^5 \text{ kN} \cdot \text{m}^2$

底板抗弯刚度 $EI_b = 3.15 \times 10^7 \times \dfrac{1.0 \times 0.9^3}{12} = 19.14 \times 10^5 \text{ kN} \cdot \text{m}^2$

内墙抗弯刚度 $EI_q = 3.15 \times 10^7 \times \dfrac{1.0 \times 0.7^3}{12} = 9.00 \times 10^5 \text{ kN} \cdot \text{m}^2$

柱等效抗弯刚度 $EI_{zz} = 3.15 \times 10^7 \times \dfrac{1.0 \times 0.079^3}{12} = 1.29 \times 10^3 \text{ kN} \cdot \text{m}^2$

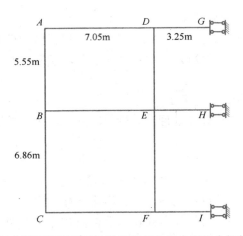

图 4-10　标准断面长期使用阶段荷载基本组合下闭合框架计算简图

顶板 $i_{AD} = \dfrac{EI_d}{l_{AD}} = \dfrac{13.44 \times 10^5}{7.05} = 1.906 \times 10^5 \, \text{kN} \cdot \text{m}$

$S_{AD} = S_{DA} = 4i_{AD} = 7.624 \times 10^5 \, \text{kN} \cdot \text{m}$

$i_{DG} = \dfrac{EI_d}{l_{DG}} = \dfrac{13.44 \times 10^5}{3.25} = 4.135 \times 10^5 \, \text{kN} \cdot \text{m}$

$S_{DG} = i_{DG} = 4.135 \times 10^5 \, \text{kN} \cdot \text{m}$

中板 $i_{BE} = \dfrac{EI_z}{l_{BE}} = \dfrac{1.68 \times 10^5}{7.05} = 0.238 \times 10^5 \, \text{kN} \cdot \text{m}$

$S_{BE} = S_{EB} = 4i_{BE} = 0.952 \times 10^5 \, \text{kN} \cdot \text{m}$

$i_{EH} = \dfrac{EI_z}{l_{EH}} = \dfrac{1.68 \times 10^5}{3.25} = 0.517 \times 10^5 \, \text{kN} \cdot \text{m}$

$S_{EH} = i_{EH} = 0.517 \times 10^5 \, \text{kN} \cdot \text{m}$

底板 $i_{CF} = \dfrac{EI_b}{l_{CF}} = \dfrac{19.14 \times 10^5}{7.05} = 2.715 \times 10^5 \, \text{kN} \cdot \text{m}$

$S_{CF} = S_{FC} = 4i_{CF} = 10.860 \times 10^5 \, \text{kN} \cdot \text{m}$

$i_{FI} = \dfrac{EI_b}{l_{FI}} = \dfrac{19.14 \times 10^5}{3.25} = 5.889 \times 10^5 \, \text{kN} \cdot \text{m}$

$S_{FI} = i_{FI} = 5.889 \times 10^5 \, \text{kN} \cdot \text{m}$

墙 $i_{AB} = \dfrac{EI_q}{l_{AB}} = \dfrac{9.00 \times 10^5}{5.55} = 1.622 \times 10^5 \, \text{kN} \cdot \text{m}$

$S_{AB} = S_{BA} = 4i_{AB} = 6.488 \times 10^5 \, \text{kN} \cdot \text{m}$

柱 $i_{DE} = \dfrac{EI_{zz}}{l_{DE}} = \dfrac{1.29 \times 10^3}{5.55} = 0.002 \times 10^5 \, \text{kN} \cdot \text{m}$

$S_{DE} = S_{ED} = 4i_{DE} = 0.008 \times 10^5 \, \text{kN} \cdot \text{m}$

墙 $i_{BC} = \dfrac{EI_q}{l_{BC}} = \dfrac{9.00 \times 10^5}{6.86} = 1.312 \times 10^5 \, \text{kN} \cdot \text{m}$

$S_{BC} = S_{CB} = 4i_{BC} = 5.248 \times 10^5 \, \text{kN} \cdot \text{m}$

柱 $i_{EF} = \dfrac{EI_{zz}}{l_{EF}} = \dfrac{1.29 \times 10^3}{6.86} = 0.002 \times 10^5 \, \text{kN} \cdot \text{m}$

$$S_{EF} = S_{FE} = 4i_{EF} = 0.008 \times 10^5 \text{kN} \cdot \text{m}$$

（2）分配系数

节点 A ⠀⠀$\Sigma S_A = S_{AB} + S_{AD} = 14.112 \text{kN} \cdot \text{m}$

$$\mu_{AB} = \frac{S_{AB}}{\Sigma S_A} = 0.460 , \mu_{AD} = \frac{S_{AD}}{\Sigma S_A} = 0.540$$

节点 B ⠀⠀$\Sigma S_B = S_{BA} + S_{BC} + S_{BE} = 12.688 \text{kN} \cdot \text{m}$

$$\mu_{BA} = \frac{S_{BA}}{\Sigma S_B} = 0.511 , \mu_{BC} = \frac{S_{BC}}{\Sigma S_B} = 0.414 , \mu_{BE} = \frac{S_{BE}}{\Sigma S_B} = 0.075$$

节点 C ⠀⠀$\Sigma S_C = S_{CB} + S_{CF} = 16.108 \text{kN} \cdot \text{m}$

$$\mu_{CB} = \frac{S_{CB}}{\Sigma S_C} = 0.326 , \mu_{CF} = \frac{S_{CF}}{\Sigma S_C} = 0.674$$

节点 D ⠀⠀$\Sigma S_D = S_{DA} + S_{DE} + S_{DG} = 11.767 \text{kN} \cdot \text{m}$

$$\mu_{DA} = \frac{S_{DA}}{\Sigma S_D} = 0.648 , \mu_{DE} = \frac{S_{DE}}{\Sigma S_D} = 0.001 , \mu_{DG} = \frac{S_{DG}}{\Sigma S_D} = 0.351$$

节点 E ⠀⠀$\Sigma S_E = S_{EB} + S_{ED} + S_{EF} + S_{EH} = 1.485 \text{kN} \cdot \text{m}$

$$\mu_{EB} = \frac{S_{EB}}{\Sigma S_E} = 0.641 , \mu_{ED} = \frac{S_{ED}}{\Sigma S_E} = 0.005 , \mu_{EF} = \frac{S_{EF}}{\Sigma S_E} = 0.005 , \mu_{EH} = \frac{S_{EH}}{\Sigma S_E} = 0.348$$

节点 F ⠀⠀$\Sigma S_F = S_{FC} + S_{FE} + S_{FI} = 16.757 \text{kN} \cdot \text{m}$

$$\mu_{FC} = \frac{S_{FC}}{\Sigma S_F} = 0.648 , \mu_{FE} = \frac{S_{FE}}{\Sigma S_F} = 0.001 , \mu_{FI} = \frac{S_{FI}}{\Sigma S_F} = 0.351$$

（3）固端弯矩（顺时针为正）

顶板 $M_{AD}^F = -\frac{p_d l_{AD}^2}{12} = -\frac{106.68 \times 7.05^2}{12} = -441.86 \text{kN} \cdot \text{m}$

$$M_{DA}^F = \frac{p_d l_{DA}^2}{12} = \frac{106.68 \times 7.05^2}{12} = 441.86 \text{kN} \cdot \text{m}$$

$$M_{DG}^F = -\frac{p_d l_{DG}^2}{3} = -\frac{106.68 \times 3.25^2}{3} = -375.60 \text{kN} \cdot \text{m}$$

$$M_{GD}^F = -\frac{p_d l_{GD}^2}{6} = -\frac{106.68 \times 3.25^2}{6} = -187.80 \text{kN} \cdot \text{m}$$

中板 $M_{BE}^F = -\frac{p_z l_{BE}^2}{12} = -\frac{28.22 \times 7.05^2}{12} = -116.88 \text{kN} \cdot \text{m}$

$$M_{EB}^F = \frac{p_z l_{EB}^2}{12} = \frac{28.22 \times 7.05^2}{12} = 116.88 \text{kN} \cdot \text{m}$$

$$M_{EH}^F = -\frac{p_z l_{EH}^2}{3} = -\frac{28.22 \times 3.25^2}{3} = -99.36 \text{kN} \cdot \text{m}$$

$$M_{HE}^F = -\frac{p_z l_{HE}^2}{6} = -\frac{28.22 \times 3.25^2}{6} = -49.68 \text{kN} \cdot \text{m}$$

底板 $M_{CF}^F = \frac{p_b l_{CF}^2}{12} - \frac{F_l a b^2}{l_{CF}^2} = \frac{145.39 \times 7.05^2}{12} - \frac{71.54 \times 2.175 \times 4.875^2}{7.05^2} = 527.79 \text{kN} \cdot \text{m}$

$$M_{FC}^{F} = -\frac{p_b l_{FC}^2}{12} + \frac{F_i a^2 b}{l_{FC}^2} = -\frac{145.39 \times 7.05^2}{12} + \frac{71.54 \times 2.175^2 \times 4.875}{7.05^2} = -568.99 \text{kN} \cdot \text{m}$$

$$M_{FI}^{F} = \frac{p_b l_{FI}^2}{3} = \frac{145.39 \times 3.25^2}{3} = 511.89 \text{kN} \cdot \text{m}$$

$$M_{IF}^{F} = \frac{p_b l_{IF}^2}{6} = \frac{145.39 \times 3.25^2}{6} = 255.95 \text{kN} \cdot \text{m}$$

侧墙 $M_{AB}^{F} = \frac{p_3 l_{AB}^2}{12} + \frac{p_{3\text{-}1} l_{AB}^2}{30} = \frac{39.76 \times 5.55^2}{12} + \frac{90.25 \times 5.55^2}{30} = 194.72 \text{kN} \cdot \text{m}$

$$M_{BA}^{F} = -\frac{p_3 l_{BA}^2}{12} - \frac{p_{3\text{-}1} l_{BA}^2}{20} = -\frac{39.76 \times 5.55^2}{12} - \frac{90.25 \times 5.55^2}{20} = -241.06 \text{kN} \cdot \text{m}$$

其中，$p_3 = e_1 = 39.76 \text{kPa}$；$p_{3\text{-}1} = \frac{e_2 - e_1}{l_{AC}} l_{AB} = 90.25 \text{kPa}$

$$M_{BC}^{F} = \frac{p_4 l_{BC}^2}{12} + \frac{p_{4\text{-}1} l_{BC}^2}{30} = \frac{130.01 \times 6.86^2}{12} + \frac{111.55 \times 6.86^2}{30} = 684.83 \text{kN} \cdot \text{m}$$

$$M_{CB}^{F} = \frac{p_4 l_{BC}^2}{12} + \frac{p_{4\text{-}1} l_{BC}^2}{30} = -\frac{130.01 \times 6.86^2}{12} - \frac{111.55 \times 6.86^2}{20} = -772.33 \text{kN} \cdot \text{m}$$

其中，$p_4 = p_3 + p_{3\text{-}1} = 130.01 \text{kPa}$；$p_{4\text{-}1} = \frac{e_2 - e_1}{l_{AC}} l_{BC} = 111.55 \text{kPa}$

弯矩分配法计算流程如表 4-7 所示。

标准断面长期使用阶段弯矩分配计算过程（单位：kN·m）　　　　表 4-7

节点编号	A		D			G
杆端	AB	AD	DA	DE	DG	GD
分配系数	0.460	0.540	0.648	0.001	0.351	1
固端弯矩	194.72	−441.86	441.86	—	−375.60	−187.80
第一轮分配	<u>113.68</u>	<u>133.46</u>	66.73	—	—	—
	—	−43.09	<u>−86.18</u>	−0.13	<u>−46.68</u>	46.68
	−98.04	—	—	−0.01	—	—
第二轮分配	<u>64.92</u>	<u>76.21</u>	38.11	—	—	—
	—	−12.34	<u>−24.69</u>	−0.04	<u>−13.37</u>	13.37
	−21.54	—	—	0.01	—	—
第三轮分配	<u>15.58</u>	<u>18.29</u>	9.15	—	—	—
	—	−2.97	<u>−5.93</u>	−0.01	<u>−3.21</u>	3.21
	−3.68	—	—	0.00	—	—
第四轮分配	<u>3.06</u>	<u>3.59</u>	1.80	—	—	—
	—	−0.58	<u>−1.16</u>	<u>0.00</u>	<u>−0.63</u>	0.64
	—	—	—	0.00	—	—
最终弯矩	<u>269</u>	<u>−269</u>	<u>440</u>	<u>0</u>	<u>−439</u>	<u>−124</u>

续表

节点编号	B			E				H
杆端	BA	BC	BE	EB	ED	EF	EH	HE
分配系数	0.511	0.414	0.075	0.641	0.005	0.005	0.348	1
固端弯矩	−241.06	684.83	−116.88	116.88	—	—	−99.36	−49.68
第一轮分配	56.84	—	—		−0.07	—		
	−196.09	−158.87	−28.78	−14.39				
	—	—	−0.98	−1.96	−0.02	−0.02	−1.07	1.07
	—	52.81				−0.03		
第二轮分配	32.46	—	—		−0.02	—		
	−43.07	−34.89	−6.32	−3.16				
	—	—	1.03	2.05	0.02	0.02	1.12	−1.12
	—	5.59				0.00		
第三轮分配	7.79	—	—		0.00	—		
	−7.37	−5.97	−1.08	−0.54				
	—	—	0.18	0.35	0.00	0.00	0.19	−0.19
	—	1.10				0.00		
第四轮分配	1.53	—	—		0.00	—		
	−1.43	−1.16	−0.21	−0.11				
	—	—	0.03	0.07	0.00	0.00	0.04	−0.04
	—	0.21				0.00		
最终弯矩	−390	544	−153	99	0	0	−99	−50

节点编号	C		F			I
杆端	CB	CF	FC	FE	FI	IF
分配系数	0.326	0.674	0.648	0.001	0.351	1
固端弯矩	−772.33	527.79	−568.99	—	511.89	255.95
第一轮分配	−79.43	—		−0.01		
	105.62	218.36	109.18			
	—	−16.87	−33.74	−0.05	−18.28	18.28
第二轮分配	−17.45	—		0.01		
	11.19	23.13	11.57			
	—	−3.75	−7.50	−0.01	−4.06	4.06
第三轮分配	−2.98	—		0.00		
	2.20	4.54	2.27			
	—	−0.74	−1.47	0.00	−0.80	0.80
第四轮分配	−0.58	—		0.00		
	0.43	0.89	0.44			
	—	—	−0.29	0.00	−0.16	0.16
最终弯矩	−753	753	−489	0	489	279

最终计算弯矩值总结于表 4-8。

主体结构标准断面长期使用阶段弯矩值（单位：kN·m）　　　　表 4-8

杆端	AB	AD	DA	DE	DG	GD
最终弯矩	269	−269	440	0	−439	−124
杆端	BA	BC	BE	EB	ED	EF	EH	HE
最终弯矩	−390	544	−153	99	0	0	−99	−50
杆端	CB	CF	FC	FE	FI	IF
最终弯矩	−753	753	−489	0	489	279

根据表 4-8 中的弯矩值可求出各杆件的跨中弯矩（计算时各值取绝对值）。

$$M_{AD}^{\frac{1}{2}} = \frac{p_d l_{AD}^2}{8} - \frac{M_{AD} + M_{DA}}{2} = \frac{106.68 \times 7.05^2}{8} - \frac{269 + 440}{2} = 308.28 \text{kN·m}$$

$$M_{BE}^{\frac{1}{2}} = \frac{p_z l_{BE}^2}{8} - \frac{M_{BE} + M_{EB}}{2} = \frac{28.22 \times 7.05^2}{8} - \frac{153 + 99}{2} = 49.33 \text{kN·m}$$

$$M_{AB}^{\frac{1}{2}} = \frac{p_5 l_{AB}^2}{8} - \frac{M_{AB} + M_{BA}}{2} = \frac{96.17 \times 5.55^2}{8} - \frac{269 + 390}{2} = 40.78 \text{kN·m}$$

$$p_5 = \frac{5}{8} \cdot \frac{e_2 - e_1}{l_{AC}} \cdot l_{AB} + e_1 = 96.17 \text{kPa}$$

$$M_{BC}^{\frac{1}{2}} = \frac{p_6 l_{BC}^2}{8} - \frac{M_{BC} + M_{CB}}{2} = \frac{199.73 \times 6.86^2}{8} - \frac{544 + 753}{2} = 526.40 \text{kN·m}$$

$$p_6 = \frac{5}{8} \cdot \frac{e_2 - e_1}{l_{AC}} \cdot l_{BC} + \frac{l_{AB} \cdot e_2 + l_{BC} \cdot e_1}{l_{AC}} = 199.73 \text{kPa}$$

$$Q_{CF} = \left(M_{FC} + F_l \times l_{C_1 F} - M_{CF} - \frac{p_b l_{CF}^2}{2} \right) / l_{CF}$$

$$= \left(489 + 71.54 \times 4.875 - 753 - \frac{145.39 \times 7.05^2}{2} \right) / 7.05$$

$$= -500.48 \text{kN}$$

$$M_{CF}^{\frac{1}{2}} = F_l \times \left(\frac{l_{CF}}{2} - l_{CC_1} \right) + Q_{CF} \times \frac{l_{CF}}{2} - M_{CF} - \frac{p_b (l_{CF}/2)^2}{2}$$

$$= 71.54 \times \left(\frac{7.05}{2} - 2.175 \right) + 500.48 \times \frac{7.05}{2} - 753 - \frac{145.39 \times (7.05/2)^2}{2}$$

$$= 204.49 \text{kN·m}$$

$$M_{CC_1} = Q_{CF} \times l_{CC_1} - M_{CF} - \frac{p_b l_{CC_1}^2}{2}$$

$$= 500.48 \times 2.175 - 753 - \frac{145.39 \times 2.175^2}{2}$$

$$= -8.35 \text{kN·m}$$

计算所得跨中弯矩如表 4-9 所示。

杆件	AD	BE	CF	AB	BC
跨中弯矩	308	49	204	41	526

主体结构标准断面长期使用阶段跨中弯矩值（单位：kN·m）　　　　表 4-9

综上，该标准断面长期使用阶段的弯矩如图 4-11 所示。

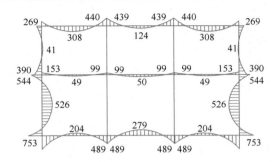

图 4-11　标准断面长期使用阶段的弯矩（单位：kN·m）

2）剪力

根据所得弯矩值对各杆件进行分析，求出其剪力。

AD 段

对 A 点取矩 $\Sigma M_A = 0$

$$M_{DA} - M_{AD} + Q_{DA} l_{AD} + \frac{p_d l_{AD}^2}{2} = 0$$

$$\Rightarrow Q_{DA} = -400.30 \text{kN}$$

对 D 点取矩 $\Sigma M_D = 0$

$$M_{DA} - M_{AD} + Q_{AD} l_{AD} - \frac{p_d l_{AD}^2}{2} = 0$$

$$\Rightarrow Q_{AD} = 351.79 \text{kN}$$

BE 段

对 B 点取矩 $\Sigma M_B = 0$

$$M_{EB} - M_{BE} + Q_{EB} l_{BE} + \frac{p_z l_{BE}^2}{2} = 0$$

$$\Rightarrow Q_{EB} = -91.82 \text{kN}$$

对 E 点取矩 $\Sigma M_E = 0$

$$M_{EB} - M_{BE} + Q_{BE} l_{BE} - \frac{p_z l_{BE}^2}{2} = 0$$

$$\Rightarrow Q_{BE} = 107.14 \text{kN}$$

CF 段

对 C 点取矩 $\Sigma M_C = 0$

$$M_{CF} - M_{FC} + F_l l_{CC_1} + Q_{FC} l_{CF} - \frac{p_b l_{CF}^2}{2} = 0$$

$$\Rightarrow Q_{FC} = 452.98 \text{kN}$$

对 F 点取矩 $\Sigma M_F = 0$

$$M_{CF} - M_{FC} - F_l l_{C_1 F} + Q_{CF} l_{CF} + \frac{p_b l_{CF}^2}{2} = 0$$

$$\Rightarrow Q_{CF} = -500.48 \text{kN}$$

CC_1 段

对 C_1 点取矩 $\sum M_{C_1} = 0$

$$M_{CF} - M_{CC_1} + Q_{C_1 \text{左}} l_{CC_1} - \frac{p_b l_{CC_1}^2}{2} = 0$$

$$\Rightarrow Q_{C_1 \text{左}} = -184.26 \text{kN}$$

对 C 点取矩 $\sum M_C = 0$

$$M_{CF} - M_{CC_1} + Q_{C_1 \text{右}} l_{CC_1} - \frac{p_b l_{CC_1}^2}{2} + F_l l_{CC_1} = 0$$

$$\Rightarrow Q_{C_1 \text{右}} = -255.80 \text{kN}$$

AB 段

将其所受梯形线性分布荷载等效为矩形均布荷载。

$$p_7 = \frac{1}{2} \left(\frac{e_2 - e_1}{l_{AC}} \cdot l_{AB} + 2e_1 \right) = 84.88 \text{kPa}$$

对 B 点取矩

$$\sum M_B = 0$$

$$M_{AB} - M_{BA} + Q_{AB} l_{AB} + \frac{p_7 l_{AB}^2}{2} = 0$$

$$\Rightarrow Q_{AB} = -213.74 \text{kN}$$

对 A 点取矩

$$\sum M_A = 0$$

$$M_{AB} - M_{BA} + Q_{BA} l_{AB} - \frac{p_7 l_{AB}^2}{2} = 0$$

$$\Rightarrow Q_{BA} = 257.34 \text{kN}$$

BC 段

将其所受梯形线性分布荷载等效为矩形分布荷载。

$$p_8 = \frac{1}{2} \left[\frac{e_2 - e_1}{l_{AC}} \cdot l_{BC} + 2 \cdot \frac{l_{AB} \cdot e_2 + l_{BC} \cdot e_1}{l_{AC}} \right] = 185.78 \text{kPa}$$

对 C 点取矩

$$\sum M_C = 0$$

$$M_{BC} - M_{CB} + Q_{BC} l_{BC} + \frac{p_8 l_{BC}^2}{2} = 0$$

$$\Rightarrow Q_{BC} = -606.76 \text{kN}$$

对 B 点取矩

$$\sum M_B = 0$$

$$M_{BC} - M_{CB} + Q_{CB} l_{BC} - \frac{p_8 l_{BC}^2}{2} = 0$$

$$\Rightarrow Q_{CB} = 667.69 \text{kN}$$

DE 段

对 E 点取矩

$$\sum M_{\mathrm{E}} = 0$$
$$M_{\mathrm{ED}} - M_{\mathrm{DE}} + Q_{\mathrm{DE}} l_{\mathrm{DE}} = 0$$
$$\Rightarrow Q_{\mathrm{DE}} = 0 \mathrm{kN}$$

对 D 点取矩

$$\sum M_{\mathrm{D}} = 0$$
$$M_{\mathrm{ED}} - M_{\mathrm{DE}} + Q_{\mathrm{ED}} l_{\mathrm{DE}} = 0$$
$$\Rightarrow Q_{\mathrm{ED}} = 0 \mathrm{kN}$$

EF 段

对 E 点取矩

$$\sum M_{\mathrm{E}} = 0$$
$$M_{\mathrm{EF}} - M_{\mathrm{FE}} + Q_{\mathrm{FE}} l_{\mathrm{EF}} = 0$$
$$\Rightarrow Q_{\mathrm{FE}} = 0 \mathrm{kN}$$

对 F 点取矩

$$\sum M_{\mathrm{F}} = 0$$
$$M_{\mathrm{EF}} - M_{\mathrm{FE}} + Q_{\mathrm{EF}} l_{\mathrm{EF}} = 0$$
$$\Rightarrow Q_{\mathrm{EF}} = 0 \mathrm{kN}$$

DG 段

对 G 点取矩

$$\sum M_{\mathrm{G}} = 0$$
$$Q_{\mathrm{DG}} l_{\mathrm{DG}} - M_{\mathrm{DG}} - M_{\mathrm{GD}} - \frac{p_{\mathrm{d}} l_{\mathrm{DG}}^2}{2} = 0$$
$$\Rightarrow Q_{\mathrm{DG}} = 346.59 \mathrm{kN}$$

EH 段

对 H 点取矩

$$\sum M_{\mathrm{H}} = 0$$
$$Q_{\mathrm{EH}} l_{\mathrm{EH}} - M_{\mathrm{EH}} - M_{\mathrm{HE}} - \frac{p_{\mathrm{z}} l_{\mathrm{EH}}^2}{2} = 0$$
$$\Rightarrow Q_{\mathrm{EH}} = 91.70 \mathrm{kN}$$

FI 段

对 I 点取矩

$$\sum M_{\mathrm{I}} = 0$$
$$Q_{\mathrm{IF}} l_{\mathrm{IF}} + M_{\mathrm{FI}} + M_{\mathrm{IF}} + \frac{p_{\mathrm{b}} l_{\mathrm{IF}}^2}{2} = 0$$
$$\Rightarrow Q_{\mathrm{IF}} = -472.57 \mathrm{kN}$$

将计算过程汇总，得出最终计算剪力值，如表 4-10 所示。

主体结构标准断面长期使用阶段剪力值（单位：kN）　　　　　　　　表 4-10

杆端	AB	AD	DA	DE	DG
最终剪力	-214	352	-400	0	347
杆端	BA	BC	BE	EB	ED	EF	EH
最终剪力	257	-607	107	-92	0	0	92
杆端	CB	CF	$C_{1左}$	$C_{1右}$	FC	FE	FI
最终剪力	668	-500	-184	-256	453	0	-473

根据所求出的剪力值，可画出该标准断面长期使用阶段的剪力图（图 4-12）。

3）轴力

根据所得弯矩和剪力对各节点进行分析，求出其轴力。

A 点

$$N_{AB} = -Q_{AD} = -352\text{kN}$$
$$N_{AD} = Q_{AB} = -214\text{kN}$$

B 点

$$N_{BC} = N_{BA} - Q_{BE} = -459\text{kN}$$
$$N_{BE} = Q_{BC} - Q_{BA} = -864\text{kN}$$

C 点

$$N_{CF} = -Q_{CB} = -668\text{kN}$$

D 点

$$N_{DG} = N_{DA} - Q_{DE} = -213\text{kN}$$
$$N_{DE} = Q_{DA} - Q_{DG} = -747\text{kN}$$

E 点

$$N_{EF} = N_{ED} + Q_{EB} - Q_{EH} = -931\text{kN}$$
$$N_{EH} = N_{EB} + Q_{EF} - Q_{ED} = -864\text{kN}$$

F 点

$$N_{FI} = N_{FC} - Q_{FE} = -668\text{kN}$$

综上，可画出标准断面长期使用阶段的轴力图（图 4-13）。

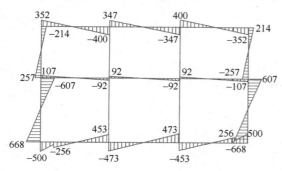

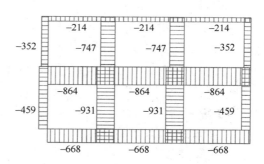

图 4-12　标准断面长期使用阶段的
剪力图（单位：kN）

图 4-13　标准断面长期使用阶段的
轴力图（单位：kN）

4.4.4.2　结构力学求解器电算模型与结果

采用结构力学求解器（SM SOLVER）对手算结果进行校核。为简化计算，计算模型采用支撑在弹性地基上的闭合矩形框架结构，结构底板下采用弹性支撑来模拟土体抗力，弹性支撑刚度按所在土层的垂直基床系数确定。以长期使用阶段基本组合为例介绍计算过程。

第一步，建立闭合框架结构。

首先，进行结点的规划布置。以各结点的坐标进行定位生成，因底板需设置弹性支座，可采用结点填充的方法生成（图 4-14）。

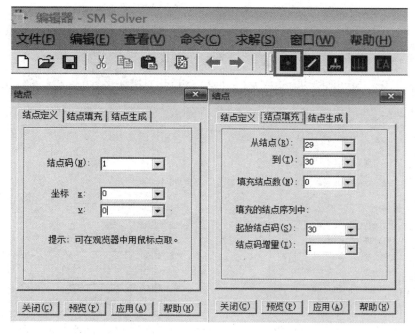

图 4-14　框架结构结点生成

　　然后，进行杆单元设置。该结构构件与构件之间连接均为刚结。杆件连接设置以及生成的框架结构如图 4-15 所示。框架中的数字为结点编号，带括号的数字为杆件单元编号。

图 4-15　杆件连接设置及生成的框架结构

　　第二步，设置约束条件（图 4-16），给每个结点赋予支座属性。结构底板上每一结点设置弹性支座类型，方向 0°（竖向），设置弹簧刚度（垂直基床系数）。在结点 1 处增加水平向刚性支撑，方向 −90°（水平向）。

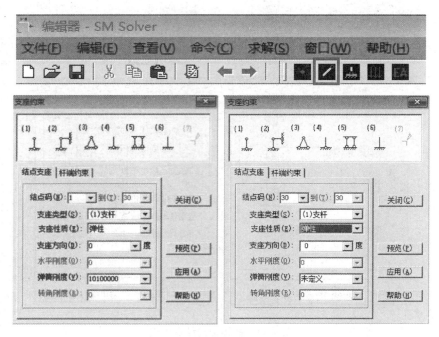

图 4-16　设置约束条件

　　第三步，荷载施加（图 4-17）。根据不同工况，对框架结构各构件施加对应荷载，注意均布荷载与集中荷载设置的区别。计算模型如图 4-18 所示。

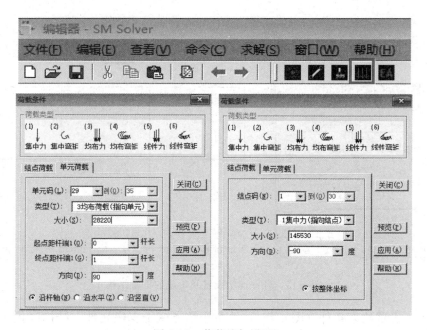

图 4-17　荷载施加设置

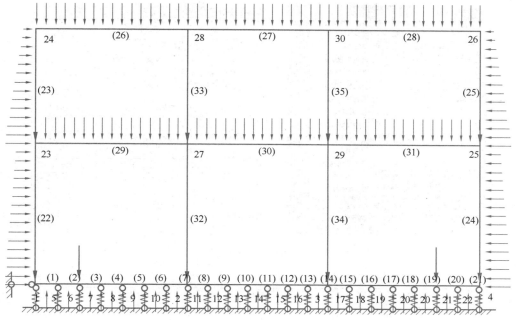

图 4-18　长期使用阶段标准断面荷载基本组合下的计算模型

第四步，定义材料属性（图 4-19）。设置每一个构件的抗拉刚度（EA）和抗弯刚度（EI）。

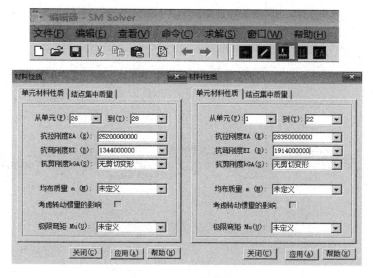

图 4-19　定义材料属性

第五步，内力计算（图 4-20）。点击"求解"，再点击"内力计算"，计算完成后可以查看各构件的弯矩、轴力和剪力计算结果，观览器可显示绘制好的内力图，其中弯矩图如图 4-21 所示。

经过进一步整理，标准断面长期使用阶段荷载基本组合下结构的内力如图 4-22 所示。

主体结构标准断面长期使用阶段荷载基本组合和准永久组合下的内力包络值如表 4-11 所示。

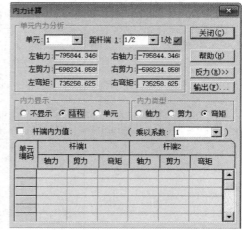

图 4-20　内力计算

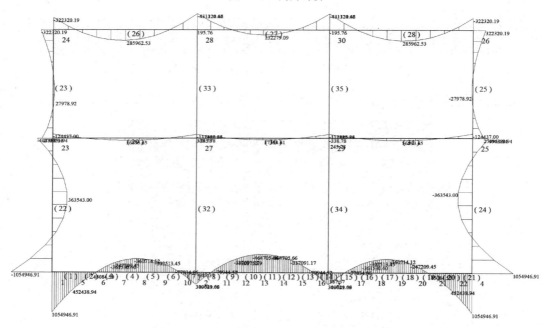

图 4-21　结构力学求解器给出的弯矩图

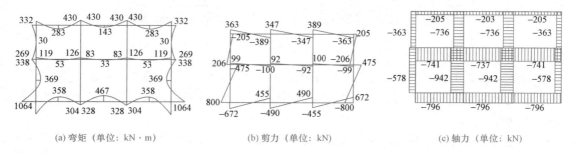

(a) 弯矩（单位：kN·m）　　　(b) 剪力（单位：kN）　　　(c) 轴力（单位：kN）

图 4-22　标准段长期使用阶段荷载基本组合下的内力图

标准段横断面内力计算结果　　　　　　　　　　表 4-11

构件名称	构件部位		弯矩（kN·m）		轴力（kN）		剪力（kN）	
			基本组合	准永久组合	基本组合	准永久组合	基本组合	准永久组合
顶板	边跨	内墙支座	332	226			363	252
		边跨跨中	283	199	−205	−141	—	—
		边跨柱支座	430	301			389	273
	中跨	中跨柱支座	430	301	−203	−144	347	242
		中跨跨中	143	92			—	—
中板	边跨	内墙支座	119	89			99	72
		边跨跨中	53	40	−741	−546	—	—
		边跨柱支座	126	79			100	69
	中跨	中跨柱支座	83	79	−737	−546	92	65
		中跨跨中	33	27			—	—
底板	边跨	内墙支座	1065	763			672	488
		边跨跨中	358	255	−796	−580	—	—
		边跨柱支座	304	218			455	326
	中跨	中跨柱支座	328	218	−796	−580	490	344
		中跨跨中	467	335			—	—
侧墙	站厅层	顶板支座	332	226			205	141
		跨中	30	19	−363	−252	—	—
		中板支座	269	207			206	196
	站台层	中板支座	388	296			475	349
		跨中	369	267	−578	−410	—	—
		底板支座	1064	763			800	580

对比手算和结构力学求解器计算结果，可以发现，对于顶板、中板和柱结构，其弯矩、剪力和轴力的电算结果与手算结果十分接近；对于侧墙结构，其弯矩、剪力和轴力的电算结果比手算小，与底部连接部分，其弯矩、剪力和轴力的电算结果比手算大；对于底板结构，弯矩、剪力和轴力的电算结果比手算大。这是由于手算的弯矩分配法没有考虑地层抗力，而在电算模型中，采用弹性地基梁模型，底板处采用弹性支撑来模拟地层抗力的作用使得电算结果中底板及侧墙与底板连接处的内力更大。

4.4.5　车站标准段侧墙、（顶、中、底）板、柱配筋计算

由于没考虑支座宽度，且支座处并不是危险截面，在进行截面的配筋计算时，应该采用构件端部截面的内力，而不是轴线处的内力，所以需要将支座处的弯矩折减 20％进行截面计算。

本设计采用正常使用工况下的荷载基本组合进行包络取值，根据电算的内力值来进行强度计算和配筋。地铁车站通常考虑设计年限 100 年，因此按承载能力极限状态进行验算时，作用效应设计值要乘以重要性系数 1.1；对于正常使用极限状态设计，采用荷载的准永久组合效应对截面进行限裂验算，裂缝不大于 0.3mm。板与侧墙纵向受力钢筋均使用 HRB400。

　　顶板、中板、底板和侧墙配筋分别按压弯构件和纯弯构件进行计算，柱的配筋按照轴心受压构件计算。下面以顶板和柱为例介绍受力钢筋的配筋设计，构造上配筋要求可参考相关规范，如《混凝土结构设计规范》GB 50010—2010（2015 年版）。

4.4.5.1　顶板配筋设计

1）计算数据

构件截面尺寸 $b \times h = 1000\text{mm} \times 800\text{mm}$

保护层厚度 $c_s = 45\text{mm}$，$a_s = 45 + 10 = 55\text{mm}$，$a_s = a_s' = 55\text{mm}$，$h_0 = 800 - 55 = 745\text{mm}$

HRB400 钢筋 $f_y = f_y' = 400 \text{ N/mm}^2$，弹性模量 $E_s = 2.0 \times 10^5 \text{ N/mm}^2$

C35 混凝土 $f_c = 16.7 \text{ N/mm}^2$，$f_t = 1.57 \text{ N/mm}^2$，$f_{tk} = 2.2 \text{ N/mm}^2$，$\alpha_1 = 1.0$

相对界限受压区高度 $\xi_b = 0.518$

$\dfrac{0.45 f_t}{f_y} = 0.45 \times \dfrac{1.57}{400} = 0.177\% < 0.2\%$，取 $\rho_{\min} = 0.2\%$。

最小配筋面积 $A_{s,\min} = \rho_{\min} bh = 0.2\% \times 1000 \times 800 = 1600\text{mm}^2$

2）按压弯构件计算（边跨）

设计内力（基本组合）

$M_1 = 332 \times 0.8 \times 1.1 = 292.16\text{kN} \cdot \text{m}$，$M_2 = 430 \times 0.8 \times 1.1 = 378.40\text{kN} \cdot \text{m}$，$N = 205 \times 1.1 = 225.50\text{kN}$

其中，0.8 为折减系数，1.1 为重要性系数。

构件长度 $l = 7.05\text{m}$，计算长度 $l_0 = 1.25l = 8.81\text{m}$[$l_0$ 取值参照《混凝土结构设计规范》GB 50010—2010（2015 年版）中的表 6.2.20]。

$$\frac{l_0}{h} = \frac{8.81}{0.8} = 11.01 > 5$$

故需考虑偏心距增大系数。

轴向力偏心距 $e_0 = \dfrac{M_2}{N} = \dfrac{378.40 \times 10^3}{225.50} = 1678.05\text{mm}$

附加偏心距 $e_a = \max(20, h/30) = 26.67\text{mm}$

初始偏心距 $e_i = e_0 + e_a = 1704.72\text{mm}$

截面曲率修正系数 $\zeta_c = \dfrac{0.5 f_c A}{N} = \dfrac{0.5 \times 16.7 \times 1000 \times 800}{225.50 \times 10^3} = 29.62 > 1$，取 $\zeta_c = 1$。

轴向力偏心距增大系数 $\eta_{ns} = 1 + \dfrac{1}{1300 \dfrac{e_i}{h_0}} \left(\dfrac{l_0}{h}\right)^2 \zeta_c = 1.04$[计算公式参照《混凝土结构设计规范》GB 50010—2010（2015 年版）中第 6.2.4 条]。

偏心距调节系数 $C_m = 0.7 + 0.3 \dfrac{M_1}{M_2} = 0.7 + 0.3 \times \left(-\dfrac{292.16}{378.40}\right) = 0.47 < 0.7$，取 $C_m = 0.7$。

考虑杆件自身挠曲影响控制的弯矩设计值

$$M = \eta_{ns} C_m M_2 = 1.04 \times 0.7 \times 378.40 = 275.48\text{kN} \cdot \text{m}$$

$$e_0 = \frac{M}{N} = \frac{275.48 \times 10^3}{225.50} = 1221.64\text{mm}$$

$$e_a = \max(20, h/30) = 26.67\text{mm}$$

$$e_i = e_0 + e_a = 1248.31\text{mm} > 0.32h_0 = 0.32 \times 745 = 238.4\text{mm}$$

故先按大偏心受压构件计算。

混凝土受压区高度

$$x = \frac{N}{\alpha_1 f_c b} = \frac{225.50 \times 10^3}{1.0 \times 16.7 \times 1000} = 13.50\text{mm} < 2a'_s = 2 \times 55 = 110\text{mm}$$

所以构件截面为大偏心受压，取受压区高度 $x = 2a'_s = 110\text{mm}$。

轴力作用点距受压钢筋合力的距离

$$e' = \eta_{ns} e_i - 0.5h + a'_s = 1.04 \times 1248.31 - 0.5 \times 800 + 55 = 953.24\text{mm}$$

配筋面积

$$A'_s = A_s = \frac{Ne'}{f_y(h_0 - a'_s)} = \frac{225.50 \times 10^3 \times 953.24}{400 \times (745 - 55)} = 778.82\text{mm}^2 < 1600\text{mm}^2$$

取配筋面积 $A'_s = A_s = 1600\text{mm}^2$。

中跨计算过程与边跨相同，计算过程不赘述，只给出计算结果为

$$A'_s = A_s = \frac{Ne'}{f_y(h_0 - a'_s)} = \frac{223.30 \times 10^3 \times 940.93}{400 \times (745 - 55)} = 761.27\text{mm}^2 < 1600\text{mm}^2$$

取配筋面积 $A'_s = A_s = 1600\text{mm}^2$。

3）按纯弯构件计算

顶板各控制截面弯矩设计值为

侧墙支座 $M = 332 \times 0.8 \times 1.1 = 292.16\text{kN} \cdot \text{m}$

边跨跨中 $M = 283 \times 1.1 = 311.30\text{kN} \cdot \text{m}$

柱支座 $M = 430 \times 0.8 \times 1.1 = 378.40\text{kN} \cdot \text{m}$

中跨跨中 $M = 143 \times 1.1 = 157.30\text{kN} \cdot \text{m}$

顶板各控制截面配筋计算如表 4-12 所示。

顶板各控制截面配筋计算

表 4-12

截面	侧墙支座	边跨跨中	柱支座	中跨跨中
$M(\times 10^6\text{N} \cdot \text{mm})$	292.16	311.30	378.40	157.30
$\alpha_s = \dfrac{M}{\alpha_1 f_c b h_0^2}$	0.0315	0.0336	0.0408	0.0170
$\xi = 1 - \sqrt{1 - 2\alpha_s}$	0.0320	0.0342	0.0417	0.0171
	$\xi < \xi_b = 0.518$（属于适筋梁截面）			
$A_s = \xi \dfrac{\alpha_1 f_c}{f_y} b h_0 \ (\text{mm}^2)$	996$<A_{s,\min}$ 取 1600	1063$<A_{s,\min}$ 取 1600	1297$<A_{s,\min}$ 取 1600	532$<A_{s,\min}$ 取 1600
实配钢筋	Φ 25@150	Φ 25@150	Φ 25@150	Φ 25@150
实配面积 $A_s(\text{mm}^2)$	3272	3272	3272	3272

4.4.5.2 柱配筋设计

1）计算数据

构件截面尺寸 $b \times h = 1100\text{mm} \times 700\text{mm}$

保护层厚度 $c_s = 45\text{mm}$，$a_s = 45 + 10 = 55\text{mm}$，$a_s = a'_s = 55\text{mm}$，$h_0 = 700 - 55 = 645\text{mm}$

HRB400 钢筋 $f_y = f'_y = 400 \text{ N/mm}^2$，弹性模量 $E_s = 2.0 \times 10^5 \text{N/mm}^2$

HPB300 钢筋 $f_y = f_{yv} = 270\text{N/mm}^2$

C35 混凝土 $f_c = 16.7\text{N/mm}^2$，$f_t = 1.57\text{N/mm}^2$，$f_{tk} = 2.2\text{N/mm}^2$，$\alpha_1 = 1.0$

相对界限受压区高度 $\xi_b = 0.518$

最小配筋 $\rho_{min} = 0.6\%$

最小配筋面积 $A_{s,min} = \rho_{min}bh = 0.6\% \times 1100 \times 700 = 4620\text{mm}^2$

2）按轴心受压构件计算

（1）站厅层

设计内力（基本组合）$N = 736 \times 1.1 = 809.60\text{kN}$

构件长度 $l = 5.55\text{m}$，计算长度取 $l_0 = 1.25l = 6.94\text{m}$。

$$\frac{l_0}{h} = \frac{6.94}{0.7} = 9.91 > 8$$

查表得，柱的稳定系数 $\varphi = 0.98$。

$$A'_s = \frac{\dfrac{N}{0.9\varphi} - f_c A}{f'_y} = \frac{\dfrac{809.60}{0.9 \times 0.98} - 16.7 \times 1100 \times 700}{400} < 0$$

故只需按构造配筋。

纵向受力钢筋选用 16 Φ 20，沿柱四周布置，实际配置面积 5026mm^2。

箍筋选用 $\Phi10@100$。

（2）站台层

设计内力（基本组合）$N = 942 \times 1.1 = 1036.20\text{kN}$

构件长度 $l = 6.86\text{m}$，计算长度取 $l_0 = 1.25l = 8.58\text{m}$。

$$\frac{l_0}{h} = \frac{8.58}{0.7} = 12.26 > 8$$

查表得，柱的稳定系数 $\varphi = 0.95$。

$$A'_s = \frac{\dfrac{N}{0.9\varphi} - f_c A}{f'_y} = \frac{\dfrac{1036.20}{0.9 \times 0.95} - 16.7 \times 1100 \times 700}{400} < 0$$

故只需按构造配筋。

纵向受力钢筋选用 16 Φ 20，沿柱四周布置，实际配置面积 5026mm^2。

箍筋选用 $\Phi10@100$。

为便于施工，实际配筋尽量统一尺寸，表 4-13 给出了标准断面地铁车站结构各构件的配筋情况，图 4-23 给出了主体结构标准段配筋示意图。

标准断面各构件配筋汇总表　　　　　　表 4-13

构件	控制截面	计算配筋面积 （mm²）	受力钢筋的配筋	实际配筋面积 （mm²）	实际配筋率 （%）
顶板	侧墙支座	996	φ 25@150	3272	0.409
	边跨跨中	1063	φ 25@150	3272	0.409
	柱支座	1297	φ 25@150	3272	0.409
	中跨跨中	532	φ 25@150	3272	0.409
中板	侧墙支座	780	φ 25@150	3272	0.818
	边跨跨中	429	φ 25@150	3272	0.818
	柱支座	827	φ 25@150	3272	0.818
	中跨跨中	371	φ 25@150	3272	0.818
底板	侧墙支座	2891	φ 20@150＋ φ 25@150	5366	0.596
	边跨跨中	1185	φ 25@150	3272	0.364
	柱支座	865	φ 25@150	3272	0.364
	中跨跨中	1554	φ 25@150	3272	0.364
侧墙	顶板支座	1157	φ 25@150	3272	0.467
	中板支座	1222	φ 25@150	3272	0.467
	下层跨中	1622	φ 25@150	3272	0.467
	底板支座	3914	φ 20@150＋ φ 25@150	5366	0.767
中柱	站厅层	—	16 φ 20	5026	0.653
	站台层	—	16 φ 20	5026	0.653

4.4.6　车站标准段侧墙、板、柱裂缝控制验算

根据长期使用阶段标准断面荷载的准永久组合对侧墙、板以及柱的裂缝宽度进行验算。此处以顶板裂缝验算为例，侧墙及柱的裂缝验算计算过程相同，不再赘述。

由于顶板各部分配筋相同，故取顶板准永久组合最大弯矩进行验算。

顶板最大弯矩值 $M = 301 \times 0.8 = 240.80 \text{kN} \cdot \text{m}$

带肋钢筋表面特征系数 $\upsilon = 1.0$

受拉区纵向钢筋等效直径 $d_{eq} = 25 \text{mm}$

按混凝土受拉区面积计算的纵向受拉钢筋配筋率

$$\rho_{te} = \frac{A_s}{0.5bh} = \frac{3272}{0.5 \times 1000 \times 800} = 0.008 < 0.01，取 \rho_{te} = 0.01。$$

裂缝截面处纵向受拉钢筋应力

$$\sigma_{sq} = \frac{M}{0.87h_0 A_s} = \frac{240.80 \times 10^6}{0.87 \times 745 \times 3272} = 113.54 \text{N/mm}^2$$

裂缝间纵向受拉钢筋应变不均匀系数

$$\psi = 1.1 - \frac{0.65 f_{tk}}{\rho_{te}\sigma_{sq}} = 1.1 - \frac{0.65 \times 2.2}{0.01 \times 113.54} = -0.159 < 0.2，取 \psi = 0.2。$$

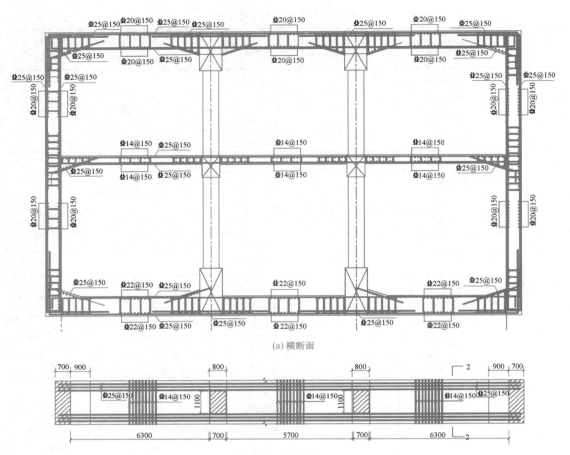

(a) 横断面

(b) 中板立面

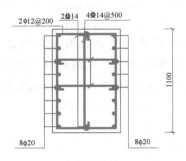

(c) 站厅层和站台层柱横截面

图 4-23　主体结构标准段配筋图（单位：mm）

顶板受拉区最大裂缝

$$\omega_{\max}=1.9\psi\frac{\sigma_{sq}}{E_s}\times\left(1.9c_s+0.08\frac{d_{eq}}{\rho_{te}}\right)$$
$$=1.9\times0.2\times\frac{113.54}{2\times10^5}\times\left(1.9\times30+0.08\times\frac{25}{0.01}\right)$$
$$=0.055\mathrm{mm}<0.3\mathrm{mm}$$

其中，c_s为最外层纵向受拉钢筋外边缘至受拉区底边的距离。

因此，顶板满足裂缝宽度验算要求。

通过验算可知，侧墙、板以及柱的裂缝宽度均满足规范要求。

4.4.7　车站标准段纵向结构（纵梁）内力与配筋计算

4.4.7.1　内力计算

顶纵梁截面尺寸 $b \times h = 1000\text{mm} \times 1800\text{mm}$，中纵梁截面尺寸 $b \times h = 800\text{mm} \times 1000\text{mm}$，底纵梁截面尺寸 $b \times h = 1000\text{mm} \times 2200\text{mm}$。

1）永久荷载

（1）顶纵梁

板带宽 $\dfrac{6.5}{2} + \dfrac{7.05}{2} = 6.775\text{m}$

顶纵梁自重 $25 \times 1.0 \times 1.8 = 45\text{kN/m}$

板带传来的顶板自重 $25 \times 0.8 \times (6.775 - 1) = 115.5\text{kN/m}$

板带传来的覆土重 $35.5 \times 6.775 = 240.51\text{kN/m}$

板带传来的水压力 $9 \times 6.775 = 60.98\text{kN/m}$

（2）中纵梁

板带宽 $\dfrac{6.5}{2} + \dfrac{7.05}{2} = 6.775\text{m}$

中纵梁自重 $25 \times 1.0 \times 0.8 = 20\text{kN/m}$

板带传来的中板自重 $25 \times 0.4 \times (6.775 - 0.8) = 59.75\text{kN/m}$

板带传来的设备荷载 $8 \times 6.775 = 54.20\text{kN/m}$

（3）底纵梁

板带宽 $\dfrac{6.5}{2} + \dfrac{7.05}{2} = 6.775\text{m}$

底纵梁自重 $25 \times 1.0 \times 2.2 = 55\text{kN/m}$

板带传来的底板自重 $25 \times 0.9 \times (6.775 - 1) = 129.94\text{kN/m}$

板带传来的设备荷载 $8 \times 6.775 = 54.20\text{kN/m}$

板带传来的水压力 $136.6 \times 6.775 = 925.47\text{kN/m}$（长期使用阶段，向上）

2）可变荷载

（1）顶纵梁

板带传来的地面活载 $20 \times 6.775 = 135.5\text{kN/m}$

（2）中纵梁

板带传来的人群荷载 $4 \times 6.775 = 27.10\text{kN/m}$

（3）底纵梁

板带传来的人群荷载 $4 \times 6.775 = 27.10\text{kN/m}$

不考虑列车荷载对纵梁的影响。

3）荷载组合

长期使用阶段基本组合

顶纵梁 $q_d = 1.35 \times (45 + 115.5 + 240.51 + 60.98) + 1.4 \times 0.7 \times 135.5 = 756.48\text{kN/m}$

中纵梁 $q_z = 1.35 \times (20 + 59.75 + 54.20) + 1.4 \times 0.7 \times 27.10 = 207.39\text{kN/m}$

底纵梁 $q_b = 1.35 \times (55 + 129.94 + 54.20 - 925.47) + 1.4 \times 0.7 \times 27.10 = -899.99 \text{kN/m}$

4）纵梁计算简图及内力图

长期使用阶段标准断面纵梁在荷载基本组合下的计算简图如图 4-24 所示，内力图如图 4-25 所示。

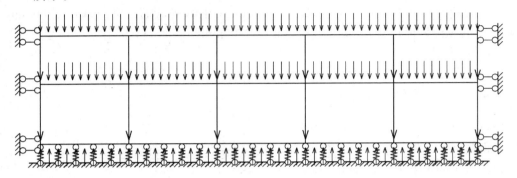

图 4-24　标准段纵梁长期使用阶段荷载基本组合下的计算简图

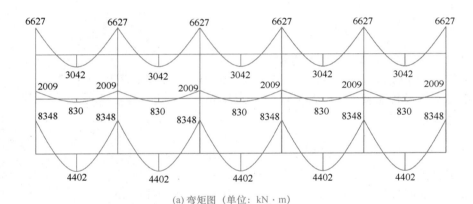

(a) 弯矩图（单位：kN·m）

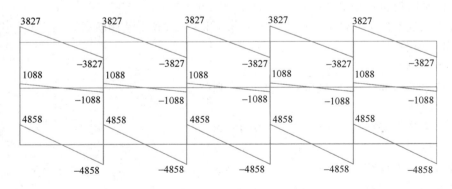

(b) 剪力图（单位：kN）

图 4-25　标准断面纵梁长期使用阶段荷载基本组合下的内力图（一）

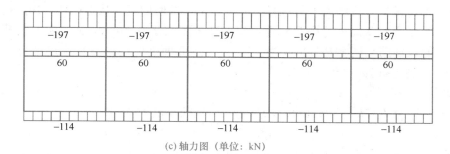

(c) 轴力图（单位：kN）

图 4-25　标准断面纵梁长期使用阶段荷载基本组合下的内力图（二）

表 4-14 给出标准段纵梁长期使用阶段荷载基本组合和准永久组合下的内力包络值。

标准段纵梁内力计算结果　　　　　　　　　　表 4-14

构件	荷载组合	内力值	
顶纵梁	基本组合	支座弯矩（kN·m）	6627
		跨中弯矩（kN·m）	3042
		轴力（kN）	−197
		剪力（kN）	3827
	准永久组合	支座弯矩（kN·m）	4324
		跨中弯矩（kN·m）	2256
		轴力（kN）	−18
		剪力（kN）	2653
中纵梁	基本组合	支座弯矩（kN·m）	2009
		跨中弯矩（kN·m）	830
		轴力（kN）	60
		剪力（kN）	1088
	准永久组合	支座弯矩（kN·m）	1173
		跨中弯矩（kN·m）	585
		轴力（kN）	26
		剪力（kN）	730
底纵梁	基本组合	支座弯矩（kN·m）	8348
		跨中弯矩（kN·m）	4402
		轴力（kN）	114
		剪力（kN）	4858
	准永久组合	支座弯矩（kN·m）	5554
		跨中弯矩（kN·m）	2799
		轴力（kN）	19
		剪力（kN）	3461

4.4.7.2　纵梁配筋设计

计算时将支座弯矩与剪力折减 20% 进行截面计算。采用长期使用阶段荷载基本组合进行包络取值，根据计算的内力值进行配筋。对于正常使用极限状态设计，采用荷载的准永久组合计算结果对截面进行限裂验算，裂缝宽度不大于 0.3mm。梁的受力钢筋均使用 HRB400（Φ），箍筋采用 HPB300（ϕ）。梁按 T 形截面受弯构件进行配筋计算。以顶纵梁配筋计算为例进行具体介绍。

1）计算数据

构件截面尺寸 $b \times h = 1000\text{mm} \times 1800\text{mm}$，顶板厚度 $h'_\text{f} = 800\text{mm}$

保护层厚度 $c_\text{s} = 45\text{mm}$，$a_\text{s} = 60\text{mm}$，$h_0 = 1800 - 60 = 1740\text{mm}$

HRB400 钢筋 $f_\text{y} = f'_\text{y} = 400\text{N/mm}^2$，弹性模量 $E_\text{s} = 2.0 \times 10^5 \text{N/mm}^2$

HPB300 钢筋 $f_\text{y} = f_\text{yv} = 270\text{N/mm}^2$

C35 混凝土 $f_\text{c} = 16.7\text{N/mm}^2$，$f_\text{t} = 1.57\text{N/mm}^2$，$f_\text{tk} = 2.2\text{N/mm}^2$，$\alpha_1 = 1.0$

相对界限受压区高度 $\xi_\text{b} = 0.518$

$\dfrac{0.45f_\text{t}}{f_\text{y}} = 0.45 \times \dfrac{1.57}{400} = 0.177\% < 0.2\%$，取 $\rho_\text{min} = 0.2\%$。

最小配筋面积 $A_\text{s,min} = \rho_\text{min}bh = 0.2\% \times 1000 \times 1800 = 3600\text{mm}^2$

2）正截面强度计算

（1）顶纵梁各控制截面内力设计值

支座弯矩 $M = 6627 \times 0.8 \times 1.1 = 5831.76\text{kN} \cdot \text{m}$

跨中弯矩 $M = 3042 \times 1.1 = 3346.20\text{kN} \cdot \text{m}$

（2）T 形截面受弯构件翼缘计算宽度

按计算宽度 l_0 考虑 $b'_\text{f} = \dfrac{8.65}{3} = 2.88\text{m}$

按梁净间距 s_n 考虑 $b'_\text{f} = s_\text{n} + b = 8.65 + 1 = 9.65\text{m}$

取小值 $b'_\text{f} = 2.88\text{m}$

（3）判断 T 形截面类型

$$M'_\text{f} = \alpha_1 f_\text{c} b'_\text{f} h'_\text{f} \left(h_0 - \frac{h'_\text{f}}{2} \right)$$

$$= 1.0 \times 16.7 \times 2880 \times 800 \times \left(1740 - \frac{800}{2} \right) \times 10^{-6}$$

$$= 51,558.91\text{kN} \cdot \text{m} > M_{\text{跨中}} = 3346.20\text{kN} \cdot \text{m}$$

属于第一类 T 形截面。

（4）正截面强度计算

标准段顶纵梁正截面强度计算结果如表 4-15 所示。

标准段顶纵梁正截面强度计算　　　　　　　　　　　　　　表 4-15

截面	支座	跨中
$M(\times 10^6 \text{N} \cdot \text{mm})$	5831.76	3346.20
b（支座）或 b'_f（跨中）	1000	2880
$\alpha_\text{s} = \dfrac{M}{\alpha_1 f_\text{c} b h_0^2}$	0.1153	0.0230

续表

截面	支座	跨中
$\xi = 1 - \sqrt{1 - 2\alpha_s}$	0.1229	0.0232
	$\xi < \zeta_b$，属于适筋截面	
$A_s = \zeta \dfrac{\alpha_1 f_c}{f_y} bh_0 (\text{mm}^2)$	8927.53	4864.31
选用钢筋	24 ⚠ 32	14 ⚠ 32
适配面积（mm²）	19,302	11,260

3）斜截面强度计算

剪力 $V = 3827 \times 0.8 \times 1.1 = 3367.76 \text{kN}$

混凝土影响系数 $\beta_c = 1.0$

最小配箍率 $\rho_{sv,min} = 0.24 \dfrac{f_t}{f_{yv}} = 0.24 \times \dfrac{1.57}{270} = 0.140\%$

标准断面顶纵梁斜截面强度计算结果如表 4-16 所示。

标准段顶纵梁斜截面强度计算　　　　　表 4-16

截面	标准段
$V(\times 10^3 \text{N})$	3367.76
$0.25\beta_c f_c bh_0$	7264.50kN$>V$，截面满足要求
$0.7 f_t bh_0$	1912.26kN$<V$，按计算配箍
箍筋直径和肢数	Φ12，6 肢
$A_{sv}(\text{mm}^2)$	678
$s = \dfrac{f_{yv} A_{sv} h_0}{V - 0.7 f_t bh_0}(\text{mm}^2)$	218.84
实配间距（mm）	200
$\rho_{sv} = \dfrac{A_{sv}}{bs}$	0.34% $> \rho_{sv,min}$，满足最小配箍率

4）裂缝验算

顶纵梁按受弯构件进行裂缝验算。取荷载准永久组合下的弯矩值进行验算，计算结果如表 4-17 所示。

标准断面顶纵梁裂缝验算　　　　　表 4-17

截面	支座处	跨中
$M(\times 10^6 \text{N} \cdot \text{mm})$	3459	2256
$A_s(\text{mm}^2)$	19,302	11,260
$\rho_{te} = \dfrac{A_s}{0.5bh}$（支座）　　$\rho_{te} = \dfrac{A_s}{0.5bh + (b_f' - b)h_f'}$（跨中）	0.0214	0.0047<0.01 取 0.01

截面	支座处	跨中
$\sigma_{sq} = \dfrac{M}{0.87h_0A_s}(\text{N}/\text{mm}^2)$	118.38	132.35
$\psi = 1.1 - \dfrac{0.65f_{tk}}{\rho_{te}\sigma_{sq}}$	0.5355	0.0195
$d_{eq} = \dfrac{\sum n_i d_i^2}{\sum n_i d^2}(\text{mm})$	32	32
$\omega_{max} = 1.9\psi\dfrac{\sigma_{sq}}{E_s} \times \left(1.9c_s + 0.08\dfrac{d_{eq}}{\rho_{te}}\right)(\text{mm})$	0.124<0.3 满足要求	0.008<0.3 满足要求

支座处最大弯矩值 $M = 4324 \times 0.8 = 3459$ kN·m

跨中最大弯矩值 $M = 2256$ kN·m

带肋钢筋表面特征系数 $\upsilon = 1.0$

顶纵梁、中纵梁和底纵梁的配筋结果汇总于表 4-18，图 4-26 给出了顶纵梁配筋示意图。

标准断面纵梁配筋结果　　　　　　　　　　　　　　表 4-18

构件	控制截面	计算配筋面积（mm²）	受力筋配筋	实际配筋面积（mm²）	实际配筋率（%）	箍筋配筋	裂缝宽度（mm）
顶纵梁	支座	8927.53	24 Φ 32	19,302	1.072	Φ 12@200（6）	0.129
	跨中	4864.31	14 Φ 32	11,260	0.626	Φ 12@200（6）	0.061
中纵梁	支座	5022.98	10 Φ 32	8043	1.005	Φ 12@200（4）	0.173
	跨中	2415.46	5 Φ 32	4021	0.203	Φ 12@200（4）	0.201
底纵梁	支座	9038.75	13 Φ 26	12,868	0.585	Φ 12@200（6）	0.271
	跨中	5720.36	12 Φ 32	9652	0.439	Φ 12@200（6）	0.085

4.4.8 抗浮稳定性验算

为确保结构不因地下水的浮力而上浮，需对结构进行抗浮验算。车站结构按最不利荷载情况进行抗浮稳定性验算。由于不考虑侧壁摩阻力，抗浮安全系数不应小于 1.05。

取纵向 1 延米进行验算，地下水位距地表 1.6m。

（1）结构自重

顶板自重 $25 \times 0.8 \times 1 \times 19.9 = 398$ kN

中板自重 $25 \times 0.4 \times 1 \times 19.9 = 199$ kN

底板自重 $25 \times 0.9 \times 1 \times 19.9 = 448$ kN

侧墙自重 $25 \times 13.21 \times 1 \times 0.7 \times 2 = 462$ kN

中柱自重 $25 \times 0.7 \times 1.1 \times 8.41 \times 2 \div 9.75 = 33$ kN

顶纵梁自重 $25 \times 1 \times 1 \times (1.8 - 0.8) \times 2 = 50$ kN

中纵梁自重 $25 \times 0.8 \times 1 \times (1 - 0.4) \times 2 = 24$ kN

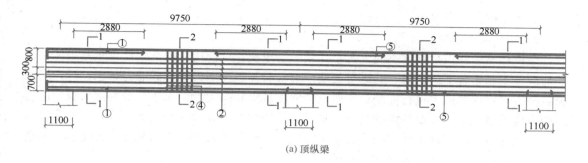

(a) 顶纵梁

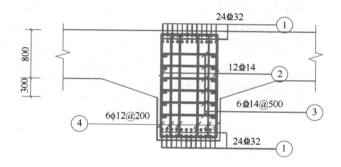

(b) 顶纵梁1–1剖面

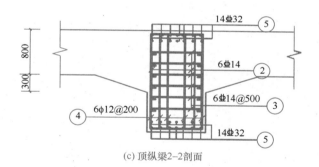

(c) 顶纵梁2–2剖面

图 4-26　车站结构标准段顶纵梁配筋图（单位：mm）

底纵梁自重 $25 \times 1 \times 1 \times (2.2 - 0.9) \times 2 = 65$kN

（2）上覆土自重

覆土自重 $(17.8 \times 1.6 + 7.8 \times 0.9) \times 1 \times 21.3 = 756$kN

（3）每延米地下连续墙自重

$$G = 0.8 \times 20 \times 1 \times 25 \times 2 = 800\text{kN}$$

（4）地下水浮力

$$F = 1 \times 13.21 \times 21.3 \times 10 = 2814\text{kN}$$

（5）抗浮安全系数

$$k_f = \frac{结构自重 + 覆土自重 + 地下连续墙自重}{水浮力}$$

$$k_f = \frac{398 + 199 + 448 + 462 + 33 + 50 + 24 + 65 + 756 + 800}{2814} = 1.15 > 1.05$$

故满足抗浮稳定要求。

4.4.9 案例总结

地铁车站结构设计根据不同工况，如施工阶段或长期使用阶段下，计算车站主体结构在荷载最不利组合下的内力，并进行配筋或裂缝验算。按照极限承载能力状态设计，采用荷载基本组合计算内力进行配筋；按照正常使用极限状态设计，采用荷载准永久组合进行结构自身裂缝验算。需要注意的是，极限承载能力状态设计时，采用的荷载效应要乘以结构重要性系数，特别是地铁车站设计年限通常为 100 年，重要性系数取 1.1。除了标准断面，还需要对非标准断面重复该过程进行设计计算。

本案例以明挖地铁车站为例介绍车站主体结构的设计，通常明挖地铁车站还需要有围护结构设计，地下连续墙或钻孔灌注柱为最常用的支护形式，此案例由于篇幅限制不再赘述，可参考第 3 章基坑支护设计。另外，除了结构力学手算和电算方法，主体结构还可以采用结构设计软件，如 PKPM，或有限元软件，如 SAP2000、ANSYS 等，进行建模分析，特别是端头井等复杂部位需采用有限元方法进行设计计算。

第5章　地铁区间盾构隧道设计

5.1　概　　述

盾构机是广泛应用于城市地下空间建设的"大国重器"。盾构法发明于19世纪，始于英国，发展于日本、德国。我国从20世纪50年代开始采用盾构法修建隧道和管道工程，虽然起步较晚，但由于吸收和采用先进技术和新工艺，参考和借鉴国外成功的经验和失败的教训，采取自行开发和适当引进相结合的方式，所以发展较快。中国建设能力得益于国产盾构机的快速发展，我国已经完成从盾构机装备的引进、消化、自主生成到出口国外的完美"逆袭"。

盾构是进行暗挖施工的装备，是一种既能支撑地层压力，又能在地层中推进的钢壳结构，其断面形状一般为圆形，但也有矩形、椭圆形等形状。在钢壳的前部设置有各种类型的支撑，在钢壳中段的周边，安装有顶进所需的千斤顶，盾构尾部是具有一定空间的壳体，在盾尾内可以拼装衬砌，并及时向紧靠盾尾后面的衬砌与地层之间的空隙中注浆，以控制地层变形。盾构施工时，先在隧道某段的一端建造工作井，盾构在工作井内组装完成；然后利用工作井的后靠壁作为推进基座，由盾构千斤顶将盾构从井壁开孔处顶出工作井，开始沿着隧道设计路线推进。在推进过程中不断地从开挖面排出土体，推进中所受到的地层阻力通过千斤顶传至盾构尾部已拼装好的预制衬砌管片上，盾构法施工工序如图5-1所示。

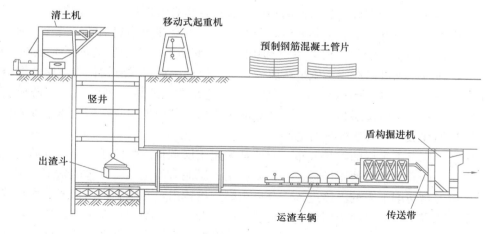

图 5-1　盾构法施工工序示意图

一般来说，盾构法的费用是比较高的，如单纯从经济角度考虑，只有在不宜用明挖法或新奥法施工的地段，采用盾构法才比较划算。但若全面地衡量，盾构法的优势是十分明显的，通常适用于具备城市中心区、软土或者软岩地区、埋深大于盾构直径等条件的工程。盾构法施工具有掘进速度快、质量优、对周围环境影响小、施工安全性相对较高的优点，但由于盾构工程的复杂性，再加上选型及施工方法的不当，工程事故常有发生，这就要求盾构隧道在设计、施工时必须与周围工程环境紧密结合，才能真正充分发挥其优势。

盾构隧道设计主要步骤为：盾构机选型→衬砌管片构造设计→管片受力及荷载组合计算→管片结构内力计算→管片配筋设计与分析→管片防水设计等。

5.2 盾 构 机 选 型

5.2.1 选型步骤

（1）在对工程地质条件、水文地质条件、周围环境、工期要求、经济性等充分研究的基础上，选定盾构的类型，即对敞开式、闭胸式盾构进行比选，后者适用范围更广，性能更佳，选用较多。

（2）确定选型后（以闭胸式盾构为例），根据地层的渗透系数、颗粒级配、地下水压、环保、辅助施工方法、施工环境、安全等因素，对土压平衡盾构和泥水盾构进行比选。

（3）根据详细的地质勘探资料，对盾构各主要功能部件进行选择和设计（如刀盘驱动形式、刀盘结构形式、开口率、刀具种类与配制、螺旋输送机的形式与尺寸、沉浸墙的结构设计与泥浆门的形式、破碎机的布置与形式、送泥管的直径等），并根据工程地质条件等，确定盾构的主要技术参数。在选型时应进行盾构的主要技术参数详细计算，包括刀盘直径，刀盘开口率，刀盘转速，刀盘扭矩，刀盘驱动功率，推力，掘进速度，螺旋输送机功率、直径、长度，送排泥管直径，送排泥泵功率、扬程等。

（4）根据地质条件，选择与盾构掘进速度相匹配的盾构后配套施工设备。

5.2.2 选型方法

（1）根据地层的渗透系数进行选型

盾构选型应在充分把握地层条件的基础上进行，综合考虑地层的渗透性、土的塑性及流动性等因素。还应检查地层中有无砂砾和大卵石，这直接影响到土的渗透性。通常，当地层的渗透系数小于 10^{-7} m/s 时，可以选用土压平衡盾构；当地层的渗透系数在 $10^{-7}\sim 10^{-4}$ m/s 之间时，既可以选用土压平衡盾构，也可以选用泥水式盾构；当地层的渗透系数大于 10^{-4} m/s 时，宜选用泥水盾构。根据地层渗透系数与盾构类型的关系，若地层以各种级配富水的砂层、砂砾层为主时，宜选用泥水盾构；其他地层宜选用土压平衡盾构。

（2）根据地层的颗粒级配进行选型

盾构选型应考虑土层的粒径分布，一般都采用土层颗粒级配曲线界定不同盾构的适用土层。土压平衡盾构主要适用于粉土、粉质黏土、淤泥质粉土、粉砂等的施工，在土层中掘进时，由刀盘切削下来的土体进入土仓后由螺旋机输出，在螺旋机内形成压力梯降，保障土仓压力稳定，使开挖面土层处于稳定状态。一般来说，细颗粒含量多，渣土易形成不透水的流塑体，容易充满土仓的每个部位，在土仓中建立压力，来平衡开挖面的土体。

一般来说，当土中的粉粒和黏粒的总量达到40%以上时，通常宜选用土压平衡盾构，否则选择泥水盾构比较合适。粉粒的绝对大小通常以0.075mm为界。

（3）根据地下水压进行选型

应考虑地下水的含量及水压，高水压、高渗透性的情况是非常不利的，这涉及泥水盾构、土压盾构以及盾尾密封的选型。当水压大于 0.3MPa 时，宜采用泥水盾构。如果采用土压平衡盾构，螺旋输送机难以形成有效的土塞效应，在螺旋输送机排土闸门处，易发生渣土喷涌现象，引起土仓中土压力下降，导致开挖面坍塌。当水压大于 0.3MPa 时，如因地质原因需采用土压平衡盾构，则需增大螺旋输送机的长度或采用二级螺旋输送机，或采用保压泵。

5.3 管片构造设计

5.3.1　衬砌管片结构类型

盾构法隧道的衬砌可以是单层（一次衬砌），也可以是双层的（二次衬砌）。单层衬砌大部分采用装配式，二次衬砌一般采用现浇混凝土，主要是为了一次衬砌的补强以及防止漏水，用来加强管片防水、防锈的能力，以及达到光滑内表面、减少通风阻力的效果，同时还能提高结构的刚度，降低列车行驶振动。

管片结构按材料分类如下：①铸铁管片，早期应用较多；②钢筋混凝土管片，占绝大多数；③复合管片，包括钢骨混凝土（SRC）、钢材＋混凝土、铸铁＋混凝土等。

管片结构按形状分类如下：①矩形管片，占绝大多数；②梯形或平行四边形；③六角形或异形管片等。国内外应用较多的为矩形管片，梯形、六角形、异形管片在国内外的应用均很少。

钢筋混凝土矩形管片通用性强，设计、施工经验均很成熟，是目前国内盾构隧道设计的通用选择，两盾构隧道间的连通通道处，也可选择钢材＋混凝土或铸铁＋混凝土复合管片，其强度大于钢筋混凝土管片，抗渗性、抗压性、抗韧性好。

5.3.2　管环的构成

盾构隧道衬砌的主体是由管片拼装组成的管环。管环通常由 A 型管片（标准块），B 型管片（邻接块）和 K 型管片（封顶块）构成，如图 5-2（a）所示，管片之间一般采用螺栓连接。封顶块 K 型管片，根据管片拼装方式的不同，有从隧道内侧向半径方向插入的径向插入型和从隧道轴向插入的轴向插入型，以及两者并用的类型，如图 5-2（b）和（c）所示。半径方向插入型为传统插入型，早期的施工实例很多，但在 B-K 管片之间的连接部，除了有由弯曲引起的剪切力作用其上外，由于半径方向是锥形，作用于连接部的轴向力的分力也起剪切力的作用，从而使得 K 管片很容易落入隧道内侧。因此，不易脱落的轴向插入型 K 管片的应用越来越多，这也与近年来盾构隧道埋深加大，作用于管片

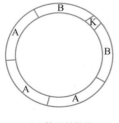

(a) 管环的构造

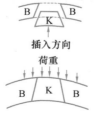

(b) K 型管片径向插入型

(c) K 型管片轴向插入型

图 5-2　管环的拼装示意图

上的轴向力比力矩更显著有关系。使用轴向插入型 K 管片的情况下，需要推进油缸的行程要长些，因而盾尾长度要长些。有时在轴向和径向都使用锥形管片，将两种插入型 K 管片同时使用。径向插入型 K 管片为了缩小锥度系数，通常其弧长为 A、B 管片的 1/4～1/3；而轴向插入型 K 管片其弧长可以与 A、B 管片同样大小。

5.3.3　管环的分块

从降低制作费用、加快拼装速度、提高防水性能的角度看，管环的分块数越少越好；但若分块过少，单块管片的重量增加，易导致管片在制作、搬运、洞内操作及拼装过程中出现诸多问题，因此，在决定管环分块时要经过充分研究。管环的分块数应根据隧道的直径大小和螺栓安装位置的互换性（错缝拼装时）而定。

管环的分块数 n（即管片数）$= x + 2 + 1$。

其中，x 为标准块的数量。衬砌中有多块标准块、2 块连接块和 1 块封顶块。x 与管片外径有关，外径大则 x 大，外径小则 x 小。铁路隧道 x 一般取 3～5 块；对上下水道、电力和通信电缆隧道，x 一般取 0～4 块。

一般情况下，软土地层中小直径隧道管环以 4～6 块为宜（也有采用 3 块的，如内径 900～2000mm 的微型盾构隧道管片，一般每环采用 3 块圆心角为 120° 的管片），大直径以 8～10 块为最多。地铁隧道常用的分块数为 6 块（3A＋2B＋K）和 7 块（4A＋2B＋K）。封顶块有大、小两种，小封顶块的弧长 S 以 600～900mm 为宜，封顶块的楔形量宜取 1/5 弧长左右，径向插入的封顶块楔形量可适当取大一些，此外每块管片的环向螺栓数量不得少于 2 根。

管环分块时需在考虑相邻环纵缝和纵向螺栓互换性的同时，尽可能地考虑让管片的接缝设置在弯矩较小的位置。一般情况下，管片的最大弧长控制在 4m 左右为宜。管环的最小分块数为 3 块，小于 3 块的管片无法在盾构内实施拼装。管环的最大分块数虽无限制，但从造价以及防水角度考虑，分块过多也是不可取的。

5.3.4　管片宽度及厚度

盾构法隧道的管片不仅要承受长期作用于隧道的所有荷载，防止地下涌水，而且在施工过程中还必须承受盾构前进中推进油缸的推力以及衬砌背后注浆时的压力。管片的厚度要根据盾构外径、土质条件、覆土荷载决定，管片厚度过薄，极易在施工过程中损伤及引起结构不稳定。从拼装性、弯道施工性来看，管片的宽度越小越好；而从降低管片制作成本、提高施工速度、增强止水性能来看，则是越大越有利。从以往经验看，早期的管片宽度以 750～900mm 为主，近年来管片宽度有增大的趋势，宽度为 1000～2000mm 的管片工程在不断增加。

在实际过程中，应对各种条件加以分析决定管片的宽度。在日本，钢筋混凝土管片宽度多在 900～1000mm 之间，钢管片宽度以 750～1000mm 为多。国内地铁隧道的钢筋混凝土管片，最常用的宽度是 1000mm、1200mm 和 1500mm 三种。近年来，随着生产及吊运水平的提高，国内大直径钢筋混凝土管片的宽度已增大到 2000mm。需说明的是，管片宽度加大后，推进油缸的行程需相应增长，这会造成盾尾增长，直接影响盾构的灵敏度。

管片的厚度一般需根据计算或工程经验确定。根据工程实践，管片厚度可取隧道外径的 4%～6%，对于钢筋混凝土管片通常取隧道外径的 5%。

5.3.5 管片的拼装及接头方式

管片接头上作用着弯矩、轴向力以及剪切力，但其结构性能根据对接状态和紧固方法有很大的不同。有的拼接方法，即使不设置紧固装置，也能抵抗基本的剪切力。以前多使用全面拼接方式，而部分对接、楔形对接及转向对接的使用频率日趋增长。

圆形管片衬砌的拼装有两种方式，即错缝方式和通缝方式，如图 5-3 所示。错缝拼装方式最为常用，它是使相邻衬砌圆环的纵缝错开管片长度的 1/3～1/2。错缝拼装的衬砌整体性好，能使圆环接缝刚度均匀分布，结构受力形态较优；此外，由于错缝呈丁字形，比之通缝的十字形，在防水上更为有利；但当管片环面不平整时，

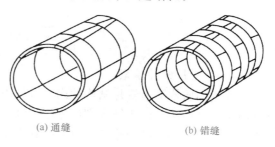

(a) 通缝　　　　　　(b) 错缝

图 5-3　管片衬砌拼装示意图

错缝拼装容易引起较大的拼装施工应力，使得纵向螺栓的连接有困难，但环向螺栓比较容易穿透。

通缝拼装方式是使管片的纵缝对齐。它拼装方便，容易定位，衬砌圆环的拼装施工应力较小。但因通缝沿隧道纵向贯穿，使得衬砌整体性受影响，结构受力状态不如错缝方式。而且环面不平整的误差容易积累，导致环向螺栓不太容易穿过，但纵向螺栓比较容易穿过。通缝拼装方式主要用于某些特殊场合，如在隧道的某段，需要拆除管片修建旁侧通道时，采用通缝方式较为方便；在弯道时，为方便楔形块的统一制作，也可考虑采用通缝方式。

衬砌拼装方法按拼装顺序，又可分为先环后纵和先纵后环两种。先环后纵法是先将管片拼成圆环，然后用盾构千斤顶将衬砌圆环纵向顶紧。这种方式在拼装时须使千斤顶活塞杆全部缩回，以腾出整个新环段的拼装空间，因而容易产生盾构后退，故较少采用。先纵后环法是将管片逐块与上一环管片拼接好，最后封顶成环。这种拼装顺序，可轮流缩回和伸出千斤顶活塞杆以防止盾构后退，减少开挖面土体的走动，因而是拼装中采用的主要方式。

管片之间通过环向接头与纵向接头连接在一起，基本的接头形式有直螺栓接头、弯螺栓接头和斜插螺栓接头，如图 5-4 所示。直螺栓接头是最普通的接头形式，它的衔接效果好，操作方便，主要用于箱形管片的纵、环向连接，也可用于板形管片的纵向连接，但需要较大的手孔（连接管片的螺栓孔）。弯螺栓接头用于板形管片的环向连接，在管片上预留出供弯螺栓穿过的弓形孔道，手孔应适当配筋加强，弯螺栓穿过弓形孔道与相邻管片连接；这是一种较为经济的接头形式，在我国地铁工程中使用较多，但与直螺栓接头相比，操作上要麻烦一些。斜插螺栓在欧洲是最常用的接头形式，国内目前用于管片连接的斜插螺栓接头是一种改良型接头，该接头形式可避免管片大面积开孔还可相应减少螺栓的用钢量。

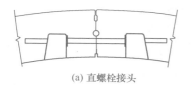

(a) 直螺栓接头　　　　　　(b) 弯螺栓接头　　　　　　(c) 斜插螺栓接头

图 5-4　螺栓接头

由于接头部位的正、负弯矩差异，特别是钢筋混凝土管片的接头螺栓偏于圆环的内侧，使得接头螺栓承受负弯矩的能力远远小于承受正弯矩的能力。同时还由于一些因素，如螺栓孔的止水密封圈、接头端面的摩擦系数等因素影响还难以确定，还需要依据实际经验和试验数据来修正计算结果。

5.4 管片结构内力计算

5.4.1 管片设计模型

目前国内盾构隧道管片结构的内力计算方法有经验类比法、收敛限制法、荷载—结构法及地层—结构法。由于缺少理论依据，经验类比法常对其他计算方法进行判断和补充；而收敛限制法常用于结合施工现场监测数据指导施工，其计算原理仍有待进一步研究和完善；地层—结构法和荷载—结构法均为理论计算方法，具有较严密的理论体系，计算结果能够用于结构设计，常作为设计依据。在我国相关的设计规范中，推荐采用荷载—结构法进行常规设计；对于特殊情形，可以采用地层—结构法进行验算。

近几十年，对于一般的中、小直径（隧道外径 $D<10\text{m}$）盾构隧道，管片结构的计算方法通常采用荷载—结构法，而在计算模型选择方面又多种多样，最常用的有均质圆环模型、等效刚度均质圆环模型、弹性铰圆环模型和双环梁—弹性模型等。

（1）均质圆环模型

均质圆环模型不考虑管片接头刚度降低，而把管片看作等刚度环，直接进行结构分析，图 5-5 为均质圆环模型示意图。水土压力计算时根据地层渗透能力按水土合算或水土分算进行。竖向土压力按隧道埋深及地层性质确定采用全覆土压力或松弛土压力，计算松弛土压力时可采用太沙基公式计算；水平土压力按垂直土压力乘以土体侧压力系数计算。竖向地基反力根据竖向平衡条件确定；水平地层抗力（即地层反力，通常由弹簧模拟，也称为弹性抗力）沿结构中心上下各 45°范围内按等腰三角形分布规律考虑，其大小由水平变形与地层抗力系数相乘确定，详见 5.4.3 节。该模型最早源于日本，也称之为惯用法模

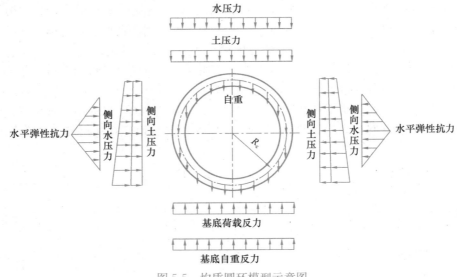

图 5-5　均质圆环模型示意图

型。在地层较好的地区，盾构直径较小的情况下，一般按均质圆环模型计算。

（2）等效刚度均质圆环模型

等效刚度均质圆环模型在内力计算时引入刚度有效率 η 和弯矩增长率 ζ 来体现管片环、纵向接头对内力的影响，是一种对盾构隧道衬砌结构内力计算的近似简化模型，特别是软土地区，要考虑接头对刚度的影响。其中，η 用以反映管片接头的存在对衬砌环刚度降低的影响；ζ 用以反映错缝拼装时相邻衬砌环通过环间接缝互相支持而增加的刚度增量。模型中水土荷载及地层抗力的计算与均质圆环模型相同。一般 η 变小 ζ 就增大，对于 η 及 ζ 的具体取值，日本经过一些试验，给出了 η 与 ζ 组合的推荐值（表 5-1），故此种模型又称为修正惯用法模型。

η 值与 ζ 值
表 5-1

管片类型			η（%）	ζ（%）	备注
日本土木工程学会和日本下水道协会	平板型管片 钢筋混凝土管片 钢管片		100 (0)	0 (30)	括号内为参考值
日本国铁盾构工程	平板型管片 钢筋混凝土管片	A	10～30	50～70	A 型：接头位于断面中间
		B	30～50	30～60	B 型：接头位于内外边缘
	中子型管片 钢筋混凝土管片		—	—	接头形式为螺栓
	球墨铸铁管片		50～70	10～30	接头形式为螺栓
地面的错缝拼接试验结果			60～80	30～50	在地层内 η＞60～80，ζ＜30～50

（3）弹性铰圆环模型

弹性铰（多铰）圆环模型将管片接头模拟为具有一定刚度的旋转弹簧或直接简化为铰链，不考虑各环管片间的影响。弹性铰（多铰）圆环自身属机动结构，在周边围岩反力作用下才能稳定，因此这种结构一般在围岩状况比较良好时方能使用，如图 5-6 所示。当采用弹性铰圆环模型时，其计算的准确与否与旋转弹簧的转动刚度取值有着直接的关系，该模型中上覆土荷载和侧向土压力的计算与均质圆环模型相同，而水压力按水头高度确定大小后指向管片形心，地层抗力采用弹簧模拟。

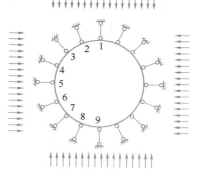

图 5-6　弹性铰（多铰）圆环模型

（4）双环梁—弹性模型

双环梁—弹性模型采用旋转弹簧模拟每环管片间的接头，对于错缝拼装的隧道，采用径向剪切弹簧及切向剪切弹簧模拟环间接头，对接头的模拟更为全面，如图 5-7 所示。但与弹性铰圆环模型相似，双环梁—弹性模型计算结果的准确性同样依赖于接头刚度的正确取值。该模型中水土压力和地层抗力的计算与弹性铰圆环模型相同。

近十年来，大直径（$D \geqslant 10\text{m}$）及超大直径（$D > 15\text{m}$）盾构隧道如"雨后春笋"般

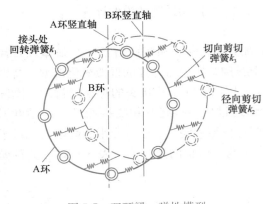

图 5-7 双环梁—弹性模型

出现。由于隧道变大时衬砌厚度的增加速率低于其直径的增加速率，管片分块数增加导致纵缝变多，大直径及超大直径盾构隧道衬砌结构的抗弯刚度比小直径盾构隧道整体降低，隧道周边土体的抗力分布不再局限于水平向±45°范围，计算模型需根据模型试验或足尺试验确定横向与纵向接头刚度，采用梁—弹性模型的荷载—结构法或地层—结构法进行计算。

5.4.2 管片设计方法

目前，我国盾构隧道主要参考日本设计方法，即基于均质圆环模型的设计方法，故这里介绍日本隧道横断面方向管片设计的基本流程，如图 5-8 所示。

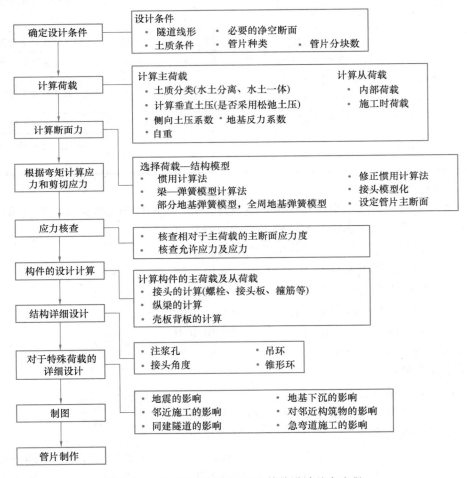

图 5-8 日本隧道横断面方向管片设计基本流程

5.4.3 盾构隧道荷载

关于隧道设计时所考虑的荷载，种类较多，且其值存在许多不确定因素，故应根据不同的条件和设计方法进行设定，并根据隧道的用途进行荷载组合。表 5-2 列出了管片设计所采用的荷载种类。其中，附加荷载是施工过程中和隧道完工后所承受的荷载，这是必须根据隧道用途加以考虑的荷载；特殊荷载则是根据地层条件、隧道的使用条件等必须予以特别考虑的荷载。一般情况下，主要考虑永久荷载、部分必要的可变荷载以及人防、地震等偶然荷载。

管片设计所采用的荷载种类 表 5-2

序号	作用分类	结构受力及影响因素	荷载分类	
1	永久荷载	结构自重	恒载	主要荷载
2		垂直土压力和水平土压力		
3		水压力		
4		上覆荷载的影响		
5		地层压力		
6		地层抗力（或地层反力）		
7		内部恒载		
8		混凝土收缩和徐变的影响		
9	可变荷载	地面活载所产生的土压力	活载	
10		列车活载及其动力作用		
11		公路车辆活载及其动力作用		
12		人群荷载		
13		温度变化的影响	附加荷载	
14		盾构施工荷载		
15	偶然荷载	落石冲击力	特殊荷载	
16		地震作用		
17		平行或交叉隧道设置的影响		
18		近接施工的影响		
19		地基沉降的影响		
20		其他		

盾构隧道主要荷载分布示意如图 5-9 所示。

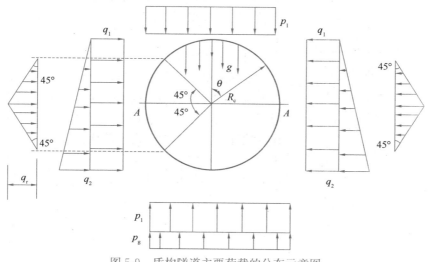

图 5-9 盾构隧道主要荷载的分布示意图

其中

$$\begin{cases} p_1 = p_e + p_w \\ q_1 = q_{e1} + q_{w1} \\ q_2 = q_{e2} + q_{w2} - q_1 \\ q_r = K\delta \\ p_g = \pi g = \pi \cdot \dfrac{W}{2\pi R_c} = \dfrac{W}{2R_c} \end{cases} \tag{5-1}$$

式中　　p_e、p_w ——垂直土压力和水压力（kPa）；

　　　　q_{e1}、q_{e2} ——水平土压力（kPa）；

　　　　q_{w1}、q_{w2} ——水平水压力（kPa）；

　　　　q_r ——水平向地层抗力（kPa），分布在水平直径上下各 45°范围（图 5-9）；

　　　　K ——水平地层抗力系数（kN/m³）；

　　　　δ ——A 点的水平位移（m）；

　　　　R_c ——衬砌环半径（m）；

　　　　p_g ——结构自重反力（kPa）；

　　　　W ——管环单位长度的重量（kN）。

1）垂直土压力和水平土压力

作用于隧道的土压力中，垂直土压力和水平土压力是确定设计计算所用的土压力，与隧道的变形无关。此外，隧道底部的土压力可看作是反向土压力，作为地基反力处理。

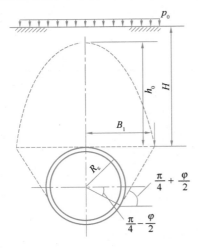

图 5-10　松弛土压力计算模型

计算土压力有两种方法，一种是水土合算，另一种是水土分算，通常前者适用于黏性土，后者适用于砂质土。对于中间土来说，现在还没有明确的判断标准，但可以将渗透系数 $10^{-4} \sim 10^{-3}$ cm/s 作为分界值。土的重度，在水土合算时，地下水位以上用天然重度，地下水位以下用饱和重度；在水土分算时地下水位以上用天然重度，地下水位以下用浮重度。

（1）垂直土压力

根据隧道位置和地基条件，垂直土压力有时采用总覆土压力，有时采用松弛土压力。通常，覆土厚度大于隧洞外径，在砂质土或硬黏土情况下，用松弛土压力；在其他地层，因不能获得土的成拱效果，故采用总覆土压力。计算松弛土压力，通常采用如图 5-10 所示太沙基松弛土压力模型。计算公式为

$$\sigma_V = \frac{B_1 \gamma - c}{K_0 \tan\varphi}(1 - \mathrm{e}^{-K_0 H\tan\varphi/B_1}) + p_0 \mathrm{e}^{-K_0 H\tan\varphi/B_1}$$

$$B_1 = R_c \cot\left(\frac{\pi/4 + \varphi/2}{2}\right)$$

式中　σ_V——太沙基的松弛土压力;

　　　K_0——侧向土压力系数,常取 1;

　　　φ——土的内摩擦角;

　　　p_0——上覆荷重;

　　　γ——土的重度;

　　　c——土的黏聚力。

当 $p_0/\gamma < h_0$(土的松弛高度)时,用下式计算。

$$\sigma_V = \frac{B_1\gamma - c}{K_0\tan\varphi}(1 - e^{-K_0 H\tan\varphi/B_1})$$

$$h_0 = \frac{B_1(1 - c/B\gamma)}{K_0\tan\varphi}(1 - e^{-K_0 H\tan\varphi/B_1}) + \frac{p_0}{\gamma}e^{-K_0 H\tan\varphi/B_1}$$

当 $p_0/\gamma < H$ 时,则采用下式计算。

$$h_0 = \frac{B_1(1 - c/B\gamma)}{K_0\tan\varphi}(1 - e^{-K_0 H_1\tan\varphi/B_1})$$

式中　H_1——换算覆盖层厚度,$H_1 = H + p_0/\gamma$。

(2)水平土压力

水平土压力与垂直土压力的情况相同,要准确地进行推算比较困难。设计中水平土压力值一般采用计算垂直土压力与侧向土压力系数的乘积。

在无地层抗力条件下,可以选择考虑到施工条件的静止土压力系数作为侧向土压力系数;在可以得到地层抗力的条件下,使用主动土压力系数作为侧向土压力系数,或者对静止土压力系数适当折减进行计算。侧向土压力系数不但应该考虑到土的性质,也要考虑与设计计算方法和施工方法的关系。管片的设计断面应力会由于垂直方向荷载和水平方向荷载之间微妙的平衡关系而发生变化,侧向土压力系数、地层抗力系数要充分考虑地基条件和隧道用途综合确定。

2)水压力

水压力是计算土压力时,考虑将水压力和土压力分开的情况下给定的,竖向水压力之差是作为浮力作用的,因此,需要根据其他荷载和衬砌顶部地基的状况,对隆起加以研究。

水压力可根据施工阶段以及长期使用过程中地下水位的变化确定,区分不同的地层条件,按静水压力或把水作为土的一部分计入土压力。

作用在隧道衬砌上的水压力,原则上采用孔隙水压力,但孔隙水压力的确定非常困难,从实用及偏于安全的角度考虑,水压力一般都按静水压力确定。

一般垂直方向的水压力按均布荷载计算,作用在衬砌顶部的水压力等于作用在其顶点的静水压力,作用于底部的水压力等于作用在衬砌最低点上的静水压力;水平方向的水压力作为梯形分布荷载,其大小与静水压力相同。

另外,在隧道长期使用过程中,由于自然或人为等因素的影响会使地下水位发生变动,确定地下水位也非常困难。在圆形盾构隧道的设计计算中,采用较高的地下水位并不等于一定偏于安全的设计;相反采用较低的地下水位可能会是最不利的荷载组合工况。因此,在确定地下水位时,应分别按最高水位和最低水位进行计算。

3）地层抗力

地层抗力的确定一般有两种方法：一种是认为地层抗力与地层变形（位移）无关，是一种与作用荷载相平衡的反作用力；另一种是认为地层抗力与地层变形（位移）有关，从属于地基的位移。在荷载作用下，衬砌结构的一部分会发生向着围岩方向的变形，由于隧道周围围岩具有一定的刚度，必然会对衬砌结构产生反作用力来抵制它的变形，这种反作用力即为地层抗力，目前多采用以温克尔（Winkler）假定为基础的局部变形理论确定。

地层抗力会随着所采用的计算模型及计算方法的不同而不同，其中常用且方便的计算方法为惯用计算法，该法假定垂直方向的地层抗力与地层位移无关，取与垂直荷载相平衡的均布反力作为地层抗力。

水平方向的地层抗力考虑衬砌向围岩方向的变形，作用在衬砌水平直径上下各45°中心角的范围内，假定以水平直径处为顶点，呈三角形分布。其中，水平直径处的地层抗力最大，其大小可根据与衬砌向着围岩方向的水平变形呈正比关系计算确定。水平地层抗力系数可根据地层条件进行取值。

$$q_r = K\delta \tag{5-2}$$

式中　K——水平地层抗力系数（kN/m^3）；

　　　δ——衬砌的水平位移值（m）。

4）管环自重

管片自重荷载是沿衬砌轴线分布的竖向荷载，计算公式为

$$g = \frac{W}{2\pi R_c} \tag{5-3}$$

式中　g——管片自重荷载（kPa）；

　　　W——衬砌单位长度重量（kN/m）；

　　　R_c——衬砌环半径（m）。

另外，关于内部荷载、施工荷载及特殊荷载的计算，详见有关资料手册。

5.4.4　基于均质圆环法管片内力计算

管片结构一般通过荷载计算和内力计算进行设计。均质圆环法是一种应用较为成熟的方法。该法不考虑管片接头刚度的降低，而将其视作刚度均匀的圆环，即假设管片环是弹性均质的环，计算模型中不考虑竖向地层抗力的影响，竖向地基反力按隧道所承受的竖向荷载根据荷载平衡条件按均布荷载计算，水平向地层抗力假定为分布在隧道中部90°范围的水平向三角形荷载。管片自重引起的地层变形所产生的水平地层抗力根据壁后注浆的方式和浆液的早期强度等情况确定是否考虑。表5-3列出了该设计方法的具体计算公式，表中主要物理量含义可参照图5-9。

均质圆环法内力计算公式 表5-3

荷载	弯矩	轴向力	剪力
垂直荷载 $p_e + p_w$	$M = \frac{1}{4}(1 - 2\sin^2\theta) \times (p_e + p_w)R_c^2$	$N = (p_e + p_w)R_c\sin^2\theta$	$Q = -(p_e \pm p_w)R_c\sin\theta\cos\theta$

续表

荷载	弯矩	轴向力	剪力
水平荷载 $q_{e1}+q_{w1}$	$M=\dfrac{1}{4}(1-3\cos^2\theta)\times(q_{e1}+q_{w1})R_c^2$	$N=(q_{e1}+q_{w1})R_c\cos^2\theta$	$Q=(q_{e1}\pm q_{w1})R_c\sin\theta\cos\theta$
水平三角形荷载 $q_{e2}+q_{w2}-q_{e1}-q_{w1}$	$M=\dfrac{1}{48}\times(6-3\cos\theta-12\cos^2\theta+4\cos^3\theta)\times(q_{e2}+q_{w2}-q_{e1}-q_{w1})\times R_c^2$	$N=\dfrac{1}{16}(\cos\theta+8\cos^2\theta-4\cos^3\theta)\times(q_{e2}+q_{w2}-q_{e1}-q_{w1})\times R_c$	$Q=\dfrac{1}{16}(\sin\theta+8\sin\theta\cos\theta-4\sin\theta\cos^2\theta)\times(q_{e2}+q_{w2}-q_{e1}-q_{w1})\times R_c$
水平地基反力 $K\delta$	当 $0\leqslant\theta\leqslant\dfrac{\pi}{4}$ 时 $M=(0.2346-0.3536\cos\theta)K\delta R_c^2$ 当 $\dfrac{\pi}{4}\leqslant\theta\leqslant\dfrac{\pi}{2}$ 时 $M=(-0.3487+0.5\sin^2\theta+0.2357\cos^2\theta)\times K\delta R_c^2$	当 $0\leqslant\theta\leqslant\dfrac{\pi}{4}$ 时 $N=0.3536\cos\theta K\delta R_c$ 当 $\dfrac{\pi}{4}\leqslant\theta\leqslant\dfrac{\pi}{2}$ 时 $N=(-0.7071\cos\theta+\cos^2\theta+0.7071\sin^2\theta\cos\theta)\times K\delta R_c$	当 $0\leqslant\theta\leqslant\dfrac{\pi}{4}$ 时 $Q=0.3536\sin\theta K\delta R_c$ 当 $\dfrac{\pi}{4}\leqslant\theta\leqslant\dfrac{\pi}{2}$ 时 $Q=(\sin\theta\cos\theta-0.7071\cos^2\theta\sin\theta)K\delta R_c$
自重 g	当 $0\leqslant\theta\leqslant\dfrac{\pi}{2}$ 时 $M=\left(\dfrac{3}{8}\pi-\theta\sin\theta-\dfrac{5}{6}\cos\theta\right)\times gR_c^2$ 当 $\dfrac{\pi}{2}\leqslant\theta\leqslant\pi$ 时 $M=\left[-\dfrac{1}{8}\pi+(\pi-\theta)\sin\theta-\dfrac{5}{6}\cos\theta-\dfrac{1}{2}\pi\sin^2\theta\right]\times gR_c^2$	当 $0\leqslant\theta\leqslant\dfrac{\pi}{2}$ 时 $N=\left(\theta\sin\theta-\dfrac{1}{6}\cos\theta\right)\times gR_c$ 当 $\dfrac{\pi}{2}\leqslant\theta\leqslant\pi$ 时 $N=\left[-\pi\sin\theta+\theta\sin\theta+\pi\sin^2\theta-\dfrac{1}{6}\cos\theta\right]\times gR_c$	当 $0\leqslant\theta\leqslant\dfrac{\pi}{2}$ 时 $Q=-\left(\theta\cos\theta+\dfrac{1}{6}\sin\theta\right)\times gR_c$ 当 $\dfrac{\pi}{2}\leqslant\theta\leqslant\pi$ 时 $Q=\left[(\pi-\theta)\cos\theta-\pi\sin\theta\cos\theta-\dfrac{1}{6}\sin\theta\right]\times gR_c$
管片环水平直径点的水平位移 δ	$\delta=\dfrac{[2(p_e+p_w)-(q_{e1}+q_{w1})-(q_{e2}+q_{w2})]R_c^4}{24(\eta EI/h+0.0454KR_c^4)}$		

5.5　管片配筋设计与分析

经内力计算求得结构各控制截面上的弯矩、轴力和剪力值后，判断出最不利截面（偏心最大处一般为最不利），即可按极限状态法进行截面配筋设计。目前，地铁隧道钢筋混凝土结构的设计通常以《混凝土结构设计规范》GB 50010—2010（2015 年版）为主要依据进行。为了提高构件的抗冲击性能且从经济方面考虑，管片均采用双筋截面，计算时可作为附加压筋考虑。由于管片基本上都是错缝拼装，各种管片的位置是不固定的，因而所有管片的配筋都应该按最不利截面的内力进行设计，即各管片的配筋相同。

由于作用到构件断面上的内力除弯矩外还有轴力，所以大部分构件属于压弯构件。各截面的配筋计算，主要是按偏心受压构件进行。作为偏心受压的单个管片，盾构管片按偏心受压构件进行环向配筋设计（箍筋与构造钢筋双向配置），并按抗剪确定截面箍筋。详细的计算原理及方法可参阅相关教材。

5.5.1　配筋设计

盾构隧道的配筋一般取不同的覆土厚度作为计算断面，如按有效覆土厚度 h 与隧道直径 D 的关系，可分为超浅埋（$h \leqslant 1.0D$）、浅埋（$h \leqslant 1.0D$）、中深埋（$1.5D < h \leqslant 2.5D$）以及深埋（$h > 2.5D$）四种断面类型进行管片结构内力计算。结合施工阶段和使用阶段的控制值，分别进行承载能力极限状态和正常使用极限状态的计算配筋，按配筋包络值进行配筋设计。

配筋设计主要分为环向主受力配筋、纵向受力配筋、箍筋或拉筋和构造配筋。国内对于环向主受力钢筋的配置一般有梁式法和板式法，前者是在管片结构中沿纵向设置数道环向的暗曲梁，暗曲梁之间采用纵向钢筋相连；后者是将管片结构按壳板配筋，不设置箍筋，仅设置拉筋。

（1）环向主受力配筋

管片结构为偏心受压构件，单块管片可按短柱（计算长度可取环向弦长）构件进行强度配筋和裂缝宽度验算，同时应计入管片环真圆度不佳引起的附加偏心弯曲影响（如在结构内力中已计入装配构造内力，可不考虑此项）。

结合管片环的组合方式，钢筋保护层要求，分别对管片环内各块进行配筋。对于某一种埋深的断面，如环内各块位置沿纵向相对固定，则根据每块的位置及其内力包络图，可按包络图中的最大弯矩、最小轴力同时作用的最不利内力组合进行配筋设计；如为通用楔形管片错峰拼装，环内各块位置沿纵向无法固定，则根据每块的内力包络图，可按该包络图中的最大弯矩、最小轴力同时作用的最不利内力组合进行配筋设计。

（2）纵向受力钢筋

根据纵向受力（主要为弯矩，除地震工况外，一般情况下纵向轴力很小）采用纯弯构件计算配筋，或者按照构造的最小配筋率配筋。

（3）箍筋或拉筋

环向主受力钢筋按梁式法配制时，应按每根暗曲梁分配的剪力来计算箍筋配置量；如按板式法配制时，则应按构造要求配置拉筋。

环间端面，应根据施工阶段千斤顶荷载验算端面的局部受压承载力、距离端面一倍管片厚度范围的径向抗拉承载力，一般情况从紧邻千斤顶作用的端面开始，由密到疏配置径向拉筋。该拉筋应结合板式配筋法的构造拉筋设置。

拼装孔或吊装孔周边混凝土，要根据拼装力（管片结构自重乘以动力系数）来验算其抗冲切承载能力，据此配置受力钢筋。

（4）构造配筋

为防止螺栓孔、定位孔（真空吸盘拼装时）、手孔周边、管片角部周边混凝土在施工阶段或使用阶段因应力集中产生裂缝甚至脱落、劈裂、掉块，在这些部位配置构造钢筋，如螺旋筋、吊筋、钢筋网片和局部加强筋等。

对于主体结构的配筋一般通过对各个埋深段进行强度验算从而选取合适的配筋，通常选用的公式见设计实例。

5.5.2　配筋分析

1）国内地铁盾构管片钢筋含量

国内修建有大量的地铁盾构区间，其结构配筋具有代表性，能基本反映我国的设计水平。国内 21 个城市 38 条地铁线盾构区间管片配筋情况如表 5-4 所示。经统计，大部分含钢量在 $140\sim200kg/m^3$ 之间，最低的是重庆地区，隧道处于中风化砂质泥岩中，其最小含钢量为 $120kg/m^3$；最高的是杭州地区，处于粉质黏土及淤泥等软土地层中，其含钢量达 $252kg/m^3$。

国内地铁区间配筋情况　　　　　　　　　　　　表 5-4

序号	地区	盾构项目名称	地质概况	管片直径/厚度（m）	含钢量（kg/m³）
1	广州	地铁 8 号线	泥质粉砂岩的全、微风化层	6.0/0.3	175
		地铁 11 号线	泥质粉砂岩、粉砂岩、细砂岩等的全、微风化层	6.0/0.3	175
2	南昌	地铁 3 号线	中风化泥质粉砂岩	6.0/0.3	178
			砂砾层	6.0/0.3	148
3	东莞	轨道交通 R2 线	残积土层及全、强风化混合片麻岩层	6.0/0.3	161
4	南宁	地铁 1、2、3 号线	粉质黏土、砂层、圆砾	6.0/0.3	159/166/173/203
5	北京	地铁 16 号线	卵石层，粒径 10～30cm	6.4/0.3	142
		地铁 8 号线	砂卵石层及黏性土为主，局部为粉土层	6.0/0.3	138
		地铁 6 号线	穿越卵石、局部夹杂粉质黏土、粉细砂	6.0/0.3	170
		地铁 7 号线	卵石层	6.0/0.3	176
6	沈阳	地铁 2、9、10 号线	砂砾、圆砾地层	6.0/0.3	135
7	天津	地铁 2、4、6、10 号线	粉质黏土、粉砂和粉土	6.2/0.35	135/170/229 141/180/234
		滨海新区 Z4、B1 线	粉质黏土层	6.6/0.35	200
8	大连	地铁 1 号线	卵石层、强—中风化板岩	6.0/0.3	128
9	石家庄	地铁 1 号线	黄土状粉质黏土、黄土状粉土、粉细砂、中粗砂	6.0/0.3	159～182
10	哈尔滨	地铁 2、3 号线	以中砂、细砂为主	6.0/0.3	165/175/185
11	长春	地铁 1 号线繁荣路站—卫星广场站区间	粉质黏土和黏土	6.0/0.3	150
12	重庆	轨道交通环线重庆西站—上桥站区间	砂质泥岩、岩体呈中等风化状态	6.6/0.35	120～169
13	郑州	地铁 1 号线 02 标	粉土、粉质黏土	6.28/0.3	180
		地铁 2 号线 04 标	粉土、粉质黏土	6.28/0.3	179
		地铁 5 号线 05 标	黏质粉土、粉质黏土	6.45/0.35	159
14	武汉	地铁 11 号线未来三路站—左岭站区间	粉质黏土、残积土、弱胶结泥质砂岩、中等胶结泥质砂岩	6.2/0.35	148/168/189
15	无锡	地铁 3 号线土建设计 05 标	粉土、粉砂、粉质黏土、黏土层	6.7/0.35	144/161/172/200

序号	地区	盾构项目名称	地质概况	管片直径/厚度（m）	含钢量（kg/m³）
16	苏州	地铁5号线	粉砂夹粉土、粉质黏土、粉土夹粉砂	6.7/0.35	154/158/173
17	厦门	地铁3号线陆域盾构段	强、全风化花岗闪长岩及残积砂质黏性土地层	6.2/0.35	165/194
		地铁3号线海域盾构段	强风化花岗闪长岩，黏土及粉质黏土、砂砾层	6.7/0.35	178
18	青岛	地铁2号线	洞身穿越部分强风化破碎带和微风化岩脉	6.0/0.3	162
19	南京	地铁3号线胜太西路站—天元西路站区间	地层均有软硬不均的特点	6.2/0.35	140/166/187
		地铁3号线浦珠路站—滨江路站区间	穿越地层高富水性、透水性强，受扰动后易变形	11.2/0.5	145/158/192
20	杭州	地铁2号线	地层主要为软土，地层富水性、渗透性差异大，地下水相对较为丰富	6.2/0.35	139/173/208/232
		地铁5号线		6.2/035	136/173/210/252
21	长沙	地铁2号线一期	强、中风化板岩	6.0/0.3	165

2）国内外地铁盾构区间管片配筋的差异对比

我国参与国外地铁项目建设的设计与施工企业相对较少，故很难获得大量国外较为真实的设计参数。2015年，中铁隧道局集团有限公司承接了以色列特拉维夫市红线地铁西段地铁区间的施工与设计总承包任务，其设计完全按欧洲标准进行。该项目的盾构隧道直径7.2m，管片厚度0.35m，主要穿越地层为粉细砂及全、强风化Kurkar（类似于砂岩）地层，设计地下水位在隧道顶部1～8m，其含钢量在120kg/m³左右，根据其设计参数，与国内类似工程进行对比如下。

（1）地铁管片外径较大，达到7.2m，国内普遍为6.0m和6.2m。

（2）地铁管片厚度为0.35m，与国内基本一致。

（3）管片配筋采用网片式，端部采用面筋与立筋构成钢筋笼，一般只在螺栓孔处设置吊筋；国内采用主筋弯起对焊及立筋组成钢筋笼，且在顶面、螺栓孔、螺栓预埋处以及拼接的端面均配有构造钢筋，有些管片为了增加接缝处管片的抗压能力，配有闭合箍筋。

（4）管片主筋为T14（T表示主筋位于管片顶部），平均间距150mm；国内主筋一般为16mm及以上直径的钢筋，平均间距125mm。

（5）管片分布筋为T10，平均间距为160mm；国内分布钢筋直径一般为12mm或14mm，平均间距160mm。

3）差异原因分析

（1）国内各条地铁线建设时施工标段一般划分为3～5个标段。为了方便施工单位之间的管片调配，通常根据每条地铁线的地质条件，按不同的埋深给出1～4种配件通用图，各工点设计单位根据各自区间的具体情况通过复核计算，在通用图中选取不同的管片配筋。考虑到配筋的包容性，往往造成采用的配筋类型大于自身的需要。

（2）国内地铁盾构区间管片的内力计算一般采用日本惯用修正法（荷载—结构模型），以色列特拉维夫市红线地铁采用的是地层—结构法（岩土—结构模型）。前者对管片接头刚度进行了弱化，对管片中间的弯矩进行了加大；而后者不考虑管片接头的影响，按均质圆环考虑，从计算内力结果来看，前者大于后者。

（3）国内设计人员采用日本惯用修正法进行内力分析之后，配筋时常对设计轴力值折减或以标准轴力值代替设计轴力值进行承载能力计算，甚至按纯弯构件进行计算，导致配筋量增大。而对盾构隧道这种圆形结构，轴力对配筋结果影响很大。之所以按上述方式进行配筋计算，是因为地层参数不详或参数区间过大不易确定，设计人员对地质参数的选取有顾虑。

（4）我国地铁项目的建设周期相对较短，用于地质勘察的时间更短，一条地铁线的勘察时间经常不足 1 年。而特拉维夫市红线地铁仅地勘工作前后累计进行了 5 年以上，除去协调时间，用于现场勘察与试验的工作不少于 3 年。国内在很短的时间内完成工程勘察，仅满足了现行规范的要求，在样本数、室内与现场试验方面较国外少。同时，勘察技术人员担心地下工程地质的多变性，提交的地质参数较为保守，造成结构内力计算结果偏大。

（5）2010 年以前，国内地铁工程使用的受力钢筋为 HRB335，其设计强度相对较低，而欧标中钢筋的屈服强度在 $400\sim600$MPa。相同的设计内力，我国的用钢量就要大一些。随着我国经济与技术的发展进步，钢筋的性能得到提升，目前受力钢筋大多采用 HRB400，相当于屈服强度达到 400MPa。虽然钢筋性能提高了，但由于多年的设计惯性，有些地区管片配筋的间距并没有得到调整，配筋的直径仍然从 16mm 开始，造成当前部分地区现有管片配筋量并没有随着材料性能的提高而降低。近两年，许多设计单位已经发现这些问题，新建设的盾构区间管片含钢量也有所降低，如重庆、大连、沈阳等地，管片含钢量已调整在 $120\sim135$kg/m³。

5.6　管片防水设计

5.6.1　防水设计原则

盾构隧道管片环的防水设计应遵循"以防为主，以堵为辅，接缝多道防线，综合治理"的原则，采用高精度钢模制作管片，以管片结构自防水为根本，以接缝防水为重点，确保隧道整体防水。

5.6.2　防水等级标准及防水措施

按隧道使用功能及相关规范要求确定防水等级及对应的具体防水措施，如表 5-5 所示。

盾构隧道防水措施 表 5-5

防水等级	防水混凝土	高精度管片	接缝防水				管片外涂层	金属外露件防腐	阴极保护	内衬
			弹性密封垫	嵌缝	注入密封剂	螺孔密封圈				
一级	应选	必选	应选	应选	可选	必选	可选	应选	应选	宜选
二级	应选	必选	应选	宜选	可选	应选	可选	应选	应选	可选
三级	应选	必选	应选	宜选	—	宜选	可选	应选	可选	—
四级	可选	可选	应选	可选	—	—	—	应选	可选	—

5.6.3 结构自防水及外防水材料

衬砌结构自防水：采用高精度钢模制作高精度管片；混凝土结构采用防水混凝土，其抗渗等级满足规范要求；管片裂缝宽度应不大于0.2mm。

衬砌结构外防水材料：当隧道处于侵蚀性介质的地层时，首先应考虑耐侵蚀混凝土结构，其次也可采用外防水涂层来抵御侵蚀性离子侵入。对于严重腐蚀地层，两项耐侵蚀措施一起采用更为可靠。

5.6.4 隧道管片环接缝设计水压

接缝设计水压应按抗渗设防水位下隧道埋深的1～3倍设计。在抗震工况，衬砌环的最不利部位（同时处于最大错台量和最大张开量的部位），按接缝设计水压不得小于抗渗设防水位下隧道埋深的1倍，其他部位不得小于抗渗设防水位下隧道埋深的1.2倍；在正常使用工况，衬砌环的最不利部位，接缝设计水压不得小于抗渗设防水位下隧道埋深的1.5倍，最理想部位（错台量和张开量均为零）接缝设计水压为抗渗设防水位下隧道埋深的3倍，其他部位不得小于抗渗设防水位下隧道埋深的1.5～3倍；施工阶段（管片拼装完没有承受土压力之前），根据接缝细部构造以及衬砌环拼装椭圆度和上浮情况，计算出管片衬砌环接缝的张开量和错台量，接缝设计水压应为抗渗设防水位下隧道埋深的2～3倍。

5.6.5 密封垫设计

（1）密封垫材料、构造及止水原理

一般接缝多采用以三元乙丙橡胶为原料的多孔弹性橡胶密封垫，变形缝处多采用多孔弹性橡胶与遇水膨胀橡胶复合型密封垫。

多孔弹性橡胶密封垫是以弹性压密（压缩反力）止水，遇水膨胀橡胶密封垫是以膨胀树脂的膨胀应力止水。

密封垫应具有合理的构造形式，良好的回弹性、遇水膨胀性以及耐久性，并采用具有耐水性的材料。密封垫沟槽的截面积应大于或等于密封垫拼装压缩后的截面积。复合型密封垫构造如图5-11所示。

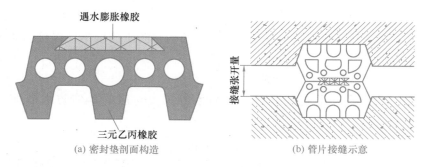

(a) 密封垫剖面构造　　　　　　　　　　(b) 管片接缝示意

图 5-11　复合型密封垫构造

（2）密封垫的道数设计

越江越海高水压隧道、同时承受内外水压的水工隧道、防水要求高的重要隧道一般采用双道密封垫，其余隧道一般采用单道密封垫。考虑到盾构隧道密封垫市场需求极大，材料市场恶性竞争频频发生，密封垫的质量和使用年限成为一大现实难题，密封垫短期失效的现象难以避免，隧道服役期的运维堵漏代价极大，建议对于管片超过 0.5m 的接缝，均按双道密封垫设计。

（3）密封垫的防水性能要求

接缝弹性橡胶密封垫应满足各种工况（其中包括密封垫沟槽制作误差、拼装误差、后期接缝变化、橡胶老化引起的性能降低以及长期压缩下的应力松弛）下的长期水密性要求，即满足接缝设计水压的要求。弹性橡胶密封垫在管片拼装阶段的闭合压缩力与压缩位移的曲线可以经过试验得出，该力应与管片拼装机的侧向挤压力相匹配。弹性橡胶密封垫的防水性能曲线如图 5-12 所示。

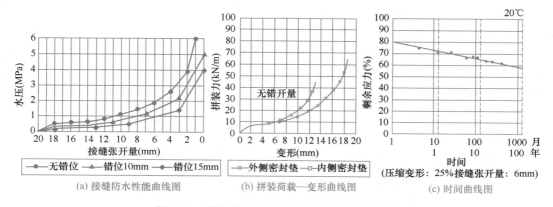

图 5-12 弹性橡胶密封垫防水性能曲线示意图

（4）耐久性设计要求

多孔弹性橡胶密封垫是以弹性压密（压缩反力）止水，长期压缩下的应力松弛是影响耐久性的关键；遇水膨胀橡胶密封垫是以膨胀树脂的膨胀应力止水，长期压缩下膨胀树脂的析出与老化是影响耐久性的关键。

（5）密封垫密封性能试验

密封垫密封性能可采用一字缝、十字缝试模进行密封垫水密性试验，或采用压力传感器检测密封垫接触面压应力得出，也可运用有限元分析密封垫应力分布，进行止水性验算，特别是长期的止水性判断。

5.6.6 嵌缝设计

接缝的嵌缝是接缝防水的最后一道防线，一般隧道要求整环嵌缝设计。但考虑到隧道顶部的嵌缝密封材料在服役期有下坠现象，对于地铁或铁路隧道，一旦下坠会直接影响接触网和受电弓的应用，甚至危及行车安全，所以这些隧道的接缝设计均采用局部嵌缝设计或特殊设计对策，如采用柔性轻质材料嵌缝，接缝断面嵌缝槽构造为收张口结合构造，控制嵌缝材料脱落的嵌缝方案，如图 5-13 所示；或者选取拱顶、仰拱局部采用柔性轻质材料嵌缝，其他部位混凝土不嵌缝的设计方案。

图 5-13 嵌缝构造示意图

5.7　设计案例——某地铁区间盾构隧道设计

5.7.1　工程概况

某市地铁 1 号线在里程为 K13＋953.120～K15＋20.590 的区间内采用盾构法施工，盾构隧道全长 1067.47m，结构底板设计标高为－20.0～－13.1m。盾构隧道采用管片的外径为 6200mm，内径为 5500mm，厚度为 350mm；6 块分块模式：1 块封顶块（20°）、2 块邻接块（68.75°）、3 块标准块（67.5°）；封顶块位于拱腰水平位置；采用弯螺栓连接，纵向设 16 个螺栓，环向设 12 个螺栓。管片的管宽为 1200mm。

预制钢筋混凝土管片：强度等级 C50，抗渗等级 P10。钢筋：HPB300、HRB400 级钢筋。防水材料：三元乙丙橡胶（EPDM）、遇水膨胀橡胶、聚氯乙烯（PVC）等。连接件：预制钢筋混凝土管片连接螺栓强度等级为 5.8 级。预埋件及特殊衬砌环管片采用 Q235 钢、螺栓采用 8.8 级 M30 高强螺栓，直径均为 30mm。主筋净保护层厚度大于或等于 50mm。

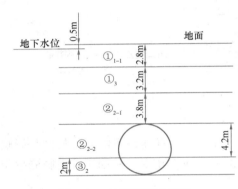

图 5-14　计算断面地层图

设计标准：结构设计使用年限为 100 年；安全等级为Ⅰ级，构件重要性系数为 1.1；抗震设防烈度为 6 度；结构设计按六级人防要求验算；防水等级为二级，管片的允许裂缝宽度小于或等于 0.2mm。

5.7.2　荷载计算

本设计实例选取典型断面进行计算，该断面所处里程为 K14＋100，图 5-14 为该断面地层示意图，土层参数如表 5-6 所示。该断面盾构隧道穿越地层主要为黏性土和淤泥质土，区间隧道上覆土厚度 9.8m，地下水位 0.5m。

计算断面土层参数　　　　　　　　　　　　　　　　　　　　表 5-6

土层编号及名称	重度 γ (kN/m³)	内摩擦角 φ (°)	黏聚力 c (kPa)	侧压力系数 K_0（静止）	水平基床系数 K_h (MPa/m)	地基承载力 (kPa)	土层厚 h (m)
①₁₋₁ 素填土	18.60	12.90	26.20	0.43	9.60	65.00	2.8
①₃ 淤泥质黏土	17.00	10.10	16.40	0.71	4.40	50.00	3.2
②₂₋₁ 淤泥	16.80	8.10	13.10	0.76	6.50	45.00	3.8
②₂₋₂ 淤泥质黏土	17.20	9.9	15.80	0.64	6.80	50.00	4.2
③₂ 黏土	—	12.0	21.6	0.40	—	70.00	2.0

按厚度加权计算得到土层的重度为 17.38kN/m³，内摩擦角为 10.1°，黏聚力为 17.92kPa，侧压力系数为 0.649，水平基床系数为 6.8MPa/m（由于土层③₂的资料不全，因此在加权计算时略去该土层）。盾构隧道荷载分布图示参照图 5-9，计算过程如下。

（1）土层松动高度

$$B_1 = R_0 \cot\left(\frac{\frac{\pi}{4} + \frac{\varphi}{2}}{2}\right) = 6.64\text{m}$$

$$h_0 = \frac{B_1\left(1 - \frac{c}{B_1\gamma}\right)}{K_0\tan\varphi}(1 - e^{-K_0\tan\varphi \cdot \frac{H}{B_1}}) + \frac{p_0}{\gamma}(e^{-K_0\tan\varphi \cdot \frac{H}{B_1}}) = 7.495\text{m} < 2D = 12.4\text{m}$$

故取最小松动高度为 12.4m，而隧道上覆土高度为 9.8m，所以，取 $h_0 = H = 9.8\text{m}$（这是由于上覆土高度小于最小松动高度，上覆土不能成拱）。

（2）圆环自重

取钢筋混凝土密度为 $2.55 \times 10^3\text{kg/m}^3$，则

$$g = \frac{\pi(3.1^2 - 2.75^2) \times 9.8 \times 2.55}{2\pi \times 2.925} = 8.75\text{kPa}$$

（3）上部垂直荷载

土压 $p_{e1} = h_0\gamma' = 9.8 \times 7.38 = 72.324\text{kPa}$

水压 $p_{w1} = h_w\gamma_w = 9.3 \times 10 = 93\text{kPa}$

底部水压 $p_{w2} = (h_w + D)\gamma_w = (9.3 + 6.2) \times 10 = 155\text{kPa}$（计算水压时，注意地下水位 0.5m）

考虑地面超载 $p_0 = 10\text{kPa}$，因此上部垂直荷载 p_1 为

$$p_1 = p_{e1} + p_{w1} + p_0 = 175.324\text{kPa}$$

（4）水平荷载

土压 $q_e = (h_0 + R_c - R_c\cos\theta)K_0\gamma'$

水压 $q_w = (h_w + R_c - R_c\cos\theta)\gamma_w$

顶部 $\theta = 0°$

$$q_1 = q_{e1} + q_{w1} = 113.79\text{kPa}$$

底部 $\theta = 180°$

$$q_2 = q_{e2} + q_{w2} = 183.72\text{kPa}$$

$$q_0 = q_2 - q_1 = 69.93\text{kPa}$$

（5）水平地层抗力

$$\delta = \frac{(2p_1 - q_1 - q_2)R^4}{24(\eta EJ + 0.0454KR^4)} = 1.49 \times 10^{-3}\text{m}$$

取 $E = 3.45 \times 10^{10}\text{Pa}$，$J = 1 \times \frac{0.35^3}{12} = 3.57 \times 10^{-3}\text{m}^3$，$\eta = 0.7$。

$$q_r = K\delta = 6.8 \times 1.49 = 10.13\text{kPa}$$

（6）地基反力

$$P_v = p_1 + \pi g = 202.813\text{kPa}$$

综上，典型断面的荷载分布如图 5-15 所示。据此，荷载基本组合计算结果如表 5-7 所示（荷载基本组合取：1.2 永久荷载标准值＋1.4 可变荷载标准值）。

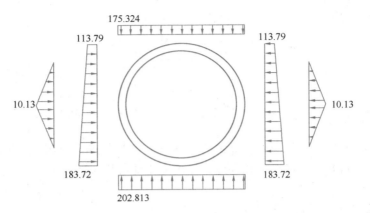

图 5-15　典型断面荷载简图（单位：kPa）

荷载基本组合计算结果　　表 5-7

自重 （kPa）	竖向地层压力 （kPa）	上部水平压力 （kPa）	下部水平压力 （kPa）	水平土体抗力 （kPa）	地基反力 （kPa）
10.5	210.389	136.548	220.464	12.16	243.376

5.7.3　内力计算

采用均质圆环法，根据表 5-3 计算各截面内力，计算结果如表 5-8 和表 5-9 所示。衬砌顶部 $\theta=0$，衬砌底部 $\theta=180°$。

各截面弯矩计算结果　　表 5-8

角度 θ （°）	自重 g （kPa）	均布竖向压力 q （kPa）	均布水平地层 压力 e_1 （kPa）	按三角形分布 e_2 （kPa）	水平地层抗力 p_k （kPa）	弯矩 （kN·m）
0	30.96	450.00	−292.06	−75.03	−12.53	**101.35**
5	30.56	443.17	−287.63	−74.17	−12.38	99.55
10	29.38	422.86	−274.45	−71.61	−11.96	94.23
15	27.43	389.71	−252.93	−67.36	−11.25	85.59
20	24.75	344.72	−223.73	−61.47	−10.27	74.00
25	21.41	289.26	−187.73	−53.99	−9.03	59.91
30	17.47	225.00	−146.03	−45.03	−7.52	43.89
35	13.03	153.91	−99.89	−34.70	−5.77	26.57
40	8.16	78.14	−50.72	−23.17	−3.79	8.63
45	3.00	0.00	0.00	−10.66	2.03	−5.64
50	−2.35	−78.14	50.72	2.57	4.45	−22.75
55	−7.75	−153.91	99.89	16.20	6.81	−38.76
60	−13.08	−225.00	146.03	29.88	9.02	−53.15
65	−18.18	−289.26	187.73	43.22	11.01	−65.47
70	−22.91	−344.72	223.73	55.79	12.74	−75.38

角度 θ (°)	自重 g (kPa)	均布竖向压力 q (kPa)	均布水平地层压力 e_1 (kPa)	按三角形分布 e_2 (kPa)	水平地层抗力 p_k (kPa)	弯矩 (kN·m)
75	−27.14	−389.71	252.93	67.14	14.13	−82.64
80	−30.70	−422.86	274.45	76.85	15.16	−87.10
85	−33.46	−443.17	287.63	84.51	15.79	−88.70
90	−35.28	−450.00	292.06	89.74	16.01	−87.47
95	−36.03	−443.17	287.63	92.25	15.79	−83.52
100	−35.61	−422.86	274.45	91.81	15.16	−77.05
105	−33.97	−389.71	252.93	88.30	14.13	−68.32
110	−31.14	−344.72	223.73	81.71	12.74	−57.69
115	−27.18	−289.26	187.73	72.15	11.01	−45.54
120	−22.21	−225.00	146.03	59.86	9.02	−32.30
125	−16.39	−153.91	99.89	45.19	6.81	−18.41
130	−9.91	−78.14	50.72	28.60	4.45	−4.28
135	−3.01	0.00	0.00	10.66	2.03	9.68
140	4.08	78.14	−50.72	−8.00	−3.79	19.72
145	11.10	153.91	−99.89	−26.69	−5.77	32.65
150	17.80	225.00	−146.03	−44.72	−7.52	44.53
155	23.93	289.26	−187.73	−61.38	−9.03	55.05
160	29.29	344.72	−223.73	−76.03	−10.27	63.97
165	33.67	389.71	−252.93	−88.08	−11.25	71.11
170	36.91	422.86	−274.45	−97.06	−11.96	76.31
175	38.91	443.17	−287.63	−102.59	−12.38	79.47
180	39.58	450.00	−292.06	−104.46	−12.53	80.53

各截面轴力计算结果　　　　　　　　　　表 5-9

角度 θ (°)	自重 g (kPa)	均布竖向压力 q (kPa)	均布水平地层压力 e_1 (kPa)	按三角形分布 e_2 (kPa)	水平地层抗力 p_k (kPa)	轴力 (kN)
0	−5.12	0.00	399.40	76.70	12.57	483.56
5	−4.87	4.67	396.37	76.41	12.52	485.11
10	−4.11	18.56	387.36	75.53	12.38	489.71
15	−2.86	41.22	372.65	74.02	12.14	497.17
20	−1.14	71.99	352.68	71.87	11.81	507.21
25	1.02	109.91	328.07	69.03	11.39	519.43
30	3.61	153.85	299.55	65.47	10.89	533.37
35	6.57	202.46	268.00	61.19	10.30	548.52

角度 θ (°)	自重 g (kPa)	均布竖向压力 q (kPa)	均布水平地层压力 e_1 (kPa)	按三角形分布 e_2 (kPa)	水平地层抗力 p_k (kPa)	轴力 (kN)
40	9.86	254.26	234.38	56.19	9.63	564.32
45	13.44	307.69	199.70	50.52	8.89	580.24
50	17.24	361.12	165.02	44.27	8.01	595.67
55	21.21	412.93	131.40	37.60	6.95	610.09
60	25.29	461.54	99.85	30.68	5.75	623.11
65	29.41	505.48	71.34	23.77	4.45	634.45
70	33.51	543.40	46.72	17.15	3.15	643.93
75	37.51	574.16	26.75	11.13	1.95	651.50
80	41.34	596.83	12.04	6.04	0.94	657.20
85	44.94	610.71	3.03	2.23	0.25	661.17
90	48.24	615.39	0.00	0.00	0.00	663.63
95	51.18	610.71	3.03	−0.36	0.25	**664.81**
100	52.23	596.83	12.04	1.36	0.94	663.41
105	52.51	574.16	26.75	5.31	1.95	660.69
110	51.69	543.40	46.72	11.56	3.15	656.53
115	49.84	505.48	71.34	20.07	4.45	651.17
120	47.07	461.54	99.85	30.68	5.75	644.89
125	43.53	412.93	131.40	43.16	6.95	637.97
130	39.38	361.12	165.02	57.14	8.01	630.68
135	34.81	307.69	199.70	72.21	8.89	623.30
140	30.00	254.26	234.38	87.85	9.63	616.13
145	25.18	202.46	268.00	103.51	10.30	609.45
150	20.51	153.85	299.55	118.62	10.89	603.42
155	16.21	109.91	328.07	132.58	11.39	598.17
160	12.43	71.99	352.68	144.87	11.81	593.79
165	9.33	41.22	372.65	154.99	12.14	590.33
170	7.02	18.56	387.36	162.53	12.38	587.84
175	5.60	4.67	396.37	167.18	12.52	586.35
180	5.12	0.00	399.40	168.75	12.57	585.84

绘制管环的弯矩和轴力分布图，如图 5-16 所示，图中左侧为弯矩（单位：kN·m），右侧为轴力（单位：kN）。

5.7.4 配筋计算

（1）断面配筋

根据表 5-8 和表 5-9，分别取最大弯矩和最大轴力计算，即

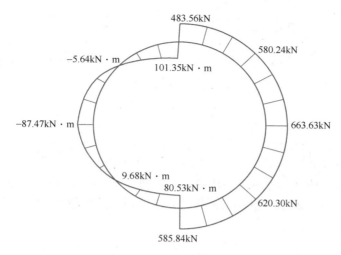

图 5-16　计算断面内力分布图

$$M_d = 101.35 \text{kN} \cdot \text{m}, \ N_d = 664.81 \text{kN}, \ \gamma_0 = 1.1$$
$$b = 1200 \text{mm}, \ h = 350 \text{mm}, \ L_0 = 1000 \text{mm}$$

C50 混凝土轴心抗压设计强度 $f_{cd} = 22.4 \text{MPa}$

HRB400 钢筋抗拉强度设计值 $f_{sd} = 280 \text{MPa}$，抗压强度设计值 $f'_{sd} = 280 \text{MPa}$

$$\xi_b = 0.56$$

$L_0/h = 1000/350 = 2.86 < 5$，不考虑 η 的影响。

假设 $a_s = a'_s = 50 \text{mm}$，$h_0 = h - a_s = 300 \text{mm}$

偏心距 $e_0 = M_d/N_d = 101.35/664.81 \times 10^3 = 152.4 \text{mm}$

$$e_s = \eta e_0 + h_0 - h/2 = 152.4 + 300 - 350/2 = 277.4 \text{mm}$$
$$e'_s = \eta e_0 - h/2 + a'_s = 152.4 - 350/2 + 50 = 27.4 \text{mm}$$

$\eta e_0/h_0 = 152.4/300 = 0.51 > 0.3$，故为大偏心受压构件。

取 $\sigma_s = f_{sd} = 280 \text{MPa}$

先取 $x = \xi_b h_0 = 0.56 \times 300 = 168 \text{mm}$

受压钢筋截面面积

$$A'_s = \frac{\gamma_0 N_d e_s - f_{cd} bx \left(h_0 - \dfrac{x}{2} \right)}{f'_{sd}(h_0 - a'_s)}$$

$$= \frac{1.1 \times 664.81 \times 10^3 \times 277.4 - 22.4 \times 1200 \times 168 \times \left(300 - \dfrac{168}{2} \right)}{280 \times (300 - 50)}$$

$$= -11{,}037 \text{mm}^2 < 0$$

且对 C50 及以上混凝土，全部纵向钢筋的配筋率 $\rho \geqslant 0.6\%$，每侧配筋率不应小于 0.2%。

应改为构造要求值 $A'_s = 0.002bh = 0.002 \times 1200 \times 350 = 840 \text{mm}^2$

取 8 Φ 12 钢筋，$A'_s = 904 \text{mm}^2$，取 $a'_s = 50 \text{mm}$。

$$\gamma_0 N_\mathrm{d} e_\mathrm{s} = f_\mathrm{sd} bx \left(h_0 - \frac{x}{2}\right) + f'_\mathrm{sd} A'_\mathrm{s}(h_0 - a'_\mathrm{s})$$

$$1.1 \times 664.81 \times 10^3 \times 277.4 = 22.4 \times 1200x\left(300 - \frac{x}{2}\right) + 280 \times 904 \times (300 - 50)$$

$$x^2 - 600x + 10385 = 0$$

$$x = 17.8\mathrm{mm} < 2a'_\mathrm{s}$$

所以

$$A_\mathrm{s} = \frac{\gamma_0 N_\mathrm{d} e'_\mathrm{s}}{f_\mathrm{sd}(h_0 - a'_\mathrm{s})} = \frac{1.1 \times 664.81 \times 10^3 \times 27.4}{280 \times (300 - 50)} = 286.2\mathrm{mm}^2$$

选 $8\,\Phi\,14$ 钢筋（即 5.5.1 所述的环向受力主筋），$A_\mathrm{s} = 1230\mathrm{mm}^2$，取 $a'_\mathrm{s} = 50\mathrm{mm}$。

管片配筋如图 5-17 所示（箍筋根据构造要求选用，这里取Φ10，密集区间隔 100mm，非密集区 200mm）。

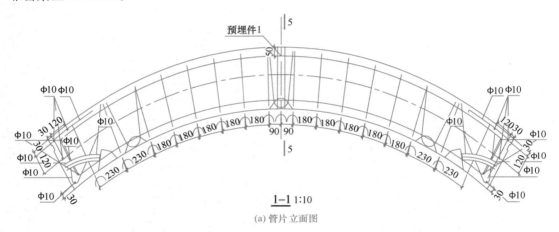

1—1 1:10

(a) 管片立面图

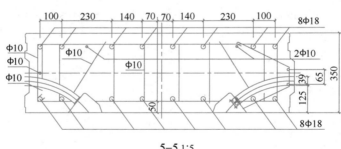

5—5 1:5

(b) 5—5管片剖面图

图 5-17　管片配筋图（单位：mm）

（2）承载能力复核

确定混凝土受压区高度 x

$$f_\mathrm{cd} bx \left(e_\mathrm{s} - h_0 + \frac{x}{2}\right) = f_\mathrm{sd} A_\mathrm{s} e_\mathrm{S} - f'_\mathrm{sd} A'_\mathrm{s} e'_\mathrm{s}$$

$$22.4 \times 1200 \times x \times \left(-22.6 + \frac{x}{2}\right) = 280 \times (1230 \times 277.4 - 904 \times 27.4)$$

$$x = 106.9\text{mm} < \xi_b h_0 = 0.56 \times 300 = 168\text{mm}$$

$$
\begin{aligned}
N_{du} &= f_{sd}bx + f_{sd}A'_s - f'_{sd}A_s \\
&= [22.4 \times 1200 \times 106.9 + 280 \times (904 - 1230)] \times 10^{-3} \\
&= 2782.2\text{kN} > \gamma_0 N_d = 731.29\text{kN}
\end{aligned}
$$

计算结果表明，结构的承载力满足要求。

（3）裂缝宽度验算

根据《混凝土结构设计规范》GB 50010—2010（2015 年版），裂缝宽度按下式计算。

$$W_{fk} = C_1 C_2 C_3 \frac{\sigma_{ss}}{E_s}\left(\frac{30+d}{0.28+10\rho}\right)$$

$$\rho = \frac{A_s + A_p}{bh_0 + (b_f - b)h_f}$$

$$\sigma_{ss} = \frac{N_s(e_s - z)}{A_s z}$$

$$z = \left[0.87 - 0.12(1 - \gamma'_f)\left(\frac{h_0}{e_s}\right)^2\right]h_0$$

$$e_s = \eta_s e_0 + y_s$$

$$\gamma'_f = \frac{(b'_f - b)h'_f}{bh_0}$$

其中

$$C_1 = 1.0$$
$$C_2 = 1.5$$
$$C_3 = 0.9$$
$$E_s = 2 \times 10^5 \text{MPa}$$

计算得

$$h_0 = h - \left(a_s + \frac{d}{2}\right) = 291.9\text{mm}$$

$$e_s = 270.5\text{mm}$$

$$z = \left[0.87 - 0.12(1 - \gamma'_f)\left(\frac{h_0}{e_s}\right)^2\right]h_0 = 213.3\text{mm}$$

$$\sigma_{ss} = \frac{N_s(e_s - z)}{A_s z} = 144.9\text{MPa}$$

$$\rho = \frac{A_s + A_p}{bh_0 + (b_f - b)h_f} = 6.09 \times 10^{-3}$$

$$W_{fk} = C_1 C_2 C_3 \frac{\sigma_{ss}}{E_s}\left(\frac{30+d}{0.28+10\rho}\right) = 0.133\text{mm} < 0.2\text{mm}$$

因此，裂缝宽度满足规范要求。

5.7.5　案例总结

盾构隧道设计要注重安全性、经济性和安装适用性，需从隧道横断面和纵断面两个方向进行。一般情况下，前者设计决定了管片断面，后者设计决定了隧道抗震和抗地基沉降的能力。目前，国内外尚无统一理论的管片设计方法和计算方法。

本案例采用的均质圆环法是盾构隧道设计中最常用的计算方法，属于荷载—结构法。

均质圆环法未考虑环向接头刚度可能导致的管片刚度降低程度（即刚度有效率 η），也未考虑错缝拼装引起的弯矩传递程度（即弯矩增长率 ζ）。这种计算方法经验性较强，主要适用于盾构穿越单一地层的情况，多用于手算或查表，计算得到的内力一般偏大。

就地层条件而言，盾构隧道还有可能处于砂软石地层（如北京地区）、岩石地层（如重庆地区）、复合地层（如深圳地区的上软下硬地层），这就需要根据地层条件，从设计方案、盾构选型、施工措施等多方面综合分析，结合大量工程经验，提出合理可行的设计方案。对于特别复杂的地层，还需要采用有限元方法进行计算分析。

第6章 人防地下室结构设计

6.1 概　述

人民防空地下室（以下简称人防地下室）是人防工程的重要组成部分，是战时为人员、车辆、物资等提供掩蔽的主要场所，将发挥专业队队员掩蔽部、人员掩蔽工程以及食品站、生产车间、区域供水站、电站控制室、物资库等作用。如图 6-1 所示，人防地下室在平时可作为地下车库、地下商业街等民用场所，也可作为防灾、减灾指挥所及避难所。

(a) 出入口　　　　　　　　　　　　(b) 内部防护门

图 6-1　平战结合人防地下室（平时作为地下车库）

人防地下室与普通地下室有着很多相同点，如两者都是埋在地下的工程，平时使用功能相似，都设置通风、照明、消防和给水排水设施等。而两者区别也很明显：人防地下室由于在战时具有防空袭和各类武器袭击的作用，因此在工程设计上还必须按照战时标准进行结构设计。当平时使用要求与战时防护要求不一致时，设计中可采取防护功能平战转换措施，并考虑临战前转换设计，如设置战时封堵墙、临战加柱等；临战时的转换工作量应与城市的战略地位相协调，并符合当地战时的人力、物力条件。因此，人防地下室设计必须贯彻"长期准备、重点建设、平战结合"的方针，并应坚持"人防建设与经济建设协调发展，与城市建设相结合"的原则，充分发挥其战时的防护效益和平时的社会效益以及经济效益。

《人民防空地下室设计规范》GB 50038—2005 对人防地下室的结构设计做出了详细的规定，包括主体结构、出入口、通风口、水电口、辅助房间、发电站、平战转换、防水和内部装修等，并从防护使用功能角度对地下空间的划分、结构尺寸、埋置深度等都进行了详细说明。本章重点关注人防地下室主体结构设计，一般设计步骤是：确定结构类别→确定结构体系→确定荷载组合（等效静荷载、静荷载）→内力分析→确定控制内力→截面设计。

6.2 人防地下室结构设计规定

6.2.1 结构形式

人防地下室的结构形式应根据防护要求、平时和战时使用要求、上部建筑结构类型、工程地质和水文地质条件以及材料供应和施工条件等因素综合分析确定。人防地下室结构一般采用钢筋混凝土结构，结构布置必须考虑地面建筑结构体系的墙、柱承重结构，应尽量与地面建筑的承重结构相互对应，以使地面建筑的荷载通过人防地下室的承重结构直接传到地基上。

人防地下室结构应选用受力明确、传力简单且具有较好整体性和延性的结构，如常见的梁板结构、板柱结构以及箱形结构等，也可采用预制装配整体式（如叠合板）结构。当柱网尺寸较大时，也可采用双向密肋楼盖结构、现浇空心楼盖结构。

6.2.2 防护等级

人防地下室按照抵抗能力可分为甲类和乙类。甲类人防地下室必须满足预定战时对核武器、常规武器和生化武器的各项防护要求，乙类人防地下室必须满足预定战时对常规武器和生化武器的各项防护要求。防核武器抗力级别包括 4 级、4B 级、5 级、6 级和 6B 级（以下分别简称为核 4 级、核 4B 级、核 5 级、核 6 级和核 6B 级），防常规武器抗力级别包括 5 级和 6 级（以下分别简称为常 5 级和常 6 级）。

6.2.3 设计内容

人防地下室结构除应在平时使用时满足承载能力极限状态和正常使用极限状态要求外，还应能承受相应常规武器爆炸动荷载、核武器爆炸动荷载的作用，设计时按动荷载一次作用考虑。对于甲类人防地下室结构，取常规武器和核武器分别作用时最不利情况进行设计，两种爆炸动荷载不应叠加。人防地下室结构设计，应根据防护要求和受力情况做到结构各个部位抗力相协调。

人防地下室结构在常规武器爆炸动荷载或核武器爆炸动荷载作用下，应验算结构（包括基础）承载力，对地基承载力与地基变形可不进行验算。钢筋混凝土结构，大部分结构构件可考虑进入弹塑性工作状态，由于在确定各种结构构件允许延性比时，已考虑了对变形的限制和防护密闭要求，可不再单独进行爆炸动荷载作用下结构变形和裂缝开展的验算。对砌体结构应按弹性工作状态设计。

6.2.4 动荷载作用下的材料参数

人防地下室结构材料应根据使用要求、上部建筑结构类型和当地条件，采用坚固耐久、耐腐蚀和符合防火要求的建筑材料。在地下水位以下或有盐碱腐蚀时外墙不宜采用砖砌体；当有侵蚀性地下水时，各种材料均应采取防侵蚀措施。人防地下室钢筋混凝土结构构件，不得采用冷轧带肋钢筋、冷拉钢筋等经冷加工处理的钢筋，因为经冷加工处理的钢筋伸长率低、塑性变形能力差、延性不好。

在动荷载与静荷载同时作用或动荷载单独作用下：（1）各种材料的泊松比均可取静荷载作用时的数值，混凝土泊松比可取 0.2；（2）混凝土和砌体的弹性模量可取静荷载作用时的 1.2 倍，钢材的弹性模量可取静荷载作用时的数值；（3）材料强度设计值可按式（6-1）计算确定。

$$f_{d} = \gamma_{d} f \tag{6-1}$$

式中　f_{d}——动荷载作用下材料强度设计值；

　　　f——静荷载作用下材料强度设计值；

　　　γ_{d}——动荷载作用下材料强度综合调整系数，可按表 6-1 规定采用。

材料强度综合调整系数 γ_{d}

表 6-1

材料种类		综合调整系数 γ_{d}
热轧钢筋 （钢材）	HPB235 级 （Q235 钢）	1.50
	HRB335 级 （Q345 钢）	1.35
	HRB400 级 （Q390 钢）	1.20 （1.25）
	HRB400 级 （Q420 钢）	1.20
混凝土	C55 及以下	1.50
	C60～C80	1.40
砌体	料石	1.20
	混凝土砌块	1.30
	普通黏土砖	1.20

注：1. 表中同一种材料或砌体的强度综合调整系数，可适用于受拉、受压、受剪和受扭等不同受力状态。

　　2. 对于采用蒸汽养护或掺入早强剂的混凝土，其强度综合调整系数应乘以折减系数 0.90。

6.2.5　爆炸动荷载作用下结构等效静荷载

爆炸动荷载具有不同于静力荷载的特征，在确定荷载大小和计算荷载效应方面具有特殊性。在工程上为了便于解决实际问题，通常把爆炸动荷载变换为等效静荷载，这种方法称为等效静荷载法。等效静荷载法的优点在于计算简单，可以直接利用各种现成的计算图表。

6.2.5.1　常规武器爆炸动荷载作用下结构等效静荷载

常规武器爆炸作用在人防地下室结构各部位的等效静荷载标准值可按照《人民防空地下室设计规范》GB 50038—2005 中的理论公式计算，也可按该规范给出的表格查用。以全埋式单层人防地下室为例，常规武器爆炸作用在单层人防地下室顶板、侧墙的等效静荷载如图 6-2 所示。对于顶板高出室外地面的地下室、多层人防地下室及人防地下室设在地

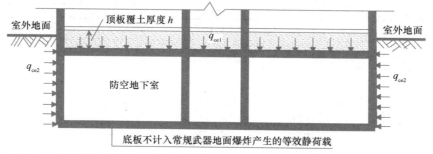

图 6-2　单层人防地下室在常规武器爆炸动荷载作用下的等效静荷载（全埋式）

下二层等更为复杂的结构以及各类出入口、临空墙、门框墙、隔墙、防倒塌棚架、楼梯踏步、休息平台、采光窗井上的等效静荷载详见《人民防空地下室设计规范》GB 50038—2005 和《防空地下室结构设计手册》RFJ 04—2015。

以下以全埋式单层人防地下室为例介绍常规武器爆炸动荷载作用下的等效静荷载。

（1）顶板等效静荷载

人防地下室设在地下一层时，顶板等效静荷载标准值 q_{ce1} 可按表 6-2 采用。当对于常 5 级，顶板覆土厚度大于 2.5m，或对于常 6 级大于 1.5m 时，顶板可不计入常规武器地面爆炸产生的等效静荷载，但顶板设计应符合构造要求；当人防地下室设在地下二层及以下各层时，顶板可不计入常规武器地面爆炸产生的等效静荷载，但顶板设计应符合构造要求。

人防地下室顶板等效静荷载标准值 q_{ce1}（kN/m²）　　　　表 6-2

顶板覆土厚度 h（m）	防常规武器抗力级别	
	5	6
$0 \leqslant h \leqslant 0.5$	110～90（88～72）	50～40（40～32）
$0.5 < h \leqslant 1.0$	90～70（72～56）	40～30（32～24）
$1.0 < h \leqslant 1.5$	70～50（56～40）	30～15（24～12）
$1.5 < h \leqslant 2.0$	50～30（40～24）	—
$2.0 < h \leqslant 2.5$	30～15（24～12）	—

注：1. 顶板按弹塑性工作阶段计算，允许延性比 $[\beta]=4.0$。

2. 顶板覆土厚度 h 为小值时，q_{ce1} 取大值。

3. 当考虑上部建筑影响时，可取用表中括号内数值。

（2）地下室外墙等效静荷载

人防地下室外墙的等效静荷载标准值 q_{ce2} 要区分非饱和土层和饱和土层，分别按表 6-3 和表 6-4 采用。

非饱和土中地下室外墙等效静荷载标准值 q_{ce2}（kN/m²）　　　　表 6-3

顶板覆土厚度 h（m）	土的类别	防常规武器抗力级别			
		5		6	
		砌体	钢筋混凝土	砌体	钢筋混凝土
$0 \leqslant h \leqslant 1.5$	碎石土、粗砂、中砂	85～60	70～40	45～25	30～20
	细砂、粉砂	70～50	55～35	35～20	25～15
	粉土	70～55	60～40	40～20	30～15
	黏性土、红黏土	70～50	55～35	35～20	20～15
	老黏性土	80～60	65～40	40～25	30～15
	湿陷性黏土	70～50	55～35	35～20	25～15
	淤泥质土	50～40	35～25	25～15	15～10

续表

顶板覆土厚度 h (m)	土的类别	防常规武器抗力级别			
		5		6	
		砌体	钢筋混凝土	砌体	钢筋混凝土
1.5 ≤ h ≤ 3.0	碎石土、粗砂、中砂		40～30		20～15
	细砂、粉砂		35～25		15～10
	粉土		40～25		15～10
	黏性土、红黏土		35～25		15～10
	老黏性土		40～25		15～10
	湿陷性黏土		35～20		15～10
	淤泥质土		25～15		10～5

注：1. 表内砌体外墙数值按人防地下室净高小于或等于 3.0m、开间小于或等于 5.4m 计算确定，钢筋混凝土外墙数值按计算高度小于或等于 5.0m 计算确定。

2. 砌体外墙按弹性工作阶段计算，钢筋混凝土外墙按弹塑性工作阶段计算，允许延性比 $[\beta] = 3.0$。

3. 顶板覆土厚度 h 为小值时，q_{ce2} 取大值。

饱和土中地下室外墙等效静荷载标准值 q_{ce2} （kN/m²） 表 6-4

顶板覆土厚度 h (m)	饱和土含气量 α_1 (%)	防常规武器抗力级别	
		5	6
0 ≤ h ≤ 1.5	1	100～80	50～30
	≤ 0.05	140～100	70～50
1.5 ≤ h ≤ 3.0	1	80～60	30～25
	≤ 0.05	100～80	50～30

注：1. 表内数值按钢筋混凝土外墙计算高度小于或等于 5.0m，允许延性比 $[\beta] = 3.0$ 计算确定。

2. 当含气量 $\alpha_1 > 1\%$ 时，按非饱和土取值；当 $0.05\% < \alpha_1 < 1\%$ 时，按线性内插法确定。

3. 顶板覆土厚度 h 为小值时，q_{ce2} 取大值。

（3）底板等效静荷载

人防地下室底板设计可不考虑常规武器地面爆炸作用，但底板设计应符合构造要求。

6.2.5.2 核武器爆炸动荷载作用下结构等效静荷载

全埋式人防地下室结构上的核武器爆炸动荷载，可按同时作用在结构外周各部位进行受力分析。核武器爆炸作用下的等效静荷载与抗力级别、顶板结构最大短边净跨及覆土厚度有关，还要区分是否考虑上部建筑的影响。等效静荷载标准值可按照《人民防空地下室设计规范》GB 50038—2005 中的理论公式计算，也可按该规范给出的表格查用。核武器爆炸作用在全埋式单层人防地下室顶板、侧墙、底板的等效静荷载如图 6-3 和图 6-4 所示。对于顶板高出室外地面的地下室及多层人防地下室等更为复杂的结构以及各类出入口、临空墙、门框墙、隔墙、防倒塌棚架、楼梯踏步、休息平台、采光窗井上的等效静荷载详见《人民防空地下室设计规范》GB 50038—2005 和《防空地下室结构设计手册》RFJ 04—2015。特别应注意的是，当核 6 级和核 6B 级人防地下室顶板底面高出室外地面时，尚应验算地面空气冲击波对高出地面外墙的单向作用。

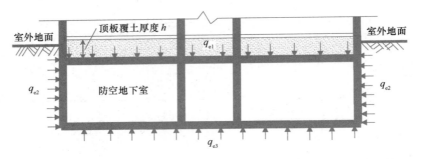

图 6-3　核武器爆炸动荷载作用下单层人防地下室的等效静荷载（全埋式）

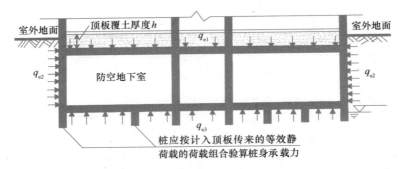

图 6-4　核武器爆炸动荷载作用下有桩基单层人防地下室的等效静荷载（全埋式）

以下以全埋式单层人防地下室为例介绍核武器爆炸动荷载作用下的等效静荷载。

（1）顶板等效静荷载

当人防地下室的顶板为钢筋混凝土梁板结构，且按允许延性比 $[\beta] = 3.0$ 计算时，顶板的等效静荷载标准值 q_{e1} 可按表 6-5 采用。

顶板等效静荷载标准值 q_{e1}（kN/m²）　　　　　表 6-5

顶板覆土厚度 k（m）	顶板区格最大短边净跨 l_0（m）	防核武器抗力级别				
		6B	6	5	4B	4
$h \leqslant 0.5$	$3.0 \leqslant l_0 \leqslant 9.0$	40（35）	60（55）	120（100）	240	360
$0.5 < h \leqslant 1.0$	$3.0 \leqslant l_0 \leqslant 4.5$	45（40）	70（65）	140（120）	310	460
	$4.5 < l_0 \leqslant 6.0$	45（40）	70（60）	135（115）	285	425
	$6.0 < l_0 \leqslant 7.5$	45（40）	65（60）	130（110）	275	410
	$7.5 < l_0 \leqslant 9.0$	45（40）	65（60）	130（110）	265	400
$1.0 < h \leqslant 1.5$	$3.0 \leqslant l_0 \leqslant 4.5$	50（45）	75（70）	145（135）	320	480
	$4.5 < l_0 \leqslant 6.0$	45（40）	70（65）	135（120）	300	450
	$6.0 < l_0 \leqslant 7.5$	40（35）	70（65）	135（115）	290	430
	$7.5 < l_0 \leqslant 9.0$	40（35）	70（60）	130（115）	280	415

注：表中括号内数值为考虑上部建筑影响的顶板等效静荷载标准值。

（2）地下室外墙等效静荷载

人防地下室外墙的等效静荷载标准值 q_{e2}，当不考虑上部建筑对外墙影响时，可按表 6-6 和表 6-7 采用；当考虑上部建筑影响时，应按表中规定数值乘以系数 χ 采用：核 6B

级、核 6 级时，$\chi = 1.1$；核 5 级时，$\chi = 1.2$；核 4B 级时，$\chi = 1.25$。

非饱和土中外墙等效静荷载标准值 q_{e2}（kN/m²）　　　　表 6-6

土的类别		防核武器抗力级别						
		6B		6		5		4B	4
		砌体	钢筋混凝土	砌体	钢筋混凝土	砌体	钢筋混凝土	钢筋混凝土	钢筋混凝土
碎石土		10~15	5~10	15~25	10~15	30~50	20~35	40~65	55~90
砂土	粗砂、中砂	10~20	10~15	25~35	15~25	50~70	35~45	65~90	90~125
	细砂、粉砂	10~15	10~15	25~30	15~20	40~60	30~40	55~75	80~110
粉土		10~20	10~15	30~40	20~25	55~65	35~50	70~90	100~130
黏性土	坚硬、硬塑	10~15	5~15	20~35	10~25	30~60	25~45	40~85	60~125
	可塑	15~25	15~25	35~55	25~40	60~100	45~75	85~145	125~215
	软塑、流塑	25~35	25~30	55~60	40~45	100~105	75~85	145~165	215~240
老黏性土		10~25	10~15	20~40	15~25	40~80	35~55	50~100	65~125
红黏土		20~30	10~20	30~45	15~30	45~90	35~50	60~105	90~140
湿陷性黄土		10~15	10~15	15~25	10~25	30~65	25~45	40~85	60~120
淤泥质土		30~35	25~30	50~55	40~45	90~100	70~80	140~160	210~240

注：1. 表内砌体外墙数值按人防地下室净高小于或等于 3m、开间小于或等于 5.4m 计算确定，钢筋混凝土外墙数值按构件计算高度小于或等于 5.0m 计算确定。

2. 砌体外墙按弹性工作阶段计算，钢筋混凝土外墙按弹塑性工作阶段计算，$[\beta] = 2.0$。

3. 碎石土及砂土密实、颗粒粗的取小值，黏性土液性指数低的取小值。

饱和土中钢筋混凝土外墙等效静荷载标准值 q_{e2}（kN/m²）　　　　表 6-7

土的类别	防核武器抗力级别				
	6B	6	5	4B	4
碎石土、砂土	30~35	45~55	80~105	185~240	280~360
粉土、黏性土、老黏性土、红黏土、淤泥质土	30~35	45~60	80~115	185~265	280~400

注：1. 表中数值按外墙构件计算高度小于或等于 5.0m，允许延性比 $[\beta] = 2.0$ 计算确定。

2. 含气量 $\alpha_1 \leqslant 0.1\%$ 时取大值。

（3）底板等效静荷载

无桩基的人防地下室钢筋混凝土底板的等效静荷载标准值 q_{e3}，可按表 6-8 采用。

钢筋混凝土底板等效静荷载标准值 q_{e3}（kN/m²）　　　　表 6-8

顶板覆土厚度 h（m）	顶板短边净跨 l_0（m）	防核武器抗力级别					
		6B		6		5	
		地下水位以上	地下水位以下	地下水位以上	地下水位以下	地下水位以上	地下水位以下
$h \leqslant 0.5$	$3.0 \leqslant l_0 \leqslant 9.0$	30	30~35	40	40~50	75	75~95
$0.5 < h \leqslant 1.0$	$3.0 \leqslant l_0 \leqslant 4.5$	30	35~40	50	50~60	90	90~115
	$4.5 < l_0 \leqslant 6.0$	30	30~35	45	45~55	85	85~110
	$6.0 < l_0 \leqslant 7.5$	30	30~35	45	45~55	85	85~105
	$7.5 < l_0 \leqslant 9.0$	30	30~35	45	45~55	80	80~100

顶板覆土厚度 h（m）	顶板短边净跨 l_0（m）	防核武器抗力级别					
		6B		6		5	
		地下水位以上	地下水位以下	地下水位以上	地下水位以下	地下水位以上	地下水位以下
$1.0 < h \leqslant 1.5$	$3.0 \leqslant l_0 \leqslant 4.5$	30	35～45	55	55～70	105	105～130
	$4.5 < l_0 \leqslant 6.0$	30	30～40	50	50～60	90	90～115
	$6.0 < l_0 \leqslant 7.5$	30	30～35	45	45～60	90	90～110
	$7.5 < l_0 \leqslant 9.0$	30	30～35	45	45～55	85	85～105

顶板覆土厚度 h（m）	顶板短边净跨 l_0（m）	防核武器抗力级别			
		4B		4	
		地下水位以上	地下水位以下	地下水位以上	地下水位以下
$h \leqslant 0.5$	$3.0 \leqslant l_0 \leqslant 9.0$	140	160～200	210	240～300
$0.5 < h \leqslant 1.0$	$3.0 \leqslant l_0 \leqslant 4.5$	190	215～270	280	320～400
	$4.5 < l_0 \leqslant 6.0$	170	195～245	255	290～365
	$6.0 < l_0 \leqslant 7.5$	160	185～230	245	280～350
	$7.5 < l_0 \leqslant 9.0$	155	180～225	235	265～335
$1.0 < h \leqslant 1.5$	$3.0 \leqslant l_0 \leqslant 4.5$	205	235～295	305	350～440
	$4.5 < l_0 \leqslant 6.0$	190	215～270	280	320～400
	$6.0 < l_0 \leqslant 7.5$	175	200～250	260	300～375
	$7.5 < l_0 \leqslant 9.0$	165	190～240	250	285～355

注：1. 表中核 6 级及核 6B 级人防地下室底板的等效静荷载标准值对考虑或不考虑上部建筑影响均适用。

2. 表中核 5 级人防地下室底板的等效静荷载标准值按考虑上部建筑影响计算，当按不考虑上部建筑影响计算时，可将表中数值除以 0.95 后采用。

3. 位于地下水位以下的底板，含气量 $a_1 \leqslant 0.1\%$ 时取大值。

当甲类人防地下室基础采用桩基且按单桩承载力特征值设计时，除桩本身应按计入上部墙、柱传来的核武器爆炸动荷载的荷载组合验算承载力外，底板上的等效静荷载标准值 q'_{e3} 应按表 6-9 采用。

有桩基钢筋混凝土底板等效静荷载标准值 q'_{e3}（kN/m²） 表 6-9

底板下土的类型	防核武器抗力级别					
	6B		6		5	
	端承桩	非端承桩	端承桩	非端承桩	端承桩	非端承桩
非饱和土	—	7	—	12	—	25
饱和土	15	15	25	25	50	50

当甲类人防地下室基础采用条形基础或独立柱基加防水底板时，底板上的等效静荷载标准值，对核 6B 级可取 15kN/m²，对核 6 级可取 25kN/m²，对核 5 级可取 50kN/m²。

6.2.6　人防地下室结构荷载组合

在确定等效静荷载标准值和平时荷载标准值后，人防地下室结构要按甲、乙类人防地下室的不同荷载组合进行截面设计。甲类人防地下室结构应分别按下列第（1）、（2）、（3）款规定的荷载（效应）组合进行设计，乙类人防地下室结构应分别按下列第（1）、（2）款规定的荷载（效应）组合进行设计，并应取各自的最不利的效应组合作为设计依据。其中平时使用状态的荷载（效应）组合应按国家现行有关标准执行，如《建筑结构荷载规范》GB 50009—2012。

（1）平时使用状态的结构设计荷载。

（2）战时常规武器爆炸等效静荷载与静荷载同时作用。

（3）战时核武器爆炸等效静荷载与静荷载同时作用。

常规武器爆炸等效静荷载与静荷载同时作用下，人防地下室结构各部位的荷载组合可按表 6-10 规定确定。

常规武器爆炸等效静荷载与静荷载同时作用的荷载组合　　　　　　　表 6-10

结构部位	荷载组合
顶板	顶板常规武器爆炸等效静荷载、静荷载（包括覆土、战时不拆迁的固定设备、顶板自重及其他静荷载）
外墙	顶板传来的常规武器爆炸等效静荷载、静荷载、上部建筑自重、外墙自重；常规武器爆炸产生的水平等效静荷载、土压力、水压力
内承重墙（柱）	顶板常规武器爆炸等效静荷载、静荷载、上部建筑自重、内承重墙（柱）自重

注：1. 上部建筑自重指人防地下室上部建筑的墙体（柱）和楼板传来的静荷载，即墙体（柱）、屋盖、楼盖自重及战时不拆迁的固定设备等。

　　2. 底板不考虑常规武器地面爆炸作用。

战时核武器爆炸等效静荷载与静荷载同时作用下，人防地下室结构各部位的荷载组合可按表 6-11 的规定确定。

核武器爆炸等效静荷载与静荷载同时作用的荷载组合　　　　　　　表 6-11

结构部位	防核武器抗力级别	荷载组合
顶板	6B、6、5	顶板核武器爆炸等效静荷载、静荷载（包括覆土、战时不拆迁的固定设备、顶板自重及其他静荷载）
外墙	6B、6	顶板传来的核武器爆炸等效静荷载、静荷载、上部建筑自重、外墙自重；核武器爆炸产生的水平等效静荷载、土压力、水压力
	5	顶板传来的核武器爆炸等效静荷载、静荷载；当上部建筑外墙为钢筋混凝土承重墙时，上部建筑自重全部取标准值，其他结构形式上部建筑自重取标准值之半；外墙自重；核武器爆炸产生的水平等效静荷载、土压力、水压力
	4B、4	顶板传来的核武器爆炸等效静荷载、静荷载；当上部建筑外墙为钢筋混凝土承重墙时，上部建筑自重全部取标准值，其他结构形式，不计入上部建筑自重；外墙自重；核武器爆炸产生的水平等效静荷载、土压力、水压力

结构部位	防核武器抗力级别	荷载组合
内承重墙（柱）	6B、6	顶板传来的核武器爆炸等效静荷载、静荷载；上部建筑自重、内承重墙（柱）自重
	5	顶板传来的核武器爆炸等效静荷载、静荷载；当上部建筑为砌体结构时，上部建筑自重取标准值之半，其他结构形式，上部建筑自重取全部标准值；内承重墙（柱）自重
基础	6B、6	底板核武器爆炸等效静荷载（条、柱、桩基为墙柱传来的核武器爆炸等效静荷载）；上部建筑自重、顶板传来静荷载、人防地下室墙体（柱）自重
	5	底板核武器爆炸等效静荷载（条、柱、桩基为墙柱传来的核武器爆炸等效静荷载）；当上部建筑为砌体结构时，上部建筑自重取标准值之半，其他结构形式，上部建筑自重取全部标准值；顶板传来静荷载、人防地下室墙体（柱）自重
	4B	顶板传来的核武器爆炸等效静荷载、静荷载；当上部建筑外墙为钢筋混凝土承重墙时，上部建筑自重取全部标准值，当上部建筑为砌体结构时，不计入上部建筑结构自重，其他结构形式，上部建筑自重取标准值之半；内承重墙（柱）自重
	4	顶板传来的核武器爆炸等效静荷载、静荷载；当上部建筑物外墙为钢筋混凝土承重墙时，上部建筑自重取全部标准值，其他结构形式，不计入上部建筑自重；内承重墙（柱）自重

注：1. 上部建筑自重指人防地下室上部建筑的墙体（柱）和楼板传来的静荷载，即墙体（柱）、屋盖、楼盖自重及战时不拆迁的固定设备等。

2. 多层甲类人防地下室结构，当划分为上、下防护单元时，下层墙（柱）、基础应按计入上部顶板或楼层传来等效静荷载中较大值的荷载组合验算承载力。

6.2.7 承载能力极限状态设计表达式

动荷载作用下的等效静荷载及静荷载确定之后，人防地下室结构设计所依据的原则和计算方法与静力结构是一致的，即根据已知荷载计算结构内力，进行承载能力验算和截面配筋设计等。等效静荷载法有一定的局限性，对一般人防地下室结构是适用的，对于大跨度和一些复杂的结构，宜采用有限自由度法直接求其动力解。

与其他类型混凝土结构相同，人防地下室结构设计采用以可靠度理论为基础的概率极限状态设计方法，采用分项系数表达式进行设计。人防地下室结构在确定等效静荷载标准值和静荷载（永久荷载）标准值后，按照偶然设计状况，其承载能力设计应采用以下极限状态设计表达式。

$$\gamma_0(\gamma_G S_{G_k} + \gamma_Q S_{Q_k}) \leqslant R \tag{6-2}$$

$$R = R(f_{cd}, f_{yd}, a_k \cdots) \tag{6-3}$$

式中　γ_0——结构重要性系数，可取 1.0；

　　　γ_G——永久荷载分项系数，当其效应对结构不利时可取 1.2，有利时可取 1.0；

　　　S_{G_k}——永久荷载效应标准值；

　　　γ_Q——等效静荷载分项系数，可取 1.0；

　　　S_{Q_k}——等效静荷载效应标准值；

　　　R——结构构件承载力设计值；

$R(\cdot)$——结构构件承载力函数；

f_{cd}——混凝土动力强度设计值；

f_{yd}——钢筋（钢材）动力强度设计值；

a_k——几何参数标准值。

6.2.8 结构构件的允许延性比

在常规武器爆炸动荷载或核武器爆炸动荷载作用下，结构构件的工作状态均可用结构构件的允许延性比 $[\beta]$ 表示。允许延性比 $[\beta]$ 指构件允许出现的最大变位与弹性极限变位的比值，其值按式（6-4）确定。

$$[\beta] = [u_m]/u_n \tag{6-4}$$

式中　$[u_m]$——结构构件允许最大变位；

$\quad\quad u_n$——结构构件弹性极限变位。

人防地下室结构构件的允许延性比，主要与结构构件的材料、受力特性及使用要求有关。允许延性比 $[\beta]$ 虽然不能完全反映结构构件的强度、挠度及裂缝等情况，但都与其有密切的关系，且能直接表明结构构件所处极限状态。

显然，当 $[\beta] \leqslant 1$ 时，结构构件处于弹性工作阶段；当 $[\beta] > 1$ 时，结构构件处于弹塑性工作阶段。对砌体结构构件，允许延性比 $[\beta]$ 值应取 1.0；对钢筋混凝土结构构件，允许延性比 $[\beta]$ 可按表 6-12 取值。

钢筋混凝土结构构件的允许延性比 $[\beta]$ 值　　　　表 6-12

结构构件使用要求	动荷载类别	受力状态			
		受弯	大偏心受压	小偏心受压	轴心受压
密闭、防水要求高	核武器爆炸动荷载	1.0	1.0	1.0	1.0
	常规武器爆炸动荷载	2.0	1.5	1.2	1.0
密闭、防水要求一般	核武器爆炸动荷载	3.0	2.0	1.5	1.2
	常规武器爆炸动荷载	4.0	3.0	1.5	1.2

6.2.9 结构构件设计基本规定

在人防地下室结构设计中，对只考虑弹性工作阶段的结构称为按弹性阶段设计，如砌体外墙；对于既考虑弹性工作阶段，又考虑塑性工作阶段的结构称为按弹塑性阶段设计，如钢筋混凝土的顶板、底板、外墙和临空墙等，一般通过弯矩调幅的方法体现塑性工作状态，这将在后续楼盖设计中详细介绍。在此需要指出的是，对于非常重要或密闭要求高的防护结构，如钢筋混凝土防护密闭门的门框墙、防水要求高的结构等，仍限制在弹性工作阶段，应按弹性分析方法计算内力。

脆性破坏的构件（如轴压柱）安全储备小，延性破坏的构件（如受弯构件和大偏心受压构件）安全储备大。抗爆结构中，应充分利用受弯构件和大偏心受压构件的延性，将结构设计成最终延性破坏而不是脆性破坏，这样可以提高整体结构的抗爆能力。为了协调脆性构件和延性构件的工作状况，使结构构件在最终破坏前有较好的延性，必须采用"强柱弱梁"与"强剪弱弯"的设计原则。在构造上还应特别注意梁、柱节点区要有足够的抗剪、抗压能力和钢筋锚固长度。这样的设计，即使作用在结构上的荷载稍有增加或局部超载，也不致引起结构的倒塌，因而具有较大的经济和现实意义。上述设计思想具体体现在以下方面。

结构构件按弹塑性工作阶段设计时，受拉钢筋配筋率不宜大于 1.5%。当大于 1.5% 时，受弯构件或大偏心受压构件应采用允许延性比［β］来控制截面的混凝土受压区高度和配筋率（受拉钢筋最大配筋率不宜大于表 6-13 中的规定），即

$$[\beta] \leqslant \frac{0.5}{x/h_0} \tag{6-5}$$

$$x/h_0 = (\rho - \rho')f_{yd}/(\alpha_c f_{cd}) \tag{6-6}$$

式中　x——混凝土受压区高度；

h_0——截面的有效高度；

ρ、ρ'——纵向受拉钢筋及纵向受压钢筋配筋率；

f_{yd}——钢筋抗拉动力强度设计值；

f_{cd}——混凝土轴心抗压动力强度设计值；

α_c——系数，应按表 6-14 取值。

受拉钢筋的最大配筋率（%）　　　　　　　　　　表 6-13

混凝土强度等级	C25	≥C30
HRB400 级钢筋	2.0	2.4
RRB400 级钢筋		

α_c 值　　　　　　　　　　表 6-14

混凝土强度等级	≤C50	C55	C60	C65	C70	C75	C80
α_c	1	0.99	0.98	0.97	0.96	0.95	0.94

当板的周边支座横向伸长受到约束时，其跨中截面的计算弯矩值对梁板结构可乘以折减系数 0.7，对无梁楼盖可乘以折减系数 0.9；若在板的计算中已计入轴力的作用，则不应乘以折减系数。

武器爆炸动荷载本身具有不确定性，结构动力反应也非常复杂。在确定等效静荷载时，对于轴向力有一定误差，且受压构件延性较差，因此，当按等效静荷载法分析得出的内力进行墙、柱受压构件正截面承载力验算时，混凝土及砌体的轴心抗压动力强度设计值应乘以折减系数 0.8。在确定等效静荷载时，对于剪力也有一定误差，为了保证受弯构件屈服后结构体系仍具有足够受剪承载力，从而保证结构有足够延性，当按等效静荷载法分析得出的内力进行梁、柱斜截面承载力验算时，混凝土及砌体的动力强度设计值应乘以折减系数 0.8。

人防地下室均布楼面荷载作用下的钢筋混凝土梁，受力状态与普通工业、民用建筑不同，当按等效静荷载法分析得出的内力进行斜截面受剪承载力验算时，需进行跨高比影响的修正。当仅配置箍筋时，斜截面受剪承载力应符合下列规定。

$$V \leqslant 0.7\psi_1(0.8f_{td})bh_0 + 1.25f_{yd}\frac{A_{sv}}{s}h_0 \tag{6-7}$$

$$\psi_1 = 1 - (l/h_0 - 8)/15 \tag{6-8}$$

式中　V——受弯构件斜截面上的最大剪力设计值；

f_{td}——混凝土轴心抗拉动力强度设计值；

b——梁截面宽度；

h_0——梁截面有效高度；

f_{yd}——箍筋抗拉动力强度设计值；

A_{sv}——配置在同一截面内箍筋各肢的全部截面面积，$A_{sv}=nA_{sv1}$；

n——同一截面内箍筋的肢数；

A_{sv1}——单肢箍筋的截面面积；

s——沿构件长度方向的箍筋间距；

l——梁的计算跨度；

ψ_1——梁跨高比影响系数，当 $l/h_0 \leqslant 8$ 时，取 $\psi_1=1$；当 $l/h_0>8$ 时，ψ_1 应按式（6-8）计算确定；当 $\psi_1<0.6$ 时，取 $\psi_1=0.6$。

6.2.10　构造规定

本节节选部分构造规定供设计查询使用，详细完整的构造规定见《人民防空地下室设计规范》GB 50038—2005。

人防地下室钢筋混凝土结构的纵向受力钢筋，其混凝土保护层厚度（钢筋外边缘至混凝土表面的距离）不应小于钢筋的公称直径，且应符合表 6-15 的规定。

纵向受力钢筋的混凝土保护层厚度（mm）　　　　表 6-15

外墙外侧		外墙内侧、内墙	板	梁	柱
直接防水	设防水层				
40	30	20	20	30	30

注：基础中纵向受力钢筋的混凝土保护层厚度不应小于 40mm，当基础板无垫层时不应小于 70mm。

承受动荷载的钢筋混凝土结构构件，纵向受力钢筋的配筋率不应小于表 6-16 规定的数值。

钢筋混凝土结构构件纵向受力钢筋的最小配筋率（%）　　表 6-16

分类	混凝土强度等级		
	C25～C35	C40～C55	C60～C80
受压构件的全部纵向钢筋	0.60（0.40）	0.60（0.40）	0.70（0.40）
偏心受压及偏心受拉构件一侧的受压钢筋	0.20	0.20	0.20
受弯构件、偏心受压及偏心受拉构件一侧的受拉钢筋	0.25	0.30	0.35

注：1. 受压构件的全部纵向钢筋最小配筋率，当采用 HRB400 级、RRB400 级钢筋时，应按表中规定减小 0.1。

2. 当为墙体时，受压构件的全部纵向钢筋最小配筋率采用括号内数值。

在动荷载作用下，钢筋混凝土受弯构件和大偏心受压构件的受拉钢筋的最大配筋率宜符合表 6-13 的规定。

钢筋混凝土受弯构件，宜在受压区配置构造钢筋，构造钢筋面积不宜小于受拉钢筋的最小配筋率；在连续梁支座和框架节点处，同时不宜小于受拉主筋面积的 1/3。

连续梁及框架梁在距支座边缘 1.5 倍梁的截面高度范围内，箍筋配筋率应不低于

0.15%，箍筋间距不宜大于 $h_0/4$（h_0 为梁截面有效高度），且不宜大于主筋直径的 5 倍；在受拉钢筋搭接处，宜采用封闭箍筋，箍筋间距不应大于主筋直径的 5 倍，且不应大于 100mm。

6.3 人防地下室结构构件设计要点

计算人防地下室结构内力时，一般将结构体系拆成顶板、外墙、底板等结构构件分别进行分析设计，本节着重介绍在包括爆炸荷载在内的作用下这些构件的设计要点。对出入口、临空墙、门框墙、隔墙、防倒塌棚架、楼梯踏步、休息平台、采光窗井等部位也需进行专门结构内力分析与设计，受篇幅限制本节不作介绍，详细内容可参考《人民防空地下室设计规范》GB 50038—2005 和《防空地下室结构设计手册》RFJ 04—2015。

值得注意的是，将地下室结构拆成不同构件单独设计时，要注意各构件之间支座条件应相互协调一致，需注意配筋及构造应与实际受力状况相符。人防地下室的结构设计，应根据防护要求和受力情况做到结构各个部位抗力相协调，即在预定的爆炸动荷载作用下，保证结构各部位（如出入口与主体结构）都能正常工作，防止由于局部薄弱部分破坏影响主体，这是人防结构设计的指导原则。相协调的主要内容包括：（1）出入口各部位抗力相协调；（2）出入口与主体结构抗力应相协调；（3）主体结构各部位抗力应相协调；（4）防护设备与主体结构抗力应相协调。

结构构件的截面设计主要依据《混凝土结构设计规范》GB 50010—2010（2015 年版）的设计思想和方法，《人民防空地下室设计规范》GB 50038—2005 对部分构件的设计做了细节调整以体现人防结构的特殊性。

6.3.1 楼盖设计

配置普通受力钢筋的钢筋混凝土楼盖，按施工方法可分为现场浇筑整体式楼盖与装配整体式楼盖两类；现场浇筑又分现浇实心楼盖与现浇空心楼盖两类。人防地下室楼盖设计中，最常采用的是现浇实心钢筋混凝土楼盖。而楼盖形式主要有梁板组成的肋形楼盖、密肋形楼盖、无梁楼盖等，如图 6-5 所示。在战时荷载组合中，楼盖受到的荷载主要包括武器爆炸等效静荷载、静荷载（包括覆土、战时不拆迁的固定设备、顶板自重及其他静荷载）。作用在顶板上的荷载，一般取为垂直均布荷载。

(a) 梁板组成的肋形楼盖   (b) 密肋形楼盖   (c) 无梁楼盖

图 6-5 不同类型的楼盖

6.3.1.1　梁板组成的肋形楼盖设计

1）计算模型简化

整体式梁板结构，可分为单向板板结构和双向板板结构。

当板的长边 l_2 与短边 l_1 之比大于 2（即 $l_2/l_1 > 2$）时，板在受荷后主要沿一个方向弯曲，即沿板的短边 l_1 方向产生弯矩，而沿长边 l_2 方向的弯矩很小，可略而不计，即为单向连续板结构。

当 $l_2/l_1 \leq 2$ 时，板在两个方向均产生弯矩，即为双向板梁板结构。对于小开间的房间，顶板直接支承在承重墙上，一般属双向板。实际楼盖一般是多跨的，可将多跨双向板简化为单跨双向板或单向连续板进行近似计算。

简化为单跨双向板：各跨受均布荷载的顶板，当各跨跨度相等或相近时，中间支座的截面基本不发生转动。因此，可近似地认为每块板都固定在中间支座上，而边支座是简支的。这就可以把顶板分为每一跨单独的单跨双向板计算。但实际的支承是弹性的，因此其计算结果有时与实际受力情况有较大的出入。

简化为单向连续板：首先根据比值 l_2/l_1 将作用在每块双向板上的荷载近似地分配到 l_1 与 l_2 两个方向上，而后再按互相垂直的两个单向连续板计算。其支座条件，对支承在任何支座上的钢筋混凝土整浇顶（或次梁），一般均按不动铰考虑。各跨跨度相差不超 20% 时，可近似地按等跨连续单向板计算。此时，在计算支座弯矩时，取相邻两跨的最大计算跨度；在计算跨中弯矩时，则取所在跨的计算跨度。

2）内力计算方法

（1）单向连续板

当板两个方向的跨度 $l_2/l_1 > 2$ 且双向板的荷载已经分配而简化为单向连续板时，肋形楼盖宜按单向连续板计算。单向连续板的计算分按弹性理论和按塑性理论两种方法。当防水要求较高时，整浇钢筋混凝土顶板应按弹性法计算，对于等跨情况可直接按《建筑结构静力计算实用手册（第三版）》计算，对于不等跨情况可用弯矩分配法或其他方法；当防水要求不高时，可按塑性法计算，这种计算方法能充分发挥材料的塑性特性，合理使用并节省钢筋，其弯矩值可由弯矩调幅法确定。

按塑性法计算连续板内力又可分等跨（各跨跨度相差不超 20％）与不等跨两种情况。等跨连续单向板的弯矩计算，可按下列原则进行：各跨两支座弯矩之和的平均值加上跨中弯矩不小于简支板的最大弯矩 $M_0 = \dfrac{1}{8} q l^2$。承受均布荷载的等跨单向连续板，各跨跨中及支座截面的弯矩设计值可按式（6-9）计算。

$$M = \alpha q l^2 \tag{6-9}$$

$$Q = \beta_s q l \tag{6-10}$$

式中　M、Q——弯矩、剪力设计值；

　　　α、β_s——连续板考虑塑性内力重分布的弯矩系数、剪力系数，可分别按表 6-17 和表 6-18 采用；

　　　q——沿板跨单位长度上荷载设计值；

　　　l——板的计算跨度。

单向连续板考虑塑性内力重分布的弯矩系数 α 表 6-17

端支座 支承情况	截面					
	端支座	边跨跨中	第一内支座	第二跨中	中间支座	中跨跨中
搁置 墙上	0	1/11	−1/10 （用于两跨连续板）	1/16	−1/14	1/16
刚性 整接	−1/16	1/14	−1/11 （用于多跨连续板）			

单向连续板考虑塑性内力重分布的剪力系数 β_s 表 6-18

截面位置 支承情况	边跨		第二跨	中跨	
	内侧	外侧	内侧	外侧	内侧
搁置墙上	0.45	0.60	0.55	0.55	0.55
刚性整接	0.50	0.55			

当属于不等跨情况时，先按弹性法求出内力图，再将各支座负弯矩减少30％，并相应地增加跨中正弯矩，使每跨调整后两端支座弯矩的平均值与跨中弯矩绝对值之和不小于相应简支梁跨中弯矩。如前者小于后者时，应将支座弯矩的调整值减少（如从30％减到20％），从而确保不因支座负弯矩过小而造成跨中最大正弯矩过分增加。最后，再根据调整后的支座弯矩计算剪力值。

（2）双向板

多列双向板的计算也分弹性法和塑性法两种。按弹性法计算时，可简化为单跨双向板或将荷载分配后再按两个互相垂直的单向连续板计算；按塑性法计算时，任何一块双向板的控制截面弯矩有以下关系。

$$2\overline{M}_1 + 2\overline{M}_2 + \overline{M}_{\rm I} + \overline{M}'_{\rm I} + \overline{M}_{\rm II} + \overline{M}'_{\rm II} = \frac{ql_1^2}{12}(3l_2 - l_1) \qquad (6\text{-}11)$$

式中　　　$\overline{M}_1$ ——平行 l_1 方向板的跨中弯矩；

$\overline{M}_2$ ——平行 l_2 方向板的跨中弯矩；

$\overline{M}_{\rm I}$、$\overline{M}'_{\rm I}$ ——平行 l_1 方向板的支座弯矩；

$\overline{M}_{\rm II}$、$\overline{M}'_{\rm II}$ ——平行 l_2 方向板的支座弯矩；

q ——作用在该板上的均布荷载；

l_1 ——板的短跨计算长度，取轴线距离；

l_2 ——板的长跨计算长度，取轴线距离。

当板中有自由支座时，则该支座的弯矩应为零。为求解双向板的跨中及支座弯矩的比例关系，按经济和构造要求，提出如下建议。

① 跨中两个方向正弯矩之比 $\dfrac{\overline{M}_2}{\overline{M}_1}$ 应根据 $\dfrac{l_2}{l_1}$ 的比值按表 6-19 确定。

② 各支座与跨中弯矩之比在 1.0～2.5 范围内；同时，对于中间区格最好采用接近 2.5 的比值。

跨中两个方向正弯矩之比　　　　　　　　　　　　表 6-19

$\dfrac{l_2}{l_1}$	$\dfrac{\overline{M}_2}{\overline{M}_1}$	$\dfrac{l_2}{l_1}$	$\dfrac{\overline{M}_2}{\overline{M}_1}$
1.0	1.0～0.8	1.6	0.5～0.3
1.1	0.9～0.7	1.7	0.45～0.25
1.2	0.8～0.6	1.8	0.4～0.2
1.3	0.7～0.5	1.9	0.35～0.2
1.4	0.6～0.4	2.0	0.3～0.15
1.5	0.55～0.35		

计算多区格双向板时，可从任一区格（最好是中间区格）开始选定任一弯矩（如 $\overline{M}_1$），再以 $\overline{M}_1$ 根据上述比例来表示其他的跨中及支座弯矩，将各弯矩值代入式（6-11）即可求得弯矩 $\overline{M}_1$，其余弯矩按上述比例求出。随后可转入另一相邻区格，此时与前一区格共同的支座弯矩已知，第二区格其余弯矩可由相同方法计算；以后依此类推。

3）截面设计

防空地下室顶板截面按照受弯构件设计。在战时动荷载等效静荷载的荷载组合，可只验算强度，但要考虑材料动力强度的提高。

对于超静定钢筋混凝土梁板结构，同时发生最大弯矩和最大剪力的截面，应验算斜截面抗剪承载力，此时混凝土的动力强度设计值应乘以折减系数 0.8。板类受弯构件斜截面抗剪承载力计算，单向板可取宽 1000mm 的板进行验算，双向板可按 45°塑性铰线取长边平均剪力进行验算，如图 6-6 所示。

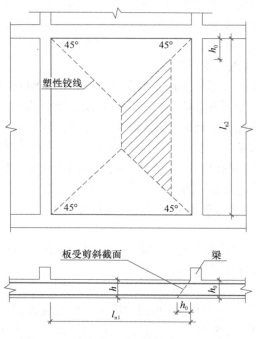

图 6-6　双向板按 45°塑性铰线边长示意图

不配置箍筋的一般板类受弯构件，其斜截面受剪承载力应按以下方法计算，当斜截面混凝土受剪承载力不满足要求时，应提高混凝土强度等级或增加截面厚度。

（1）单向板、矩形梁的斜截面受剪承载力计算

$$V_d \leqslant 0.7\beta_h(0.8f_{td})bh_0 \tag{6-12}$$
$$\beta_h = (800/h_0)^{1/4} \tag{6-13}$$

式中　V_d——计入动荷载时板类构件斜截面上的最大剪力设计值；

f_{td}——混凝土轴心抗拉动力强度设计值；

β_h——受剪切承载力截面高度影响系数，当 $h_0 < 800$mm 时，取 800mm；当 $h_0 > 2000$mm 时，取 2000mm。

（2）双向板斜截面受剪承载力计算

$$V_d \leqslant 0.7\beta_{hs}(0.8f_{td})(l_{n2} - 2h_0)h_0 \tag{6-14}$$
$$\beta_{hs} = (800/h_0)^{1/4} \tag{6-15}$$

式中　V_d——作用在图 6-6 中阴影面积上的荷载设计值；

β_{hs}——受剪切承载力截面高度影响系数；

f_{td}——混凝土轴心抗拉动力强度设计值。

在肋形楼盖设计中还涉及梁的斜截面受剪承载力验算。截面的腹板高度为 h_w、宽度为 b 的矩形、T 形和 I 形截面梁的受剪截面尺寸应符合下列规定：当 $h_w/b \leqslant 4$ 时，$V_d \leqslant 0.25\beta_c(0.8f_{cd})bh_0$；当 $h_w/b \geqslant 6$ 时，$V_d \leqslant 0.20\beta_c(0.8f_{cd})bh_0$；当 $4 < h_w/b < 6$ 时，按线性内插法确定。其中，当混凝土强度等级不超过 C50 时，β_c 取 1.0；当混凝土强度等级为 C80 时，β_c 取 0.8；其间按线性内插法确定。

双向板的受力钢筋是纵横叠置的，跨中顺短边方向的应放在顺长边方向的下面，计算时取其各自的截面有效高度。由于板的弯矩从跨中向两边逐渐减小，为了节省材料，可将双向板在两个方向上分为三个板带。中间板带按最大正弯矩配筋，两边板带适当减少；但当中间板带配筋不多，或当板跨较小时，可不分板带。

6.3.1.2　现浇无梁楼盖设计

无梁楼盖是一种不设梁，楼板直接支承在柱上，楼面荷载直接通过柱子传至基础的板柱结构体系。由于无梁楼盖不设置梁，板面负载直接由板传给柱，具有结构简单、传力路径短捷、净空利用率高的优点，还能有效减小结构顶板高度，有效减小建筑物埋深，有利于通风，便于布置管线和施工。试验表明，在动荷载作用下其延性性能良好，安全储备大，近年来在人防工程中使用较多。人防地下室常用的现浇无梁楼盖，柱网通常布置成正方形或矩形，区格内长短跨之比不宜大于 1.5。当无梁楼盖板的配筋符合《人民防空地下室设计规范》GB 50038—2005 规定时，其允许延性比 $[\beta]$ 可取 3.0。

1）计算模型简化

楼盖支承在钢筋混凝土墙或柱上，无梁楼盖分纵、横两个方向按柱上板带及跨中板带进行配筋。板带区格划分如图 6-7 所示。

2）内力计算方法

无梁楼盖板在等效静荷载和静荷载共同作用下，可首先按弹性受力状态计算内力，再对板的内力值进行调幅以考虑塑性变形。具体可按以下两种方法计算。

（1）直接设计法（经验系数法）

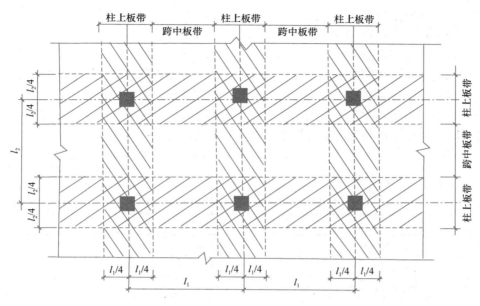

图 6-7　现浇无梁楼盖的板带区格划分

适用于每个方向连续三跨以上，所有柱网均为正方形或矩形，各区格的长短跨之比不大于 1.5，每跨跨度相等或相差不超过 20%。人防工程中的无梁楼盖多能满足这些要求。如果相邻跨度不等但较接近，则支座弯矩可取较大一跨给出的数值，也可根据相邻板的刚度比值适当调整正负弯矩比值。用直接设计法计算内力如下。

板 x 向的总弯矩

$$M_{\mathrm{x}} = 0.125 \times q \times l_{\mathrm{y}} \ (l_{\mathrm{x}} - 2c/3)^2 \tag{6-16}$$

板 y 向的总弯矩

$$M_{\mathrm{y}} = 0.125 \times q \times l_{\mathrm{x}} \ (l_{\mathrm{y}} - 2c/3)^2 \tag{6-17}$$

式中　q——楼板上的均布荷载；

$\quad\quad c$——弯矩计算方向柱帽的有效宽度；

$\quad\quad l_{\mathrm{x}}$——板 x 向的轴跨；

$\quad\quad l_{\mathrm{y}}$——板 y 向的轴跨。

《人民防空地下室设计规范》GB 50038—2005 规定，用直接方法设计计算时，对中间区格的板，宜将按弹性阶段受力状态计算的负弯矩与跨中正弯矩之比从 2.0 调整到 1.3～1.5；对边跨板，宜相应降低负、正弯矩的比值。

对中间区格的板，取支座负弯矩与跨中正弯矩之比为 1.4：1，以 x 方向为例，设总弯矩为 M_{x}，则 $M_{\text{支座}(-)} = \dfrac{1.4}{2.4} M_{\mathrm{x}} = -0.58 M_{\mathrm{x}}$，$M_{\text{跨中}(+)} = \dfrac{1.0}{2.4} M_{\mathrm{x}} = 0.42 M_{\mathrm{x}}$。《人民防空地下室设计规范》GB 50038—2005 附录 D 规定，支座负弯矩在柱上板带和跨中板带的分配可取 3：1～2：1，跨中正弯矩在柱上板带和跨中板带的分配可取 1：1～1.5：1。根据《防空地下室结构设计手册》RFJ 04—2015 第 10.2 节，若前者取 3：1（即 0.75：0.25），后者取 1.22：1（即 0.55：0.45），则

柱上板带支座负弯矩 $M_1 = 0.75 \times (-0.58 M_{\mathrm{x}}) = -0.43 M_{\mathrm{x}}$

跨中板带支座负弯矩 $M_2 = 0.25 \times (-0.58\,M_x) = -0.15\,M_x$

柱上板带跨中正弯矩 $M_3 = 0.55 \times (0.42\,M_x) = 0.23\,M_x$

跨中板带跨中正弯矩 $M_4 = 0.45 \times (0.42\,M_x) = 0.19\,M_x$

当无梁楼盖的板与钢筋混凝土边墙整体浇筑时，板的边跨支座负弯矩与跨中正弯矩之比可按中间区格的板进行调幅。当边跨板为其他支座条件时，可依据实际约束情况调整支座与跨中弯矩；当边跨支座按嵌固设计时，宜适当降低负、正弯矩的比值。综合考虑，无梁楼盖板各区格柱上板带和跨中板带的弯矩分配系数可按表6-20采用。从表6-20可知，在人防荷载作用下，支座负弯矩较一般工程有所降低，而跨中正弯矩略有提高，这反映了内力从支座向跨中截面的重分布。

柱上板带和跨中板带的弯矩分配系数　　　　　　　　表 6-20

截面位置		柱上板带	跨中板带
边跨	边支座负弯矩	−0.38	−0.20
	跨中正弯矩	+0.23	+0.19
	第一内支座负弯矩	−0.43	−0.15
内跨	支座负弯矩	−0.43	−0.15
	跨中正弯矩	+0.23	+0.19

（2）等代框架法

人防地下室无梁楼盖也可采用等代框架法进行设计，此时，宜将按弹性受力状态计算的支座负弯矩下调10%~15%，并应按平衡条件将跨中正弯矩相应上调。用等代框架法设计计算对处理不等跨和边跨的情况更为有利。用等代框架法设计计算的支座负弯矩在柱上板带和跨中板带的分配、跨中正弯矩在柱上板带和跨中板带的分配与直接设计法完全相同。

3）截面设计

无梁楼盖的截面设计与上节肋形楼盖截面设计基本相同。另外，无梁楼盖设计还应遵循下列构造措施。

无梁楼盖的板内纵向受力钢筋的配筋率不应小于0.3%和$0.45 f_{td}/f_{yd}$中的较大值。无梁楼盖的板内纵向受力钢筋宜通长布置，间距不应大于250mm，并应符合下列规定：（1）邻跨之间的纵向受力钢筋宜采用机械连接或焊接接头，或伸入邻跨内锚固；（2）底层钢筋宜全部拉通，不宜弯起，顶层钢筋不宜采用在跨中切断的分离式配筋；（3）当相邻两支座的负弯矩相差较大时，可将负弯矩较大支座处的顶层钢筋局部截断，但被截断的钢筋截面面积不应超过顶层受力钢筋总截面面积的1/3，被截断的钢筋应延伸至按正截面受弯承载力计算不需设置钢筋处以外，延伸的长度不应小于20倍钢筋直径。

顶层钢筋网与底层钢筋网之间应设梅花形布置的拉结筋，其直径不应小于6mm，间距不应大于500mm，弯钩直线段长度不应小于6倍拉结筋的直径，且不应小于50mm。在离柱（帽）边$1.0h_0$（h_0为有效高度）范围内，箍筋间距不应大于$h_0/3$，箍筋面积A_{sv}不应小于$0.2 u_m h_0 f_{td}/f_{yd}$（$u_m$为冲切破坏锥体上、下周边的平均长度），并应按相同的箍筋直径与间距向外延伸不小于$0.5h_0$的范围。对厚度超过350mm的板，允许设置开口箍筋，并允许用拉结筋部分代替箍筋，但其截面积不得超过所需箍筋截面积A_{sv}的25%。

此外，无梁楼盖沿柱边、柱帽边、托板边、板厚变化及抗冲切钢筋配筋率变化部位，应按下列规定进行抗冲切验算。

（1）当板内不配置箍筋和弯起钢筋时，抗冲切可按式（6-18）验算。

$$F_l \leq 0.7\beta_h f_{td} u_m h_0 \qquad\qquad (6-18)$$

式中　F_l——冲切荷载设计值，可取柱所承受的轴向力设计值减去柱顶冲切破坏锥体范围内的荷载设计值；

　　　β_h——截面高度影响系数，当 $h<800mm$ 时，取 $\beta_h=1.0$；当 $h\geqslant 2000mm$ 时，取 $\beta_h=0.9$；其间按线性内插法取用；

　　　f_{td}——混凝土在动荷载作用下的抗拉强度设计值；

　　　u_m——冲切破坏锥体上、下周边的平均长度，可取距冲切破坏锥体下周边 $h_0/2$ 处的周长；

　　　h_0——冲切破坏锥体截面的有效高度。

（2）当板内配有箍筋时，抗冲切可按式（6-19）验算。

$$F_l \leq 0.5 f_{td} u_m h_0 + f_{yd} A_{sv} \text{ 且 } F_l \leq 1.05 f_{td} u_m h_0 \qquad (6-19)$$

式中　f_{yd}——在动荷载作用下抗冲切箍筋或弯起钢筋的抗拉强度设计值，取 $f_{yd}=240N/mm^2$；

　　　A_{sv}——与呈 45°冲切破坏锥体斜截面相交的全部箍筋截面面积。

（3）当板内配有弯起钢筋时，弯起钢筋根数不应少于 3 根，抗冲切可按式（6-20）验算。

$$F_l \leq 0.5 f_{td} u_m h_0 + f_{yd} A_{sb}\sin\alpha \text{ 且 } F_l \leq 1.05 f_{td} u_m h_0 \qquad (6-20)$$

式中　A_{sb}——与呈 45°冲切破坏锥体斜截面相交的全部弯起钢筋截面面积；

　　　α——弯起钢筋与板底面的夹角。

当无梁楼盖的跨度大于 6m，或其相邻跨度不等时，冲切荷载设计值应取按等效静荷载和静荷载共同作用下求得的冲切荷载的 1.1 倍；当无梁楼盖的相邻跨度不等，且长短跨之比超过 4：3，或柱两侧节点不平衡弯矩与冲切荷载设计值之比超过 0.05（$c+h_0$）（c 为柱边长或柱帽边长）时，应增设箍筋。

板中抗冲切钢筋可按图 6-8 配置。

6.3.2　承重内墙（柱）设计

人防地下室的承重内墙（柱）所承受的荷载包括顶板常规武器爆炸等效静荷载、静荷载、上部建筑自重、内承重墙（柱）自重。除防护隔墙外，一般内墙（柱）不承受侧向水平荷载。因此，为了简化计算，常将承重内墙（柱）近似地按中心受压构件计算。进行墙、柱受压构件正截面承载力验算时，混凝土及砌体的轴心抗压动力强度设计值应乘以折减系数 0.8。

人防地下室钢筋混凝土轴心受压柱，当配置的箍筋符合《混凝土结构设计规范》GB 50010—2010（2015 年版）的构造规定时，其正截面受压承载力可按式（6-21）计算。

$$N_d \leq 0.9\zeta[(0.8 f_{cd})A + f'_{yd}A'_s] \qquad\qquad (6-21)$$

式中　N_d——动荷载作用下轴向压力设计值；

　　　ζ——钢筋混凝土轴心受压构件的稳定系数；

　　　f_{cd}——混凝土轴心抗压动力强度设计值；

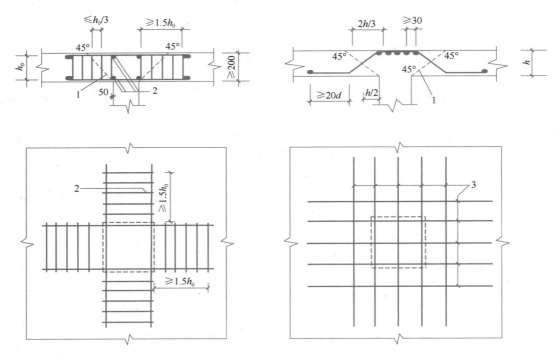

图 6-8　板中抗冲切钢筋布置（单位：mm）

1—冲切破坏锥体斜截面；2—架立钢筋；3—弯起钢筋不少于三根

A ——截面面积；

f'_{yd} ——钢筋抗压动力强度设计值；

A'_s ——全部纵向钢筋的截面面积。

当构件的长边（长度）大于其短边（厚度）的 4 倍时，宜按墙的构造要求进行设计。

6.3.3　外侧墙设计

（1）荷载作用

人防地下室外墙是指一侧与室外岩土接触并直接承受土中压缩波作用，另一侧位于人防地下室内部的墙体。外墙承受的竖向荷载，主要有上层建筑传来的竖向荷载、地下室外墙自重及顶板传来的竖向荷载；外墙承受的侧向力有土压力、水压力及地面堆积物活载产生的水平压力；此外，还要计入核武器或常规武器爆炸产生的水平动荷载和顶板传来的动荷载。由顶板传来的等效静荷载、静荷载及由上部墙体传来的上层建筑自重等垂直荷载，在外墙设计中都可近似按轴向力作用计算。

（2）计算模型简化

外墙与顶板之间刚度较为接近时，外墙上部可近似按固定端与铰支之间的支座情况考虑。底板刚度大于外墙时，外墙下部支座可视作固定端。各构件之间支座条件应相互协调一致，需注意配筋及构造应与实际受力状况相符。

当地下室内部横墙较多或上层建筑的柱子沿外墙向下直通到基础底板时，外墙可按支承在内部横墙（柱）与楼板上的双向（单向）板计算；当地下室内部横墙较少时可考虑上下两端支承，按支承在楼板与基础底板上的单向板计算。

当地下室层高很高，内部横墙较少，导致墙体很厚时，可在墙上按一定间距设置壁柱，壁柱、楼板、基础底板作为其四个支承边。根据支承条件，外墙可按双向板或单向板计算，壁柱可视为上下支承的受弯构件（轴力可略去不计；当平时荷载起控制作用时，需验算壁柱的挠度、裂缝）。

此外，也有将墙顶与顶板连接处视为铰接，而对侧墙与底板进行整体考虑的算法，或者将顶板、侧墙和底板作为整体框架，如图 6-9 所示。

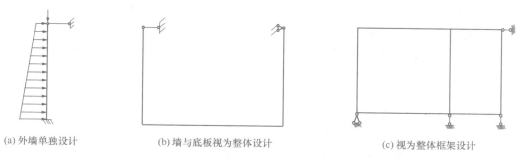

（a）外墙单独设计　　　　　　　（b）墙与底板视为整体设计　　　　　　　（c）视为整体框架设计

图 6-9　涉及外墙的不同简化计算模型

（3）内力计算方法

钢筋混凝土外墙可按塑性内力重分布计算内力，砌体外墙则应按弹性分析计算内力。根据两个方向上长度比值的不同，墙板可按照单向板或双向板计算内力。

（4）截面设计

在垂直荷载与水平荷载共同作用下，外墙可按偏心受压构件验算；为计算简单且偏于安全起见，外墙可不考虑轴向压力作用，将压弯构件按纯弯构件验算。若一定要计轴力作用时，则按矩形截面偏心受压计算，此时混凝土及砌体的轴心抗压动力强度设计值应乘以折减系数 0.8。在防空地下室侧墙的强度与稳定性计算时，应将战时动荷载作用和平时正常使用所得出的结构截面及配筋进行比较，取其较大值，因为侧墙不一定像顶板那样由战时动荷载作用控制截面设计。

6.3.4　基础与底板设计

（1）基础选型

由于结构底部压力主要是被动抗力，因此当基础位于地下水位以上时，可采用独立基础承受核武器爆炸动荷载作用；如基础可能位于地下水位以下时，因在人防动荷载作用下可能会产生较大位移，为保证战时正常使用，对位于地下水位以下的基础，不宜采用独立基础，而应采用箱形基础或筏形基础，使整块板共同受力。如人防地下室设在多层建筑下部，为减小与高层建筑的沉降差，人防地下室不宜采用箱形基础或筏形基础，需采用条形基础、独立柱基，加防水底板时，防水底板下面应设软夹层。

（2）荷载与设计内容

人防地下室底板可不考虑常规武器地面爆炸作用，在核武器爆炸动荷载作用下可不验算地基承载力和地基变形。因此，人防地下室基础底面积由平时荷载确定。在核武器爆炸动荷载作用下，只需验算基础强度，不需验算基础变形及裂缝。

人防地下室采用箱形基础、筏形基础时，作用在基础底板上的核武器爆炸动荷载主要是结构顶板受到动荷载后向下运动所产生的地基反力。由于在核武器爆炸动荷载作用下，地基反力由被动土压力产生，故结构底部压力主要是被动抗力。

在确定核武器爆炸等效静荷载与静荷载同时作用下防空地下室基础荷载组合时，当地下水位以下无桩基或防空地下室基础采用箱形基础或筏形基础，且建筑物自重大于水浮力，地基反力按不计入水浮力计算时，底板荷载组合可不计入水压力；若地基反力按计入水浮力计算时，底板荷载组合中也应计入水压力；对地下水位以下带桩基的防空地下室，底板荷载组合中均应计入水压力。

一般情况下，地下水位以上是指底板底面标高距设防水位 300mm 以上；如小于 300mm，宜按位于地下水位以下考虑。

在核武器爆炸动荷载与静荷载共同作用下，条形基础、独立柱基及桩基承台等构件受冲切承载力计算公式可采用一般静力结构设计给出的公式，用《人民防空地下室设计规范》GB 50038—2005 规定的荷载组合设计值及采用材料动力强度设计值进行受冲切承载力验算，对地基承载力及变形可不进行验算。

（3）计算模型简化

对比较均匀的地基，当上部刚度较好，荷载比较均匀时，箱形基础或筏形基础可按倒楼盖方法计算。当地基梁高度不小于 1/6 跨度或底板厚度不小于 1/12 跨度时，地基反力可取平均值，但应扣除基础梁板自重。

6.3.5　地基承载力与变形验算

在爆炸动荷载作用下，地基承载力有较大提高，一般不会因地基失稳引起结构破坏。人防地下室结构在爆炸动荷载作用下的基础设计，可只按平时使用条件验算地基的承载能力及地基变形，不进行战时动荷载作用下地基承载力与地基变形的验算。但为保证基础承载力，应验算战时动荷载作用下基础强度。详细要求参见《建筑地基基础设计规范》GB 50007—2011。

6.3.6　平战转换设计

为满足人防地下室平时使用要求，经人防工程主管部门核准认可，甲、乙类人防地下室，可采取以下平战兼顾的设计方法。

（1）人防地下室外墙可设置通风采光窗。

（2）防护单元通往非防护单元（或相邻防护单元之间隔墙）处可设置平时通行口、通风口、排烟口，其高度、宽度应根据使用要求按现行国家标准防护密闭门确定，不应采用预制构件临战封堵。

（3）人防地下室顶板不应开设采光窗，设备出入口应开设在防护密闭区以外。

采用平战转换的人防地下室，应进行一次性的平战转换设计，实施平战转换的结构构件在设计中应满足转换前、后两种不同受力状态的各项要求，并在设计图纸中注明转换部位、方法及具体实施要求。

平战转换措施应按不使用机械、不需要熟练工人就能在规定的转换期限内完成设计，临战实施平战转换不应采用现浇混凝土；所需的预制构件应在工程施工时一次做好，并做好标志，就近存放。

6.4　设计案例——某人防地下商场结构设计

6.4.1　建筑概况及设计依据

某人防地下室为地下一层单体建筑，层净高 4.6m，建筑物长 195m，宽 36.6m，顶板埋深 0.9m。平时作为地下商场使用，可同时容纳约 4000 人，人防设计等级为常 6 级。设计依据如下。

《建筑结构荷载规范》GB 50009—2012

《混凝土结构设计规范》GB 50010—2010（2015 年版）（以下简称《混规》）

《建筑地基基础设计规范》GB 50007—2011

《人民防空地下室设计规范》GB 50038—2005（以下简称《人防地规》）

《岩土工程勘察规范》GB 50021—2001（2009 年版）

《防空地下室结构设计手册》RFJ 04—2015

6.4.2　工程地质及水文地质条件

场地的地层分布及物理力学参数如表 6-21 所示。该人防地下结构主体位于粉质黏土层，地质条件良好，场地土层均匀，无不良地质现象。地下水埋深位于地面以下 0.4m，常年无变化。

场地地层分布及物理力学参数　　　　　　　　　　　　　　　　　表 6-21

岩土名称	层厚（m）	岩土特征	力学参数
① 杂填土层	0.9	松散、欠压实、人工素填土	$\gamma=18kN/m^3$，$c=5kPa$ $\varphi=20°$，$K_0=0.5$（静止土压力系数）
② 粉质黏土层	7	硬塑、可塑	$\gamma=18kN/m^3$，$c=6kPa$ $\varphi=18°$，$K_0=0.5$，$f_{ak}=250kPa$
③ 黏土层	20	硬塑	$\gamma=19kN/m^3$，$c=8kPa$ $\varphi=30°$，$K_0=0.45$，$f_{ak}=250kPa$

6.4.3　人防地下结构建筑设计

该人防地下结构主体总建筑面积约为 7200m²，共设置八个出入口，到紧急疏散出口最远点距离为 30m。主体防火等级为一级，设置四个防火分区，每个防火分区面积约为 1800m²，各防火分区之间使用防火卷帘分隔。每个防火分区最小疏散宽度 9m，楼梯开间 3.3m，进深 10.96m，楼梯为上行楼梯，室内部分为一个梯段，室外部分分成两个梯段，两休息平台，楼梯踏步高 0.16m，踏步宽 0.3m，共 35 步。

6.4.4　结构方案

根据结构使用功能、场地条件、结构材料以及施工技术等因素综合考虑，本人防地下结构顶板为 300mm 厚现浇钢筋混凝土无梁楼盖。如图 6-10（a）所示，柱网正方形布置，柱中心距 $l_x=l_y=7200mm$。图 6-10（b）中，柱为现浇钢筋混凝土柱，截面尺寸为 $b×h=500mm×500mm$；柱顶柱帽倾角 45°，柱帽高度 800mm，下底面 500mm×500mm，上顶面

2100mm×2100mm。图 6-10（c）中，侧墙为 300mm 厚现浇钢筋混凝土墙，顶部与 300mm 厚楼盖整浇，底部与 400mm 厚底板整浇。结构外侧防水层采用 SBS 改性沥青防水卷材加 80mm 厚聚苯复合保温板。建筑内隔墙采用 200mm 厚陶粒混凝土空心砌块墙体砌筑。

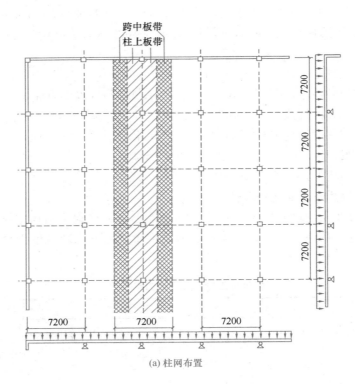

(a) 柱网布置

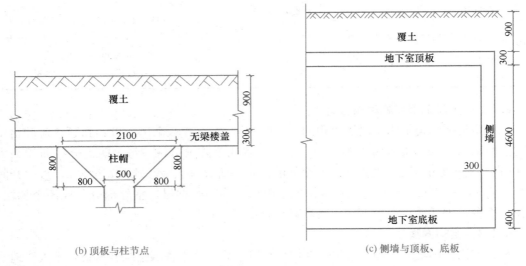

(b) 顶板与柱节点

(c) 侧墙与顶板、底板

图 6-10　现浇无梁楼盖的板带区格划分图（单位：mm）

以下仅给出战时常规武器爆炸等效静荷载与静荷载同时作用下楼盖（顶板）、柱帽、内柱、侧墙的承载能力极限状态设计。底板相当于倒置的楼盖，可参考楼盖设计方法进行底板的结构设计。

6.4.5 无梁楼盖设计

本节依据《人防地规》附录D无梁楼盖设计要点进行设计。

1）楼盖荷载

楼盖上覆土厚度0.9m，重度20kN/m³，楼盖受到的竖向土压力$q_{Gk1}=18kN/m^2$。楼盖混凝土厚度0.3m，重度25kN/m³，楼盖自重$q_{Gk2}=7.5kN/m^2$。楼盖设备、管线等挂重一般取$q_{Gk3}=0.4kN/m^3$；荷载标准值：$q_{Gk}=q_{Gk1}+q_{Gk2}+q_{Gk3}=25.9kN/m^2$。常规武器爆炸动荷载作用下楼盖等效静荷载标准值$q_{Qk}$查表6-2，人防设计等级为常6级，线性插值得$q_{Qk}=32.0kN/m^2$。承载能力极限状态验算的对应荷载组合为$q=q_{Gk}\gamma_G+q_{Qk}\gamma_Q=25.9\times1.2+32.0\times1.0=63.08kN/m^2$。

2）板弯矩计算

柱帽的有效宽度$c=2100mm$，板区格的计算跨度$l_{nx}=l_x-\frac{2}{3}c=5800mm$，$l_{ny}=l_y-\frac{2}{3}c=5800mm$，$x$向总弯矩$M_{0x}=\frac{1}{8}ql_yl_{nx}^2=1909.8kN\cdot m$，因结构在$x$向和$y$向尺寸相同，因而$M_{0y}=M_{0x}=1909.8kN\cdot m$。以下以$x$向为例展示设计过程。

采用直接设计法，根据表6-20，内跨和边跨板带弯矩分配如表6-22和表6-23所示。

内跨板带弯矩分配表（kN·m）　　表6-22

内跨柱上板带		内跨跨中板带	
支座负弯矩	跨中正弯矩	支座负弯矩	跨中正弯矩
$0.43M_{0x}\times0.8$	$0.23M_{0x}\times0.8$	$0.15M_{0x}\times0.8$	$0.19M_{0x}\times0.8$
657.0	351.4	229.2	290.3

边跨板带弯矩分配表（kN·m）　　表6-23

边跨柱上板带（有半柱帽）			边跨跨中板带		
第一内支座负弯矩	跨中正弯矩	边支座负弯矩	第一内支座负弯矩	跨中正弯矩	边支座负弯矩
$0.43M_{0x}\times0.8$	$0.23M_{0x}$	$0.38M_{0x}$	$0.15M_{0x}\times0.8$	$0.19M_{0x}$	$0.20M_{0x}$
657.0	439.3	725.7	229.2	362.9	382.0

注：考虑板的穹顶作用，除边跨跨中及边支座外，其他截面的计算弯矩，均乘以0.8的折减系数。

3）板内跨配筋设计

基本设计参数：混凝土强度等级C30，按照表6-1，动荷载作用下混凝土强度综合调整系数取1.5，$f_{cd}=1.5\times14.3N/mm^2=21.45N/mm^2$，$f_{td}=1.5\times1.43N/mm^2=2.15N/mm^2$；受力钢筋HRB400级，按照表6-1，动荷载作用下钢筋强度综合调整系数取1.2，$f_{yd}=1.2\times360N/mm^2=432N/mm^2$；板厚$h=300mm$；混凝土保护层厚度$c=30mm$，钢筋直径$d$暂按照20mm计，则$a_s=c+\frac{d}{2}=40mm$（初步设计后再按实际配筋对应的$a_s$验算一次即可）；截面有效高度$h_0=h-a_s=300-40=260mm$；因混凝土强度等

级不超过 C50，取系数 $\alpha_1 = 1.0$；相对界限受压区高度 $\xi_b = \dfrac{\beta_1}{\left(1 + \dfrac{f_{yd}}{E_s \, \varepsilon_{cu}}\right)} = 0.484$（其中，

$E_s = 200\text{GPa}$，$\varepsilon_{cu} = 0.0033$，因混凝土强度等级不超过 C50，故取 $\beta_1 = 0.8$）。

（1）柱上板带跨中截面

① 计算相对受压区高度 ξ

计算弯矩 $M = 351.4\text{kN} \cdot \text{m}$，板带宽度 $b = 3.6\text{m}$，$\xi = 1 - \sqrt{1 - \dfrac{M}{0.5 \, \alpha_1 \, f_{cd} b h_0^2}} = 0.07 < \xi_b = 0.518$。

满足《混规》式（6.2.10-3）要求。

② 计算 A_s

$$A_s = \frac{\alpha_1 \, f_{cd} b h_0 \xi}{f_{yd}} = 3241.6 \, \text{mm}^2$$

③ 验算最小配筋率

$$\rho = \frac{A_s}{b h_0} = 0.35\% > 0.3\%$$

满足《人防地规》附录 D.3.1：板内纵向受力钢筋配筋率不小于 0.3% 和 $0.45 f_{td}/f_{yd} = 0.224\%$ 中的最大值。

④ 配筋

受拉钢筋选用 $\Phi 18@250$，$A_s = 3664.8\text{mm}^2$，$\rho = 0.39\%$；根据《人防地规》第 4.11.9 条构造要求，宜在受弯构件的受压区配置构造钢筋，构造钢筋面积不宜小于受拉钢筋的最小配筋率（根据表 6-16，$\rho_{min} = 0.25\%$），因此构造受压钢筋选用 $\Phi 16@250$，$A_s = 2895.8\text{mm}^2$，$\rho = 0.31\% > \rho_{min} = 0.25\%$，满足构造要求。

（2）柱上板带支座截面

① 计算相对受压区高度 ξ

计算弯矩 $M = 657.0\text{kN} \cdot \text{m}$，板带宽度 $b = 3.6\text{m}$，$\xi = 1 - \sqrt{1 - \dfrac{M}{0.5 \, \alpha_1 \, f_{cd} b h_0^2}} = 0.135 < \xi_b = 0.518$。

满足要求。

② 计算 A_s

$$A_s = \frac{\alpha_1 \, f_{cd} b h_0 \xi}{f_{yd}} = 6272.7 \, \text{mm}^2$$

③ 验算最小配筋率

$$\rho = \frac{A_s}{b h_0} = 0.67\% > 0.3\%$$

满足要求。

④ 配筋

受拉钢筋选用 $\Phi 18@130$，$A_s = 7047.7\text{mm}^2$，$\rho = 0.75\%$；受压钢筋选用 $\Phi 16@250$，$A_s = 2895.8\text{mm}^2$，$\rho = 0.31\% > \rho_{min} = 0.25\%$ 且大于 $\rho/3$，满足构造要求。

（3）跨中板带跨中截面

① 计算相对受压区高度 ξ

计算弯矩 $M = 290.3\text{kN} \cdot \text{m}$，板带宽度 $b = 3.6\text{m}$，$\xi = 1 - \sqrt{1 - \dfrac{M}{0.5\,\alpha_1 f_{cd} b h_0^2}} = 0.057 < \xi_b = 0.518$。

满足要求。

② 计算 A_s

$$A_s = \frac{\alpha_1 f_{cd} b h_0 \xi}{f_{yd}} = 2660.7\text{mm}^2$$

③ 验算最小配筋率

$$\rho = \frac{A_s}{b h_0} = 0.28\% < 0.3\%$$

故按配筋率 0.3% 配筋。

④ 配筋

受拉钢筋选用 ϕ 16@250，$A_s = 2895.8\text{mm}^2$，$\rho = 0.31\%$；构造受压钢筋选用 ϕ 16@250，$A_s = 2895.8\text{mm}^2$，$\rho = 0.31\% > \rho_{min} = 0.25\%$，满足构造要求。

（4）跨中板带支座截面

① 计算相对受压区高度 ξ

计算弯矩 $M = 229.2\text{kN} \cdot \text{m}$，板带宽度 $b = 3.6\text{m}$，$\xi = 1 - \sqrt{1 - \dfrac{M}{0.5\,\alpha_1 f_{cd} b h_0^2}} = 0.045 < \xi_b = 0.518$。

满足要求。

② 计算 A_s

$$A_s = \frac{\alpha_1 f_{cd} b h_0 \xi}{f_{yd}} = 2087.5\text{mm}^2$$

③ 验算最小配筋率

$$\rho = \frac{A_s}{b h_0} = 0.22\% < 0.3\%$$

按配筋率 0.3% 配筋。

④ 配筋

受拉钢筋选用 ϕ 16@250，$A_s = 2895.8\text{mm}^2$，$\rho = 0.31\%$；构造受压钢筋选用 ϕ 16@250，$A_s = 2895.8\text{mm}^2$，$\rho = 0.31\% > \rho_{min} = 0.25\%$，满足构造要求。

综上，板内跨配筋如表 6-24 所示。

内跨板带配筋汇总表

表 6-24

截面	内跨柱上板带		内跨跨中板带	
	支座截面	跨中截面	支座截面	跨中截面
受拉区	ϕ 18@130	ϕ 18@250	ϕ 16@250	ϕ 16@250
受压区	ϕ 16@250	ϕ 16@250	ϕ 16@250	ϕ 16@250

4）板边跨配筋设计

同理可得板边跨配筋如表 6-25 所示，计算过程从略。

边跨板带配筋汇总表　　　　　　　　表 6-25

截面	边跨柱上板带			边跨跨中板带		
	第一内支座	跨中截面	边支座截面	第一内支座	跨中截面	边支座截面
受拉区	ϕ 18@130	ϕ 18@200	ϕ 18@130	ϕ 16@250	ϕ 16@200	ϕ 16@200
受压区	ϕ 16@250	ϕ 16@250	ϕ 16@250	ϕ 16@250	ϕ 16@250	ϕ 16@250

6.4.6　柱帽抗冲切验算

柱帽尺寸：柱帽高度 800mm，与板接触的顶面尺寸 2100mm×2100mm，与柱接触的底面尺寸 500mm×500mm。

冲切荷载设计值：柱承担轴向力设计值为 $ql_x l_y - qA_{冲切锥顶部面积} = 63.08 \times 7.2 \times 7.2 - 63.08 \times 2.7 \times 2.7 = 2810.2$ kN。根据《人防地规》附录 D.2.3，当无梁楼盖的跨度大于 6m 时，或其相邻跨度不等时，冲切荷载设计值应取等效静荷载和静荷载共同作用下求得冲切荷载的 1.1 倍，即冲切荷载为 $2810.2 \times 1.1 = 3091.2$ kN。

首先按照板内不配置箍筋和弯起钢筋验算。抗冲切承载力为 $0.7\beta_h f_{td} u_m h_0 = 0.7 \times 1.0 \times 2.15 \times 9600 \times 260 \times 10^{-3} = 3756.5$ kN > 3091.2 kN，抗冲切满足要求。故按构造要求配筋，如图 6-11 所示。

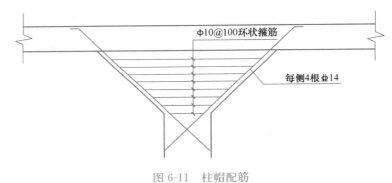

图 6-11　柱帽配筋

6.4.7　中柱设计

中柱由于无偏心，故按轴心受压构件计算；边柱、角柱应按偏心受压构件设计。此处仅以中柱为例说明设计过程。无梁楼盖结构中柱所承受荷载由两部分组成：顶板荷载和中柱自重。柱截面尺寸为 0.5m×0.5m，净高为 4.6m。

顶板荷载为 $ql_x l_y = 63.08 \times 7.2 \times 7.2 = 3270.1$ kN，中柱自重为 $N_{Gk} = 25 \times 0.5 \times 0.5 \times 4.6 = 28.8$ kN。柱所承受轴心压力设计值 $N = ql_x l_y + N_{Gk}\gamma_G = 3270.1 + 28.8 \times 1.2 = 3304.7$ kN。

截面边长 $b = 500$ mm，$l_0/b = 9.2$，根据线性插值得钢筋混凝土轴心受压构件稳定系数 $\xi = 0.99$，当仅考虑混凝土受压时，轴向受压承载力为 $0.9\xi(0.8f_{cd})A = 0.9 \times 0.99 \times 0.8 \times 21.45 \times 500 \times 500 \times 10^{-3} = 3822.4$ kN > 3304.7 kN

因此，只需按构造配筋即可。根据表 6-16，受压构件的最小配筋率为 0.5%（采用 HRB400 级），$A_s = 0.5\% \times 500 \times 500 = 1250$ mm^2。

根据《混规》第 9.3.1 条，柱中纵向受力钢筋直径不宜小于 12mm，全部纵向钢筋的配筋率不宜大于 5%，柱中纵向钢筋的净间距不应小于 50mm，且不宜大于 300mm。选用

12 ⨎ 14，每边 3 根，$A'_s = 1846.8mm^2$，配筋率 $\rho' = \dfrac{A'_s}{A} = 0.74\% > 0.5\%$。

根据《混规》第 9.3.2 条，箍筋配置需满足以下要求：①箍筋直径大于或等于 $d/4$ 且大于或等于 6mm，d 为纵向钢筋最大直径；②箍筋间距小于或等于 400mm，且小于或等于构件短边尺寸，且小于或等于 15d；③柱及其他受压构件中的周边箍筋应做成封闭式；④当柱截面短边尺寸大于 400mm 且各边纵向钢筋多于 3 根时，应设置复合箍筋。

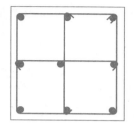

图 6-12　中柱截面配筋

此处，①纵向钢筋最大直径 $d = 14mm$，取箍筋直径为 8mm；②间距 $s \leqslant \min\{400, 500, 15 \times 14\} = 210mm$，取 $s = 200mm$；③柱短边尺寸 $b = 500mm \geqslant 400mm$，各边纵向钢筋为 3 根，不需设置复合箍筋。最后选用Φ 8@200 封闭箍。最终配筋方案如图 6-12 所示。

6.4.8　外侧墙设计

1）荷载计算

基本数据：①覆土（杂填土）：$h = 0.9m$，重度 $\gamma = 18kN/m^3$；②地下水位距地表 0.9m；③下覆土为粉质黏土，层厚 7m，重度 $\gamma = 18kN/m^3$；④考虑人防荷载是在使用阶段可能的一种偶然荷载，因此地层水平压力取为静止土压力与水压力之和，静止土压力系数 K_0 取 0.5。

侧墙顶面处的竖向土压力 $\sigma_{v1} = 18 \times 0.9 = 16.2\,kN/m^2$，对应的侧向静止土压力 $p_{Gk1} = K_0\sigma_{v1} = 0.5 \times 16.2 = 8.1\,kN/m^2$；侧墙底面处的竖向土压力 $\sigma_{v2} = \sigma_{v1} + (18-10) \times 5.3 = 58.6\,kN/m^2$，对应的侧向静止土压力与水压力之和为 $p_{Gk2} = K_0\sigma_{v2} + \gamma_w h_w = 0.5 \times 58.6 + 10 \times 5.3 = 82.3\,kN/m^2$。

饱和土中常规武器爆炸动荷载作用下等效静荷载标准值 p_{Qk} 查表 6-4，顶板覆土厚度 $0 \leqslant h \leqslant 1.5m$，按饱和土含气量 $\alpha_1 \leqslant 0.05\%$ 考虑，人防设计等级为常 6 级，线性插值得 $p_{Qk} = 58.0\,kN/m^2$。

侧墙顶部水平荷载

$$p_1 = p_{Gk1}\gamma_G + p_{Qk}\gamma_Q = 8.1 \times 1.2 + 58.0 \times 1.0 = 67.72\,kN/m^2$$

侧墙底部水平荷载

$$p_2 = p_{Gk2}\gamma_G + p_{Qk}\gamma_Q = 82.3 \times 1.2 + 58.0 \times 1.0 = 156.76kN/m^2$$

外侧墙受到的水平荷载分布如图 6-13 所示。

2）内力分析

地下室内部无横墙，尽管边柱对墙的变形有一定约束作用，但因为柱距较大（7.2m），可保守地忽略柱对墙的约束作用，因此将墙视为单向板，沿水平方向取单位宽度进行设计。地下室外墙与底板整浇，底板刚度明显大于外墙，故外墙下部支座视作固定端。顶部与顶板整体浇筑，外墙与顶板之间刚度接近，外墙上部分别按固定端、铰支两种情况计算，取最不利内力设计，其内力分布如图 6-14 所示。

3）结构设计

在垂直荷载与水平荷载共同作用下，外墙可按偏心受压构件验算，为简单和偏于安全起见可不考虑轴向压力作用，按纯弯构件验算，以下展示这两种处理的设计过程。

（1）按纯弯构件设计

取墙厚 300mm，迎土面混凝土保护层厚度取 30mm（外侧设防水层），背土面取 30mm；参照无梁楼盖抗弯设计可得到墙在不同截面位置的配筋方案，如表 6-26 所示。

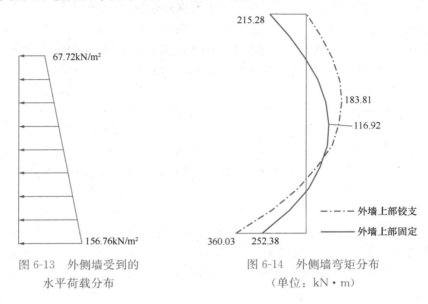

图 6-13　外侧墙受到的　　　图 6-14　外侧墙弯矩分布
　　　　水平荷载分布　　　　　　　　　（单位：kN·m）

外墙不同位置配筋　　　　　　　　　表 6-26

截面位置	墙顶	中部	墙底
设计弯矩（kN·m）	215.3	183.8	360.0
配筋方案	Φ 20@150	Φ 20@200	Φ 20@80

（2）按偏压构件设计

由于地下室侧墙与顶板、柱等整体浇筑，故侧墙所承受的竖向力由两部分组成，即顶板荷载和侧墙自重。

顶板荷载 $N_{顶} = q \times 0.5 l_x \times b = 63.08 \times 0.5 \times 7.2 \times 1 = 227.1$kN

侧墙自重 $N_{Gk} = \gamma bwh = 25 \times 1 \times 0.3 \times 5.3 = 39.75$kN

侧墙所承受竖向荷载设计值 $N = N_{顶} + N_{Gk}\gamma G = 227.1 + 1.2 \times 39.75 = 274.8$kN。

综上，偏压外墙的内力设计值 $N = 274.8$kN，$M_1 = 215.28$kN·m，$M_2 = 252.38$kN·m；构件的计算长度 $L_0 = 4950$mm，取单位长度的墙计算，截面宽度 $b = 1000$mm，截面高度 $h = 300$mm。

按照偏心受压构件，采用对称配筋，即 $A'_s = A_s$。相对界限受压区高度 $\xi_b = 0.484$。纵筋的混凝土保护层厚度 $c = 30$mm。根据表 6-16，受压构件全部纵筋最小配筋率 0.5%，一侧纵向受压纵筋最小配筋率 0.2%，一侧纵向受拉纵筋最小配筋率 0.25%。

① 轴心受压设计验算

长细比 $L_0/i = 4950/86.6 = 57.2$，对应的钢筋混凝土轴心受压构件的稳定系数 ζ 取 0.85。

矩形截面面积 $A = bh = 1000$mm $\times 300$mm $= 300,000$mm^2

轴压比 $N/(0.8f_{cd}A)=274,800/(0.8\times21.45\times300,000)=0.053$

全部纵向钢筋的最小截面面积 $A_{s,min}=300,000\times0.5\%=1500mm^2$

一侧纵向受压钢筋的最小截面面积 $A_{sl,min}=300,000mm^2\times0.2\%=600mm^2$

全部纵向钢筋的截面面积 A_s' 按下式要求计算

$$N\leqslant0.9\zeta(0.8f_{cd}A+f_{yd}'A_s')（《混规》式 6.2.15）$$

则　　$A_s'=[N/(0.9\zeta)-0.8f_{cd}A]/f_{yd}'$

$$=[274,800/(0.9\times0.85)-0.8\times21.45\times300,000]/432$$

$$=-11,085mm^2<A_{s,min}=1500mm^2,取 A_s'=A_{s,min}。$$

② 偏心受压设计验算

a）考虑二阶效应后的弯矩设计值

长细比 $L_0/i=4950/86.6=57.2>34-12M_1/M_2=23.8$，应考虑轴向压力产生的附加弯矩影响。

截面曲率修正系数 $\zeta_c=0.5(0.8f_{cd})A/N=9.37>1.0$，取 $\zeta_c=1.0$。

附加偏心距 $e_a=\max\{20,h/30\}=\max\{20,10\}=20mm$

弯矩增大系数 $\eta_{ns}=1+(L_0/h)^2\zeta_c/[1300(M_2/N+e_a)/h_0]$

$$=1+(4950/300)^2\times1/[1300\times(252.38\times10^3/274.8+20)/260]$$

$$=1.06$$

构件端截面偏心距调节系数

$$C_{mx}=0.7+0.3M_1/M_2=0.7+0.3\times215.28/252.38=0.96$$

考虑二阶效应后的弯矩设计值

$$M=C_{mx}\eta_{ns}M_2=0.96\times1.06\times252.38=256.82kN\cdot m$$

b）截面配筋计算

附加偏心距 $e_a=\max\{20,h/30\}=\max\{20,10\}=20mm$

轴向压力对截面重心的偏心距 $e_0=M/N=256.82\times10^3/274.8=934.6mm$

初始偏心距 $e_i=e_0+e_a=934.6+20=954.6mm$

轴力作用点至受拉纵筋合力点的距离 $e=e_i+0.5h-a=954.6+0.5\times300-40$

$$=1064mm$$

混凝土受压区高度 x 按下式求得

$$N\leqslant\alpha_1(0.8f_{cd})bx+f_{yd}'A_s'-\sigma_sA_s（《混规》式 6.2.17-1）$$

当采用对称配筋时，可令 $f_{yd}'A_s'=\sigma_sA_s$，代入上式可得

$$x=N/[\alpha_1(0.8f_{cd})b]=274,800/(1\times0.8\times21.45\times1000)$$

$$=16.0mm\leqslant\xi_bh_0=125.8mm$$

属于大偏心受压构件。

此处受压区高度 x 较小，受压钢筋不易屈服，故在偏心受压设计中应不考虑受压纵筋的作用，按《混规》式（6.2.17-2）（不考虑其中的受压纵筋），即 $Ne\leqslant\alpha_1(0.8f_{cd})bx(h_0-x/2)$，重新计算受压区高度，得 $x=77.0mm$。

受拉区纵筋面积 A_s 可按《混规》式（6.2.17-1）求得

$$A_s=[\alpha_1(0.8f_{cd})bx-N]/f_{yd}$$

$$=(1\times0.8\times21.45\times1000\times77.0-274,800)/432=2422.5mm^2$$

墙内侧、外侧均选配Φ20@110的竖向受力纵筋，内外侧水平向分布钢筋选配Φ12@110；内外侧钢筋网之间布置梅花形分布的拉筋，直径6mm，间距220mm，如图6-15所示。受拉区钢筋面积$A_s=2856mm^2>2422.5mm^2$，配筋率为0.95%，受压区配筋率也为0.95%，截面总配筋率1.9%，满足一侧纵向受拉、受压钢筋的最小截面面积要求，也满足全部纵向钢筋的最小截面面积要求。

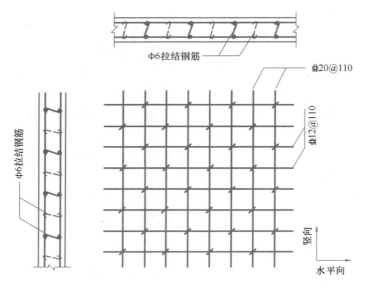

图6-15 外侧墙按偏压构件设计的配筋图

6.4.9 案例总结

人防地下室结构设计中要准确理解动荷载作用下材料参数的取值、等效静荷载的取值、结构在塑性工作状态下的内力重分布原理以及强柱弱梁、强剪弱弯的设计原则，并在设计中准确使用。对无梁楼盖的设计应首先理解楼盖内力的计算原理，区分清楚柱上板带、跨中板带以及内跨、边跨，选择正确的弯矩分配系数。在外墙设计时应注意墙的四边实际约束情况，据此选择合适的支座形式（如刚性支座、铰接支座或具有一定回转刚度的固定支座）。对侧墙按照偏心受压构件进行设计时，二阶效应计算较为复杂，需提高对设计规范的熟悉和理解程度。各构件的设计应严格按照规范规定的构造措施要求配足构造钢筋。

本案例仅给出了楼盖、柱帽、内柱、侧墙的承载能力极限状态设计，底板的设计可参考楼盖设计方法。梁板组成的肋形楼盖形式多样，在此无法一一列举其设计细节，但设计思路与无梁楼盖相似。本案例将结构拆分为各个构件单独进行内力分析与设计，也可对结构进行整体建模，采用软件电算进行设计计算。完整的设计还应包括出入口、通风口、水电口、辅助房间、发电站以及平战转换，在此不再详细赘述。

第7章 地下综合管廊设计

7.1 概　述

各类市政管线过去多直接埋置于城市道路下方，这种传统的直埋管线占用道路下方地下空间较多，且管线的铺设往往不能和道路的建设同步，造成道路频繁开挖，形成所谓"拉链路"，不但影响了道路的正常通行，同时也带来了噪声和扬尘等环境污染，一些城市的直埋管线频繁出现安全事故。为解决这一问题，我国开始借鉴国外先进的市政管线建设和维护方法，兴建综合管廊工程。综合管廊在我国有共同沟、综合管沟、共同管道等多种称谓，其实质是指按照统一规划、设计、施工和维护原则，建于城市地下、用于敷设城市工程管线的市政公用设施。给水、雨水、污水、再生水、天然气、热力、电力、通信等城市工程管线可纳入综合管廊，如图7-1所示。综合管廊建设避免了城市上空线路蛛网密布、道路反复开挖的弊病，美化了城市环境，充分利用地下空间资源，极大地改善了市容、交通及居民生活环境。

图7-1　道路与地下综合管廊工程示意图

根据《国务院关于加强城市基础设施建设的意见》（国发〔2013〕36号）和《关于加强城市地下管线建设管理的指导意见》（国办发〔2014〕27号），我国正稳步推进城市地下综合管廊建设，开展地下综合管廊试点工程，探索投融资、建设维护、定价收费、运营管理等模式，提高综合管廊建设管理水平。2015年确定10个城市作为首批国家级地下综合管廊试点城市，2016年再次新增15个城市作为试点城市。通过试点示范效应，带动具备条件的城市结合新区建设、旧城改造、道路新（改、扩）建，在重要地段和管线密集区建设综合管廊。到目前，已有很多省市积极主动出台相关规划，地下综合管廊建设正在加速推进。

根据规模、用途不同，综合管廊可分为干线综合管廊、支线综合管廊和缆线管廊三类。其中干线综合管廊（图 7-2a）用于容纳城市主干工程管线，多设置在机动车道、道路绿化带下；支线综合管廊（图 7-2b）用于容纳城市配给工程管线，多设置在道路绿化带、人行道或非机动车道下；缆线管廊一般采用浅埋沟道方式敷设，设有可开启盖板但内部不能满足人员正常通行，多用于容纳电力和通信线缆。

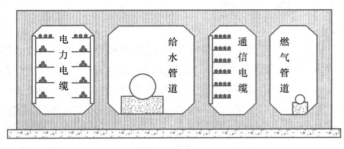

(a) 干线综合管廊   (b) 支线综合管廊

图 7-2 综合管廊断面示意图

综合管廊规划布局与城市功能分区、建设用地布局和道路网规划相适应。特别地，结合城市地下管线现状，在城市道路、轨道交通、给水、雨水、污水、再生水、天然气、热力、电力、通信等专项规划以及地下管线综合规划的基础上，确定综合管廊的布局，并与地下交通、地下商业开发、地下人防设施及其他相关建设项目协调。当遇到下列情况之一时，宜采用综合管廊：（1）交通运输繁忙或地下管线较多的城市主干道以及配合轨道交通、地下道路、城市地下综合体等建设工程地段；（2）城市核心区、中央商务区、地下空间高强度成片集中开发区、重要广场、主要道路的交叉口、道路与铁路或河流的交叉处、过江隧道等；（3）道路宽度难以满足直埋敷设多种管线的路段；（4）重要的公共空间；（5）不宜开挖路面的路段。

综合管廊工程设计包含总体设计、结构设计、附属设施设计，纳入综合管廊的管线还应进行专项管线设计。除主体结构外，综合管廊还同步建设消防、供电、照明、监控与报警、通风、排水、标识等设施。本章结合城市地下空间工程相关本科生毕业需求，重点介绍综合管廊的结构设计，并介绍与之有关的规划与总体设计要点。

7.2 综合管廊规划与总体设计要点

7.2.1 综合管廊规划

综合管廊工程一般结合新区建设、旧城改造、道路新（扩、改）建，在城市重要地段和管线密集区规划建设，对集约利用地下空间，协调地上、地下管线工程具有重要意义。城市新区主干路下的管线宜纳入综合管廊，综合管廊应与主干路同步建设。城市老（旧）城区综合管廊建设宜结合地下空间开发、旧城改造、道路改造、地下主要管线改造等项目同步进行。综合管廊工程应与地下空间、环境景观等相关城市基础设施衔接、协调。综合管廊工程建设需遵循"规划先行、适度超前、因地制宜、统筹兼顾"的原则，充分发挥综合管廊的综合效益。

7.2.2　平面布置

综合管廊一般与道路的平面线形一致，在道路规划红线范围内建设，处于道路中心线以下或道路一侧，尽可能避免从道路的一侧转到另一侧。必须与城市快速路、主干路、铁路、轨道交通、公路等交叉穿越时，宜尽量垂直穿越，条件受限时交叉角不宜小于60°。干线综合管廊宜设置在机动车道、道路绿化带下，支线综合管廊宜设置在道路绿化带、人行道或非机动车道下，缆线管廊宜设置在人行道下。在道路建设同时预留足够的各类过路管（排管）。

综合管廊管线分支口应满足预留数量、管线进出、安装敷设作业的要求。相应的分支配套设施应同步设计。综合管廊也可与其他地下设施合建，如地下交通隧道。但是含天然气管道舱室的综合管廊不应与其他建（构）筑物合建，且天然气管道舱室与周边建（构）筑物间距应符合现行国家标准《城镇燃气设计规范》GB 50028—2006（2020年版）的有关规定。

综合管廊与相邻地下管线及地下建（构）筑物的最小净距应根据地质条件和相邻建（构）筑物的性质确定，且不得小于表7-1的规定。

综合管廊与相邻地下管线、地下建（构）筑物的最小净距　　　　　表 7-1

施工方法 相邻情况	明挖施工	顶管、盾构施工
综合管廊与地下建（构）筑物水平净距	1.0m	综合管廊外径
综合管廊与地下管线水平净距	1.0m	综合管廊外径
综合管廊与地下管线交叉垂直净距	0.5m	1.0m

7.2.3　断面布置

综合管廊断面形式、尺寸、分仓格局应根据纳入管线的种类及规模、建设方式、预留空间等确定，应预留管道排气阀、补偿器、阀门等附件安装、运行以维护作业所需要的空间，并满足管线安装、检修以维护作业所需要的空间要求。

特别地，管线分仓布置应满足：（1）天然气管道应在独立舱室内敷设；天然气舱室与其他舱室并排布置时，天然气舱室宜设置在最外侧；天然气舱室与其他舱室上下布置时，天然气舱室宜设置在上部；（2）热力管道采用蒸汽介质时应在独立舱室内敷设；（3）热力管道不应与电力电缆同舱敷设；（4）110kV及以上电力电缆，不应与通信电缆同侧布置（高压电力电缆可能对通信电缆的信号产生干扰）；（5）给水管道与热力管道同侧布置时，给水管道宜布置在热力管道下方；（6）进入综合管廊的排水管道应采用分流制，雨水纳入综合管廊可利用结构本体或采用管道方式；（7）由于污水中可能产生的有害气体具有一定的腐蚀性，污水纳入综合管廊应采用管道排水方式，污水管道宜设置在综合管廊的底部。

综合管廊的断面形状一般有矩形、圆形等。矩形断面的空间利用效率高于其他断面，因而一般具备明挖施工条件时往往优先采用矩形断面。但是当施工条件受到制约必须采用非开挖技术，如顶管法、盾构法施工综合管廊时，一般需要采用圆形断面；当采用明挖预制拼装法施工时，综合考虑断面利用、构件加工、现场拼装等因素，可采用矩形、圆形、马蹄形断面。

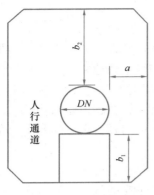

图 7-3　管道安装净距

综合管廊内部的净空尺寸应根据容纳的管线种类、数量、分支等综合确定。净高不宜小于 2.4m，净宽应满足下列规定：廊内两侧设置支架或管道时，检修通道净宽不宜小于 1.0m；单侧设置支架或管道时，检修通道净宽不宜小于 0.9m；配备检修车的综合管廊检修通道净宽不宜小于 2.2m。具体如图 7-3 所示。综合管廊的管道安装净距不宜小于表 7-2 的规定。

综合上述各项考虑，干线综合管廊用于容纳城市主干工程管线，一般采用独立多分舱结构形式；而支线综合管廊用于容纳城市配给工程管线，一般采用单舱或双舱结构形式。综合管廊的一些典型断面形式如图 7-4 所示。

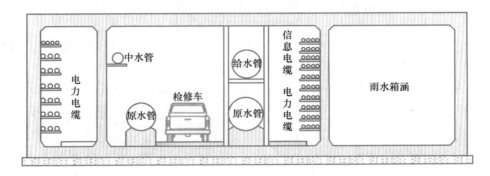

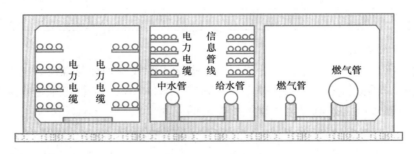

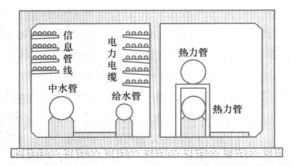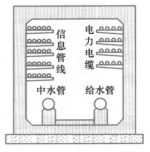

图 7-4　综合管廊典型断面形式

综合管廊的管道安装净距   表 7-2

DN（mm）	综合管廊的管道安装净距（mm）					
	铸铁管、螺栓连接钢管			焊接钢管、塑料管		
	a	b_1	b_2	a	b_1	b_2
DN＜400	400	400	800	500	500	800
400≤DN＜800	500	500				
800≤DN＜1000						
1000≤DN＜1500	600	600		600	600	
DN≥1500	700	700		700	700	

注：表中参数如图 7-3 所示。

7.2.4 口部布置

综合管廊的每个舱室应设置人员出入口、逃生口、吊装口、进风口、排风口、管线分支口等。综合管廊的人员出入口、逃生口、吊装口、进风口、排风口等露出地面的构筑物应满足城市防洪要求，并应采取防止地面水倒灌及小动物进入的措施。综合管廊人员出入口宜与逃生口、吊装口、进风口结合设置，且不应少于 2 个。综合管廊逃生口的设置应符合下列规定：（1）敷设电力电缆的舱室，逃生口间距不宜大于 200m；（2）敷设天然气管道的舱室，逃生口间距不宜大于 200m；（3）敷设热力管道的舱室逃生口间距不应大于400m，当热力管道采用蒸汽介质时，逃生口间距不应大于 100m；（4）敷设其他管道的舱室，逃生口间距不宜大于 400m；（5）逃生口尺寸不应小于 1m×1m，当为圆形时，内径不应小于 1m。综合管廊吊装口的最大间距不宜超过 400m。天然气管道舱室的排风口与其他舱室排风口、进风口、人员出入口以及周边建（构）筑物口部距离不应小于 10m。天然气管道舱室的各类孔口不得与其他舱室连通，并应设置明显的安全警示标识。

7.2.5 覆土埋深

综合管廊的覆土深度应根据地下设施竖向规划、行车荷载、绿化种植、设计冻深、排水管道埋深、与其他地下建（构）筑物交叉、结构抗浮等情况综合考虑。穿越河道时应选择在河床稳定的河段，最小覆土深度应满足河道整治和综合管廊安全运行的要求，并应符合下列规定：（1）在Ⅰ～Ⅴ级航道下面敷设时，顶部高程应在远期规划航道底高程 2.0m以下；（2）在Ⅵ、Ⅶ级航道下面敷设时，顶部高程应在远期规划航道底高程 1.0m 以下；（3）在其他河道下面敷设时，顶部高程应在河道底设计高程 1.0m 以下。

7.3 结 构 设 计

7.3.1 常见结构形式

综合管廊的材料以钢筋混凝土为主，也有采用钢结构（如波纹钢管结构），当地基承载力良好、地下水位在综合管廊底板以下时还可采用砌体结构。对于混凝土结构，可采用现浇混凝土结构，也可采用装配式（预制拼装）结构。此外，还有盾构式、顶管式综合管廊结构，但因其施工方法和设计方法的特殊性，本章不详细介绍。

与常规的现浇混凝土结构相比，综合管廊采用预制装配式技术，施工方便快捷，可以有效缩短工期，降低人工成本，提高构件的浇筑质量，减小对周边环境的影响，实现"绿色施工"，充分体现标准化设计、工厂化生产、装配化施工、信息化管理的优势。当遇到下列情况之一时，宜采用装配式综合管廊。

（1）交通运输繁忙，对于综合管廊施工周期要求较短，需要尽快恢复使用的道路。

（2）当地气候条件不利于进行现浇施工的区域。

目前我国常见的装配式管廊均为钢筋混凝土结构，按其施工方法和构件形式可分为全预制装配式管廊和半预制装配式管廊两种，前者按照构件拆分又可分为节段装配式和上下分块装配式两种，而半预制装配式管廊工程中的常见形式为预制叠合装配式。常见的装配式管廊形式如图 7-5 所示。装配式结构设计要求节点和接缝应受力明确，构造可靠，并应满足承载力、变形、裂缝、耐久性等要求。预制拼装综合管廊结构宜采用预应力筋连接接头、螺栓连接接头或承插式接头。当场地条件较差，或易发生不均匀沉降时，宜采用承插式接头。

(a) 节段装配式

(b) 上下分块装配式

(c) 预制叠合装配式

图 7-5　我国常见的装配式管廊形式

7.3.2　结构设计一般规定

综合管廊土建工程设计应采用以概率理论为基础的极限状态设计方法，以可靠指标度量结构构件的可靠度。除验算整体稳定外，均应采用含分项系数的设计表达式进行设计。综合管廊结构设计应对承载能力极限状态和正常使用极限状态进行计算。

（1）承载能力极限状态：对应于管廊结构达到最大承载能力，管廊主体结构或连接构件因超过材料强度而破坏；管廊结构因过量变形而不能继续承载或丧失稳定；管廊结构作为刚体失去平衡（横向滑移、上浮）。

（2）正常使用极限状态：对应于管廊结构符合正常使用或耐久性能的某项规定限值；影响正常使用的变形量限值；影响耐久性能的控制开裂或局部裂缝宽度限值等。

此外，综合管廊还应进行抗震设计，此处不详述。

综合管廊工程的结构设计使用年限一般为 100 年，按乙类建筑物进行抗震设计，结构安全等级应为一级（结构中各类构件的安全等级宜与整个结构的安全等级相同），结构构件的裂缝控制等级应为三级，结构构件的最大裂缝宽度限值应小于或等于 0.2mm，且不得贯通。综合管廊应根据气候条件、水文地质状况、结构特点、施工方法和使用条件等因素进行防水设计，防水等级标准应为二级，并应满足结构的安全性、耐久性和使用要求。综合管廊的变形缝、施工缝和预制构件接缝等部位应加强防水和防火措施。

对埋设在历史最高水位以下的综合管廊，应根据设计条件计算结构的抗浮稳定。计算时不应计入综合管廊内管线和设备的自重，其他各项作用应取标准值，并应满足抗浮稳定性抗力系数不低于 1.05。

主要材料宜采用高性能混凝土、高强钢筋：钢筋混凝土结构的混凝土强度等级不应低于 C30，预应力混凝土结构的混凝土强度等级不应低于 C40。

7.3.3　荷载作用

综合管廊结构上的作用，按性质可分为永久作用和可变作用。永久作用包括结构自重、土压力、预加应力、重力流管道内的水重、混凝土收缩和徐变产生的荷载、地基的不均匀沉降等。其中预应力综合管廊结构上的预应力标准值，应为预应力钢筋的张拉控制应力值扣除各项预应力损失后的有效预应力值。

可变作用包括人群荷载、车辆荷载、管线及附件荷载、压力管道内的静水压力（运行工作压力或设计内水压力）及真空压力、温度作用、冻胀力和施工荷载等。

作用在综合管廊结构上的荷载须考虑施工阶段以及使用过程中荷载的变化，选择使整体结构或预制构件应力最大、工作状态最为不利的荷载组合进行设计。地面的车辆荷载一般简化为与结构埋深有关的均布荷载，但覆土较浅时应按实际情况计算。

综合管廊属于狭长形结构，当地质条件复杂时，往往会产生不均匀沉降，对综合管廊结构产生内力。当能够设置变形缝时，尽量采取设置变形缝的方式来消除由于不均匀沉降产生的内力。当由于外界条件约束不能够设置变形缝时，应考虑地基不均匀沉降的影响。

7.3.4　结构分析模型

以矩形断面为例，现浇混凝土综合管廊以及不带横向拼缝接头的预制拼装综合管廊结构的截面内力计算模型宜采用闭合框架模型，如图 7-6 所示。作用于结构底板的地基反力分布应根据地基条件确定：（1）地层较为坚硬或经加固处理的地基，地基反力可视为直线分布；（2）未经处理的软弱地基，地基反力应按弹性地基上的平面变形计算确定。

带纵、横向拼缝接头的预制拼装综合管廊的截面内力计算模型也为闭合框架模型，但是由于拼缝刚度的影响，在计算时应考虑到拼缝刚度对内力折减的影响，采用 $K-\zeta$ 法（旋转弹簧—ζ 法）计算，如图 7-7 所示。构件的截面内力分配应按式（7-1）~式（7-3）计算。

$$M = K_1\theta \tag{7-1}$$

$$M_j = (1-\zeta)M, \quad N_j = N \tag{7-2}$$

$$M_z = (1+\zeta)M, \quad N_z = N \tag{7-3}$$

式中　K——旋转弹簧常数（kN·m/rad），25,000kN·m/rad≤K≤50,000kN·m/rad；

M——按照旋转弹簧模型计算得到的带纵、横向拼缝接头的预制拼装综合管廊截面内各构件的弯矩设计值（kN·m）；

M_j——预制拼装综合管廊节段横向拼缝接头处弯矩设计值（kN·m）；

M_z——预制拼装综合管廊节段整浇部位弯矩设计值（kN·m）；

N——按照旋转弹簧模型计算得到的带纵、横向拼缝接头的预制拼装综合管廊截面内各构件的轴力设计值（kN）；

N_j——预制拼装综合管廊节段横向拼缝接头处轴力设计值（kN）；

N_z——预制拼装综合管廊节段整浇部位轴力设计值（kN·m）；

θ——预制拼装综合管廊拼缝处的相对转角（rad）；

ζ——拼缝接头弯矩影响系数，当采用通缝拼装时取 $\zeta=0$，当采用错缝拼装时取 $0.3<\zeta<0.6$。

K、ζ 的取值受拼缝构造、拼装方式和拼装预应力大小等多方面因素影响，一般情况下应通过试验确定。

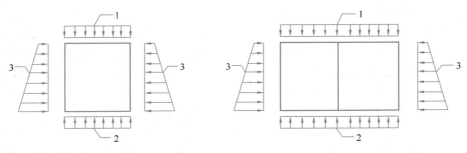

图 7-6　不考虑拼缝刚度的综合管廊闭合框架计算模型

1—综合管廊顶板荷载；2—综合管廊地基反力；3—综合管廊侧向水土压力

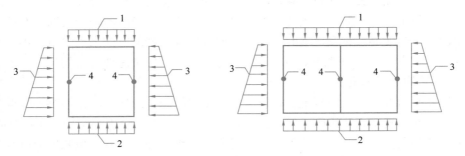

图 7-7　考虑拼缝刚度的综合管廊闭合框架计算模型

1—综合管廊顶板荷载；2—综合管廊地基反力；

3—综合管廊侧向水土压力；4—拼缝接头旋转弹簧

预制拼装综合管廊结构采用预应力筋连接接头或螺栓连接接头时，其拼缝接头的受弯承载力应符合式（7-4）要求。

$$M \leqslant f_{py}A_p\left(\frac{h}{2}-\frac{x}{2}\right) \tag{7-4}$$

$$x = \frac{f_{py}A_p}{a_1 f_c b} \tag{7-5}$$

式中　M——接头弯矩设计值（kN·m）；

　　　f_{py}——预应力筋或螺栓的抗拉强度设计值（N/mm²）；

　　　A_p——预应力筋或螺栓的截面面积（mm²）；

　　　h——构件截面高度（mm）；

　　　x——构件混凝土受压区截面高度（mm）；

　　　a_1——系数，当混凝土强度等级不超过 C50 时，a_1 取 1.0；当混凝土强度等级为 C80 时，a_1 取 0.94；其间按线性内插法确定。

拼缝接头的受弯承载力计算简图如图 7-8 所示。

带纵、横向拼缝接头的预制拼装综合管廊结构应按荷载效应的标准组合，并考虑长期作用影响对拼缝接头的外缘张开量进行验算，且应符合式（7-6）要求。

$$\Delta = \frac{M_k}{K}h \leqslant \Delta_{max} \tag{7-6}$$

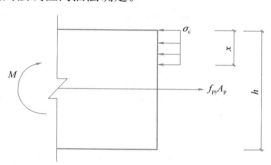

图 7-8　接头受弯承载力计算简图

式中　Δ——预制拼装综合管廊拼缝外缘张开量（mm）；

　　　Δ_{max}——拼缝外缘最大张开量限值，一般取 2mm；

　　　h——拼缝截面高度（mm）；

　　　K——旋转弹簧常数；

　　　M_k——预制拼装综合管廊拼缝截面弯矩标准值（kN·m）。

7.3.5　构造要求

综合管廊结构应在纵向设置变形缝，变形缝的设置应符合下列规定：（1）现浇混凝土综合管廊结构变形缝的最大间距应为 30m；（2）结构纵向刚度突变处以及上覆荷载变化处或下卧土层突变处应设置变形缝；（3）变形缝的缝宽不宜小于 30mm；（4）变形缝应设置橡胶止水带、填缝材料和嵌缝材料等止水构造。

混凝土综合管廊结构主要承重侧壁的厚度不宜小于 250mm，非承重侧壁和隔墙等构件的厚度不宜小于 200mm。混凝土综合管廊结构中钢筋的混凝土保护层厚度，结构迎水面不应小于 50mm。

7.3.6　防水设计

埋置于地下水位以下的综合管廊时刻会受到地下水的渗透作用，如防水问题处理不好，致使地下水渗漏到结构内部，将会带来一系列结构使用和耐久性问题。综合管廊防水等级标准应为二级，具体是指管廊结构不应漏水，结构表面可有少量湿渍，总湿渍面积不应大于总防水面积的 1/1000；任意 100m² 防水面积上的湿渍不超过 1 处，单个湿渍的最大面积不得大于 0.1m²。

地下工程防水的设计和施工应遵循"防、排、截、堵相结合，刚柔相济，因地制宜，综合治理"的原则。综合管廊的防水可分为两部分，一是结构主体防水，二是细部构造防水。

7.3.6.1 结构主体防水

综合管廊的迎水面主体结构应采用防水混凝土浇筑，即依靠混凝土自防水，并配合必要的防水措施。防水混凝土需严格控制混凝土中氯离子含量和含碱量，可通过调整配合比并根据工程需要掺入减水剂、膨胀剂、防水剂、密实剂、引气剂、复合型外加剂及水泥基渗透结晶型材料等配置而成。混凝土可根据工程抗裂需要掺入合成纤维或钢纤维。设计抗渗等级应符合表 7-3 规定。

防水混凝土设计抗渗等级   表 7-3

管廊埋置深度 H（m）	设计抗渗等级
$H<10$	P6（抗渗压力大于 0.6MPa，以下以此类推）
$10\leq H<20$	P8
$20\leq H<30$	P10
$H\geq30$	P12

7.3.6.2 细部构造防水

变形缝、施工缝、预制接缝等部位是管廊结构的薄弱部位，需专门进行防水设计；此外，穿墙管、预埋件、预留通道接口、桩头、孔口、局部坑池等位置也是防水薄弱部位，应做好防水措施，避免地下水渗入综合管廊。

细部构造防水可采用的措施包括防水卷材、防水涂料、塑料防水板、膨润土防水材料、金属防水板、雨水膨胀止水条、外贴式止水条、中埋式止水带等。不同位置可选用的防水措施和设防要求如表 7-4 所示。《地下工程防水技术规范》GB 50108—2008、《城市综合管廊防水工程技术规程》T/CECS 562—2018 对各项措施具有详细的规定说明。

明挖法地下工程防水设防要求   表 7-4

工程部位		主体结构							施工缝						后浇带				变形缝（诱导缝）					
防水措施		防水混凝土	防水卷材	防水涂料	塑料防水板	膨润土防水材料	防水砂浆	金属防水板	遇水膨胀止水条（胶）	外贴式止水带	中埋式止水带	外抹防水砂浆	外涂防水涂料	水泥基渗透结晶型防水涂料	预埋注浆管	补偿收缩混凝土	外贴式止水带	预埋注浆管	遇水膨胀止水条（胶）	防水密封材料	中埋式止水带	外贴式止水带	可卸式止水带	防水密封材料	外贴防水卷材	外涂防水涂料
防水等级	一级	应选	应选 1~2 种						应选 2 种						应选	应选 2 种				应选	应选 1~2 种					
	二级	应选	应选 1 种						应选 1~2 种						应选	应选 1~2 种				应选	应选 1~2 种					
	三级	应选	宜选 1 种						宜选 1~2 种						应选	宜选 1~2 种				应选	宜选 1~2 种					
	四级	宜选	—						宜选 1 种						应选	宜选 1 种				应选	宜选 1 种					

7.4　设计案例——某装配式地下综合管廊结构设计

本案例选择某节段装配式支线综合管廊，由仅带纵向拼接接头的预制混凝土管段通过预应力筋进行连接并与现场后浇混凝土形成整体的装配式混凝土结构。

7.4.1　工程概况

本项目标准段采用两舱断面、节段式预制拼装混凝土结构。综合管廊的分支口、出线口、端部井、交叉井等孔口位置和穿越地面建（构）筑物的位置由于构件制作复杂，性能要求与标准段不同，采用现浇混凝土结构。管廊布置于道路中央绿化带下方，容纳电力（10kV）、通信、给水、中水（废水或雨水经适当处理后，达到一定的水质指标，满足某种使用要求，可以进行有益使用的水）和天然气管线，管廊外轮廓尺寸 5.65m（宽）×3.6m（高），如图 7-9 所示。

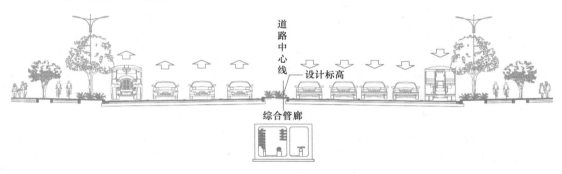

(a) 综合管廊与道路的关系

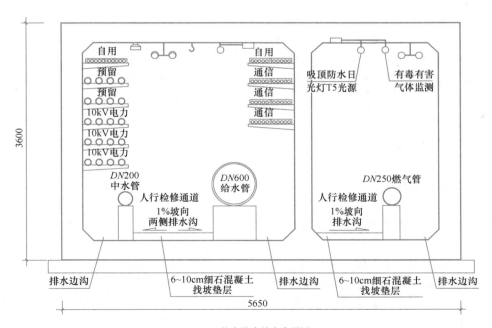

(b) 综合管廊舱内布置图

图 7-9　综合管廊布置示意图（单位：mm）

根据现场钻探、室内试验及原位测试综合分析，拟建场地表层为人工填土，其下为第四系全新统（Q4）新近沉积的粉质黏土、粉砂夹粉土、淤泥质粉质黏土、含淤泥质粉质黏土夹粉土、粉砂夹粉土、粉细砂；下部为上更新统（Q3）沉积的粉质黏土混砂砾石，主要土层的物理、力学性质指标如表 7-5 所示。

土层物理力学性质指标 表 7-5

层号	岩土层名称	重度 γ (kN/m³)	直剪固快 C_{cq} (kPa)	φ_{cq} (°)	渗透系数 k_h (×10⁻⁶ cm/s)	k_v (×10⁻⁶ cm/s)	基床系数 K_v (MPa/m)	K_h (MPa/m)	静止侧压力系数 K_0
①₁	杂填土	18.0	10.0	12.0	800	600	—	—	0.40
①₂	素填土	19.2	31.0	14.0	34.67	22.90	6	11	0.50
②₁	粉质黏土	19.2	24.2	13.4	3.78	2.55	6.0	7.0	0.50
②₂	粉砂夹粉土	18.2	26.3	4.0	12.64	12.12	8.0	7.0	0.50
③₁	淤泥质粉质黏土	18.3	15.7	11.4	3.47	2.27	3.5	3.9	0.60
③₂	淤泥质粉质黏土夹粉土	18.5	19.2	12.3	19.51	14.74	5.0	4.6	0.56

根据勘察揭示的地层结构和地下水的赋存条件，本场地地下水分为孔隙潜水、孔隙承压水和基岩裂隙水。潜水含水层包括①层人工填土、②₁层粉质黏土、②₂层粉砂夹粉土、③₁层淤泥质粉质黏土、③₂层含淤泥质粉质黏土夹粉土构成。由于②₂层粉砂夹粉土与上部填土、黏性土层的渗透性存在较大差异，该层中的地下水具有微承压性。潜水含水层对本工程施工影响大，承压水含水层与本工程结构设计相关性不大。

7.4.2 设计依据

综合管廊设计时所依据的相关规范和规程包括《建筑结构可靠性设计统一标准》GB 50068—2018、《建筑工程抗震设防分类标准》GB 50223—2008、《城市综合管廊工程技术规范》GB 50838—2015、《建筑结构荷载规范》GB 50009—2012、《混凝土结构设计规范》GB 50010—2010（2015 年版）、《砌体结构设计规范》GB 50003—2011、《建筑抗震设计规范》GB 50011—2010（2016 年版）、《城市桥梁设计规范》CJJ 11—2011（2019 年版）、《建筑地基基础设计规范》GB 50007—2011、《地下工程防水技术规范》GB 50108—2008、《地下防水工程质量验收规范》GB 50208—2011、《工业建筑防腐蚀设计标准》GB/T 50046—2018、《混凝土结构耐久性设计标准》GB/T 50476—2019、《装配式混凝土结构技术规程》JGJ 1—2014、《预应力混凝土用钢绞线》GB/T 5224—2014、《城市地下综合管廊管线工程技术规程》T/CECS 532—2018、《预制混凝土综合管廊》18GL204、《城市综合管廊防水工程技术规程》T/CECS 562—2018。

7.4.3 设计标准与说明

综合管廊结构安全等级一级，建（构）筑物结构重要性系数为 1.1。新建综合管廊地下部分构筑物设计使用年限为 100 年，通风口、投料口等地上部分建筑物设计使用年限为 100 年。综合管廊属于城市生命线工程，根据国家有关标准，抗震设防类别属划为乙类构筑物。建筑物抗震设防标准 7 度，建筑物按 8 度采取抗震设防措施，地面及地下结构的抗震等级为三级。本工程地基基础设计等级乙级，地下混凝土防水等级二级，抗浮设计水位标高为设计地面下 0.5m，结构构件裂缝控制等级为三级，混凝土强度等级、抗渗等级要求如表 7-6 所示。其中，抗渗等级根据表 7-3 按 $H<10m$ 确定为 P6，对预制管廊标准段提高抗渗等级至 P8。

混凝土强度等级及抗渗等级　　　表 7-6

构筑物	混凝土强度等级	抗渗等级
预制管廊标准段	C40	P8（提高抗渗要求）
现浇管廊主体结构	C40	P6
节点预制盖板	C30	P6
垫层	C20	—
回填素混凝土	C20	—

混凝土构筑物结构环境类别为二 b 类，混凝土最大碱含量 $3.0kg/m^3$，最大氯离子含量不超过凝胶材料总量 0.1%，水胶比不大于 0.50。钢筋的强度标准值应具备不小于 95% 的保证率。最小保护层厚度满足表 7-7 要求。

混凝土保护层规定　　　表 7-7

构件类别	保护层最小厚度（mm）
节点预制盖板	30
壁板及顶板与水土接触部分	50
壁板内侧、顶板下层、底板上层	50
底板下层（有垫层）	50
管廊内部梁、柱	40

7.4.4　断面尺寸

在确定断面尺寸时，主要考虑以下几点：（1）人员通行需求：当管廊内两侧设置支架或管道时，人行检修通道净宽不宜小于 1.0m，单侧设置支架或管道时，检修通道净宽不宜小于 0.9m；（2）管线管廊内的管线种类、数量：DN250 燃气管单独设置舱室；（3）管廊净高不小于 2.4m 并考虑各种阀门的安装空间；（4）适当留有扩容的空间。根据管廊混凝土保护层厚度、耐久性要求，初步确定顶板、底板、外侧墙厚度为 400mm，内隔墙厚度为 300mm。结合管线布置预留空间及综合管廊空间设计原则，得出结构标准断面尺寸如图 7-10 所示。

7.4.5　内力计算

7.4.5.1　计算断面选择

选取埋深、土性典型断面作为本节算例。结构顶埋深 4.0m，土层钻孔信息：第一层为①₁ 杂填土，土层厚度 0.5m；第二层为①₂ 素填土，土层厚度 9.1m，综合管廊完全埋置于该层。因为结构纵向长度比横向长度大得多，按平面变形问题处理，取纵向长度为 1m 计算。断面如图 7-11 所示。

7.4.5.2　荷载计算

1）竣工阶段（回填完成，水位位于底板以下）

（1）永久荷载

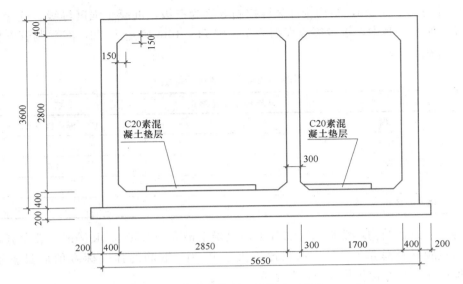

图 7-10 综合管廊结构断面及尺寸（单位：mm）

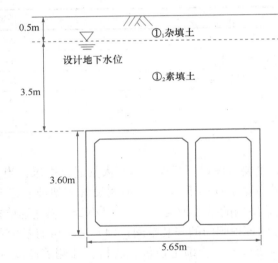

图 7-11 综合管廊计算断面

① 结构自重（取钢筋混凝土重度 $\gamma = 25kN/m^3$）

顶板自重 $G_{顶} = \gamma d_{顶} = 25 \times 0.4 \times 1.0 = 10.0kN/m$（每延米）

底板自重 $G_{底} = \gamma d_{底} = 25 \times 0.4 \times 1.0 = 10.0kN/m$（每延米）

外侧墙自重 $G_{边墙} = \gamma V_{边墙} = 25 \times 0.4 \times 2.8 \times 1.0 = 28.0kN$（每延米）

内墙自重 $G_{内墙} = \gamma V_{内墙} = 25 \times 0.3 \times 2.8 \times 1.0 = 21.0kN$（每延米）

② 地层压力

上覆土压力 $q_{上} = \sum \gamma_i h_i = 18 \times 0.5 + 19.2 \times 3.5 = 76.2kPa$

侧向土压力（按主动土压力计算，水土合算，假设侧向土压力线性分布）

侧墙顶端 $\sigma_1 = q_{上} K_a - 2c\sqrt{K_a} = 76.2 \times 0.61 - 2 \times 31 \times 0.78 < 0kPa$，取 $0kPa$（K_a

$= \tan^2(45° - 14°/2) = 0.61)$。

侧墙底端 $\sigma_2 = (q_{\pm} + \gamma h)K_a - 2c\sqrt{K_a} = (76.2 + 19.2 \times 3.6) \times 0.61 - 2 \times 31 \times 0.78 = 40.3 \text{kPa}$

（2）可变荷载

① 路面活荷载（包括行人、地面堆载、汽车荷载等）$p_{路面} = 20.0 \text{kPa}$

② 由路面活荷载引起的侧向土压力：$\Delta\sigma = p_{路面} \times \tan^2(45° - 14°/2) = 12.2 \text{kPa}$

2）长期使用阶段

（1）永久荷载

① 结构自重（取钢筋混凝土重度 $\gamma = 25 \text{kN/m}^3$）

顶板自重　$G_{顶} = \gamma d_{顶} = 25 \times 0.4 \times 1.0 = 10.0 \text{kN/m}$（每延米）

底板自重　$G_{底} = \gamma d_{底} = 25 \times 0.4 \times 1.0 = 10.0 \text{kN/m}$（每延米）

外侧墙自重　$G_{边墙} = \gamma V_{边墙} = 25 \times 0.4 \times 2.8 \times 1.0 = 28.0 \text{kN}$（每延米）

内墙自重　$G_{内墙} = \gamma V_{内墙} = 25 \times 0.3 \times 2.8 \times 1.0 = 21.0 \text{kN}$（每延米）

② 地层压力

上覆水土压力　$q_{\pm} = \sum \gamma_i h_i = 0.5 \times 18 + 3.5 \times 19.2 = 76.2 \text{kPa}$

侧向土压力（按静止土压力计算，水土分算，假设侧向土压力线性分布）

侧墙顶端　$\sigma_1 = (18 \times 0.5 + 9.2 \times 3.5) \times 0.5 = 20.6 \text{kPa}$

侧墙底端　$\sigma_2 = (18 \times 0.5 + 9.2 \times 3.5 + 9.2 \times 3.6) \times 0.5 = 37.2 \text{kPa}$

③ 水压力

侧墙顶端　$q_{w1} = 10 \times 3.5 = 35.0 \text{kPa}$

侧墙底端　$q_{w2} = 10 \times 7.1 = 71.0 \text{kPa}$

底板水压　$q_{w底} = 10 \times 7.1 = 71.0 \text{kPa}$

④ 底板管线荷载　$q_{底线} = 8.0 \text{kN/m}$（每延米）

⑤ 侧壁管线荷载　$q_{侧线} = 6.0 \text{kN}$（每延米、每侧壁）

（2）可变荷载

① 路面活荷载（包括行人、地面堆载、汽车荷载等）$p_{路面} = 20.0 \text{kPa}$

② 由路面活荷载引起的侧向土压力 $\Delta\sigma = p_{路面} \times K_0 = 20 \times 0.5 = 10.0 \text{kPa}$

③ 检修荷载 $p_{检} = 5 \text{kN/m}$（每延米）

7.4.5.3　荷载组合

分别按照荷载基本组合和准永久组合进行承载能力极限状态和正常使用极限状态验算，考虑竣工阶段和长期使用阶段，共四种工况。对可变荷载，组合值系数取 0.7，准永久值系数取 0.6，设计年限调整系数取 1.1（100 年）。综合管廊主体结构安全等级为一级，相应的结构构件重要性系数 $\gamma_0 = 1.1$。基本组合中永久荷载分项系数为 1.35（永久荷载控制），可变荷载分项系数为 1.4。各工况荷载组合如下。

1）竣工阶段

（1）基本组合（工况 1）

顶板荷载组合

$p_{顶} = 1.35 \times (G_{顶} + q_{\pm}) + 0.7 \times 1.4 \times p_{路面} \times 1.1 = 1.35 \times (10.0 + 76.2) + 0.7 \times 1.4 \times 20 \times 1.1 = 137.9 \text{kN/m}$

底板荷载组合（地层抗力未计入）

$$p_底 = 1.35 \times G_底 = 1.35 \times 10 = 13.5 \text{kN/m}$$

侧墙荷载组合

侧墙顶端 $e_1 = 1.35 \times \sigma_1 + 0.7 \times 1.4 \times \Delta\sigma \times 1.1 = 1.35 \times 0 + 0.7 \times 1.4 \times 12.2 \times 1.1 = 13.2 \text{kN/m}$

侧墙底端 $e_2 = 1.35 \times \sigma_2 + 0.7 \times 1.4 \times \Delta\sigma \times 1.1 = 1.35 \times 40.3 + 0.7 \times 1.4 \times 12.2 \times 1.1 = 67.6 \text{kN/m}$

外侧墙等效集中荷载 $P_1 = 1.35 \times G_{边墙} = 1.35 \times 28.0 = 37.8 \text{kN}$

内墙等效集中荷载 $P_2 = 1.35 \times G_{内墙} = 1.35 \times 21.0 = 28.4 \text{kN}$

（2）准永久组合（工况2）

顶板荷载组合 $p_顶 = G_顶 + q_土 + 0.6 \times p_{路面} = 10 + 76.2 + 0.6 \times 20 = 98.2 \text{kN/m}$

底板荷载组合（地层抗力未计入）$p_底 = G_底 = 10 \text{kN/m}$

侧墙荷载组合

侧墙顶端 $e_1 = \sigma_1 + 0.6 \times \Delta\sigma = 0 + 0.6 \times 12.2 = 7.3 \text{kN/m}$

侧墙底端 $e_2 = \sigma_2 + 0.6 \times \Delta\sigma = 40.3 + 0.6 \times 12.2 = 47.6 \text{kN/m}$

外侧墙等效集中荷载 $P_1 = G_{边墙} = 28.0 \text{kN}$

内墙等效集中荷载 $P_2 = G_{内墙} = 21.0 \text{kN}$

2）长期使用阶段

（1）基本组合（工况3）

顶板荷载组合

$$p_顶 = 1.35 \times (G_顶 + q_土) + 0.7 \times 1.4 \times p_{地面} \times 1.1 = 1.35 \times (10.0 + 76.2) + 0.7 \times 1.4 \times 20 \times 1.1 = 137.9 \text{kN/m}$$

底板荷载组合（地层抗力未计入）：

$$p_底 = 1.35 \times (G_底 + q_{底线} - q_{w底}) + 0.7 \times 1.4 \times p_检 \times 1.1 = 1.35 \times (10.0 + 8 - 71.0) + 0.7 \times 1.4 \times 5 \times 1.1 = -66.2 \text{kN/m}$$

侧墙荷载组合

侧墙顶端 $e_1 = 1.35 \times (\sigma_1 + q_{w1}) + 0.7 \times 1.4 \times \Delta\sigma \times 1.1 = 1.35 \times (20.6 + 35.0) + 0.7 \times 1.4 \times 10.0 \times 1.1 = 85.8 \text{kN/m}$

侧墙底端 $e_2 = 1.35 \times (\sigma_2 + q_{w2}) + 0.7 \times 1.4 \times \Delta\sigma \times 1.1 = 1.35 \times (37.2 + 71.0) + 0.7 \times 1.4 \times 10.0 \times 1.1 = 156.9 \text{kN/m}$

左外侧墙等效集中荷载(有管线)$P_{1左} = 1.35 \times (G_{边墙} + q_{侧线}) = 1.35 \times (28.0 + 6) = 45.9 \text{kN}$

右外侧墙等效集中荷载(无管线)$P_{1右} = 1.35 \times G_{边墙} = 1.35 \times 28.0 = 37.8 \text{kN}$

内墙等效集中荷载(有管线)$P_2 = 1.35 \times (G_{内墙} + q_{侧线}) = 1.35 \times (21.0 + 6) = 36.5 \text{kN}$

（2）准永久组合（工况4）

顶板荷载组合 $p_顶 = G_顶 + q_土 + 0.6 \times p_{地面} = 10 + 76.2 + 0.6 \times 20 = 98.2 \text{kN/m}$

底板荷载组合（地层抗力未计入）

$$p_底 = G_底 + q_{底线} - q_{w底} + 0.6 \times p_检 = 10 + 8 - 71.0 + 0.6 \times 5 = -50.0 \text{kN/m}$$

侧墙荷载组合

侧墙顶端 $e_1 = \sigma_1 + q_{w1} + 0.6 \times \Delta\sigma = 20.6 + 35.0 + 0.6 \times 10.0 = 61.6 \text{kN/m}$

侧墙底端　$e_2 = \sigma_2 + q_{w2} + 0.6 \times \Delta\sigma = 37.2 + 71.0 + 0.6 \times 10.0 = 114.2\text{kN/m}$

左外侧墙等效集中荷载(有管线)$P_{1左} = G_{边墙} + q_{侧线} = 28.0 + 6 = 34.0\text{kN}$

右外侧墙等效集中荷载(无管线)$P_{1右} = G_{边墙} = 28.0\text{kN}$

内墙等效集中荷载(有管线)$P_2 = G_{内墙} + q_{侧线} = 21.0 + 6 = 27.0\text{kN}$

7.4.5.4　计算模型与结果

采用弹性地基上的闭合矩形框架模型计算结构内力与变形。混凝土强度等级为 C40，弹性模量取 $3.25 \times 10^7 \text{kN/m}^2$，地基基床系数为 6MPa/m。在结构力学求解器中建立的模型如图7-12所示，其中侧墙荷载简化为均布荷载(也可按照上述荷载计算结果按线性变化计算)。

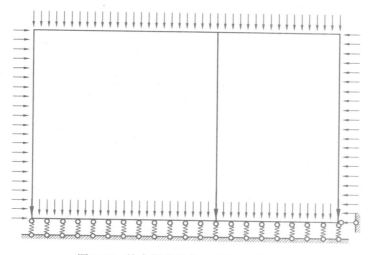

图 7-12　综合管廊荷载—结构法计算简图

计算所得荷载基本组合和准永久组合的内力包络图如图 7-13 和图 7-14 所示。

7.4.6　配筋计算

统计各控制截面内力，按照承载能力极限状态和正常使用极限状态(裂缝宽度小于 0.2mm)并考虑构造要求进行配筋，配筋过程不再详述，配筋结果如图 7-15 所示。除图中标明钢筋外，还设置Φ 10@600 拉结筋。

7.4.7　节段连接

本工程预制管廊管节之间为承插接口，每个管节长度 2.0m。采用无黏结预应力钢绞线连接，以封闭接口，防止渗漏。在管廊断面的 8 个角点预埋直径 50mm 的套管以便在现场采用后张法连接管廊节段。在管段接口断面环兜布置两圈遇水膨胀橡胶复合密封垫。预应力筋采用公称直径 21.6mm 的低松弛预应力钢绞线，每束钢绞线公称横截面积 285mm²，预应力钢筋强度标准值 $f_{ptk} = 1770\text{MPa}$，其性能应满足《预应力混凝土用钢绞线》GB/T 5224—2014 的规定。预制管廊管节混凝土强度等级为 C40，用于预应力筋封端的混凝土为 C40 微膨胀细石混凝土。详细布置如图 7-16～图 7-19 所示。

预应力筋的张拉控制应力 $\sigma_{con} = 0.65 \times 1770 = 1151\text{MPa}$，预应力筋张拉程序为 0→ $1.05\sigma_{con} \rightarrow 1.0\sigma_{con}$ (持荷 2min，锚固)。预应力筋采用一端锚固后，另一端张拉，张拉时所有预应力钢绞线应同时张拉。预制管节制作时，振捣过程中对张拉和锚固端后的混凝土必

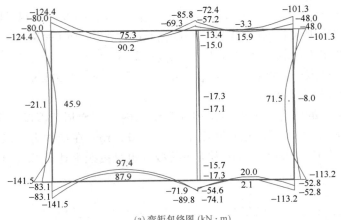

(a) 弯矩包络图 (kN·m)

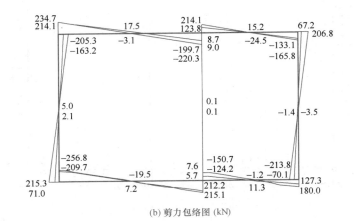

(b) 剪力包络图 (kN)

| 66.6 | 67.2 |
| 202.5 | 206.8 |

| 234.7 | 376.8 | 165.8 |
| 214.1 | 323.5 | 66.6 |

| 215.3 | 213.8 |
| 70.8 | 70.1 |

(c) 轴力包络图 (kN)

图 7-13 荷载基本组合下的综合管廊内力包络图（工况 1、工况 3）

须振捣密实以防张拉时发生局压破坏。当预制管廊管节混凝土强度达到设计强度的 100%之后，方可进行张拉。张拉时应采用应力控制、应变校核的方法进行。实测伸长值与计算值的偏差应在 −6%～+6% 范围之内。

在管段接口断面环兜布置的两圈遇水膨胀橡胶复合密封垫，根据规范要求需保证垫圈

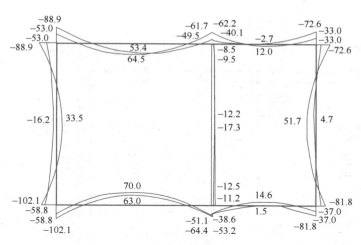

(a) 弯矩包络图 (kN·m)

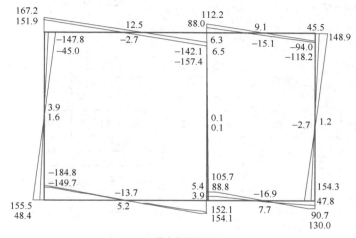

(b) 剪力包络图 (kN)

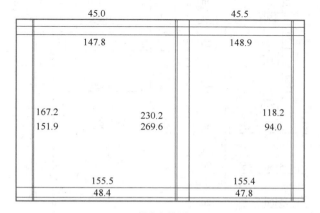

(c) 轴力包络图 (kN)

图 7-14　荷载准永久组合下的综合管廊内力包络图（工况 2、工况 4）

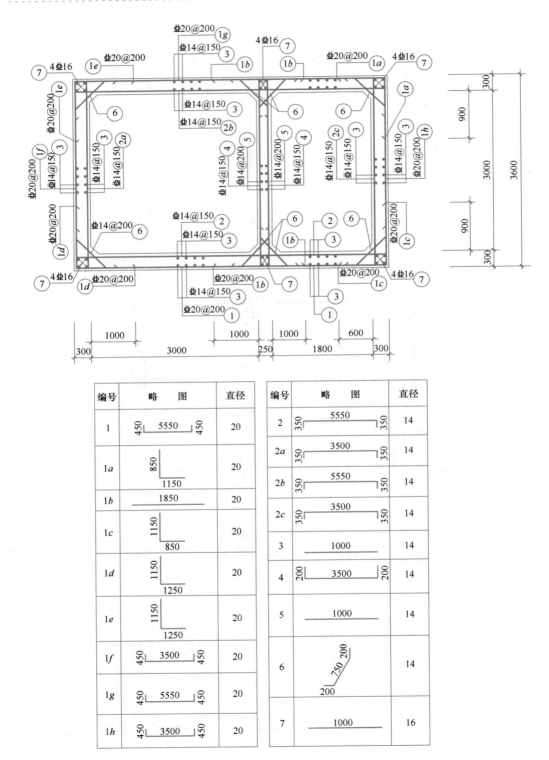

编号	略　　图	直径
1	450 | 5550 | 450	20
1a	850 / 1150	20
1b	1850	20
1c	1150 / 850	20
1d	1150 / 1250	20
1e	1150 / 1250	20
1f	450 | 3500 | 450	20
1g	450 | 5550 | 450	20
1h	450 | 3500 | 450	20

编号	略　　图	直径
2	350 | 5550 | 350	14
2a	350 | 3500 | 350	14
2b	350 | 5550 | 350	14
2c	350 | 3500 | 350	14
3	1000	14
4	200 | 3500 | 200	14
5	1000	14
6	750 200 / 200	14
7	1000	16

图 7-15　综合管廊典型断面配筋结果（单位：mm）

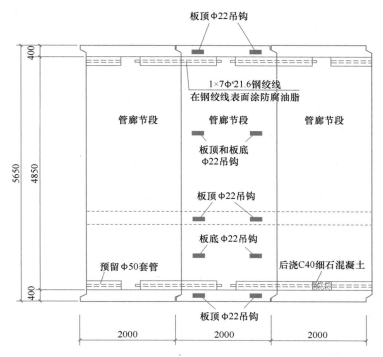

图 7-16　综合管廊节段划分（平面图）（单位：mm）

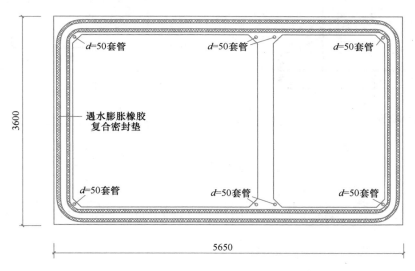

图 7-17　综合管廊断面的密封垫、套管布置图（立面图）（单位：mm）

接触界面正应力不小于 1.5MPa。以下对此进行验算。

由于采用后张法施工，考虑第 1、2、4、5 项预应力损失，分别为

$$\sigma_{l1} = \frac{a}{l} E_s = \frac{1}{1580} \times 1.95 \times 10^5 \, \text{MPa} = 123 \text{MPa}$$

$$\sigma_{l2} = \sigma_{con} \left(1 - \frac{1}{e^{\kappa x + \mu \theta}} \right) = 1151 \times \left(1 - \frac{1}{e^{0.004 \times 0.79 + 0}} \right) = 3.63 \text{MPa}$$

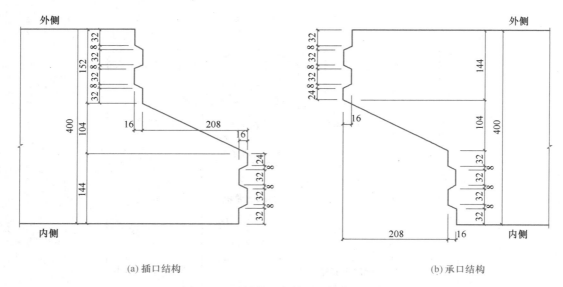

(a) 插口结构   (b) 承口结构

图 7-18　承插接口大样图（单位：mm）

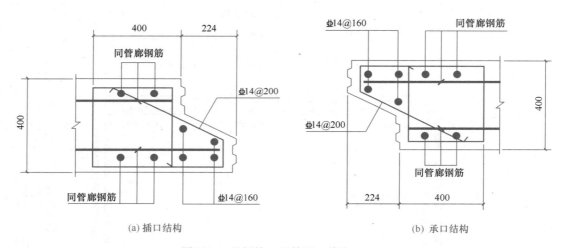

(a) 插口结构   (b) 承口结构

图 7-19　承插接口配筋图（单位：mm）

$$\sigma_{l4} = 0.4\left(\frac{\sigma_{con}}{f_{ptk}} - 0.5\right)\sigma_{con} = 0.4 \times \left(\frac{1151}{1770} - 0.5\right) \times 1151 = 69\text{MPa}$$

$$\sigma_{l5} = \frac{55 + 300\sigma_{pc}/f_{cu}'}{1 + 15\rho} = 50.5\text{MPa}$$

则有效预应力为

$$\sigma_{pe} = \sigma_{con} - (\sigma_{l1} + \sigma_{l2} + \sigma_{l4} + \sigma_{l5}) = 905\text{MPa}$$

8 束钢绞线的总预加力为

$$F_{pe} = 8\sigma_{pe}S_n = 8 \times 905 \times 285 \times 10^{-3} = 2063\text{kN}$$

两圈密封垫的总接触面积为 $S = 1.37 \times 10^6 \text{mm}^2$，由预应力导致的接触面应力为

$$\sigma_n = \frac{F_{pe}}{S} = \frac{2.06 \times 10^6}{1.37 \times 10^6} = 1.5\text{MPa}$$，满足要求。

预应力筋张拉后处于高应力状态，对腐蚀非常敏感，应尽早进行孔道灌浆，灌浆是对预应力筋的永久保护措施，要求水泥浆饱满、密实，完全裹住预应力筋。

7.4.8　抗浮验算

每延米的综合管廊重力为 195kN，上覆土有效重量为（18×0.5＋9.2×3.5）×5.65＝233kN，浮力为 10×5.65×3.6×1＝203kN，抗浮安全系数 $K = \dfrac{195 + 233}{203} = 2.1 >$ 1.05，满足要求。

7.4.9　防水方案

除确保混凝土质量、充分利用主体结构自防水外，本项目综合管廊还采用以下防水措施。

（1）主体结构外周防水。如图 7-20 所示，结构顶板从外向里铺设油毡隔离层、涂刷 2mm 厚单组分纯聚氨酯防水涂料，结构侧板从外向里铺设 70mm 厚聚乙烯泡沫板保护层、粘贴 2mm 厚自粘聚合物改性沥青防水卷材，底板铺设 3mm 厚自粘聚合物改性沥青砂面防水卷材（聚酯胎）。

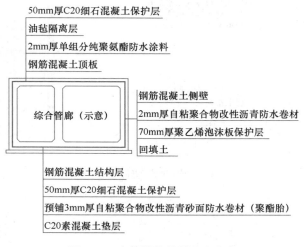

图 7-20　主体结构外周防水方案

（2）拼接缝防水。如图 7-21 所示（以顶板为例），拼接缝通过预应力钢绞线压紧，承插口两道遇水膨胀橡胶复合密封垫起主要防水作用，同时在外侧与内侧填充嵌缝密封膏提高防水性能。

（3）变形缝防水。如图 7-22 所示，中埋式钢边橡胶止水带沿底板、侧墙、顶板兜绕成环设置，并需固定于专门的钢筋夹上，水平安装时止水带应呈盆形，结扎在固定用钢筋

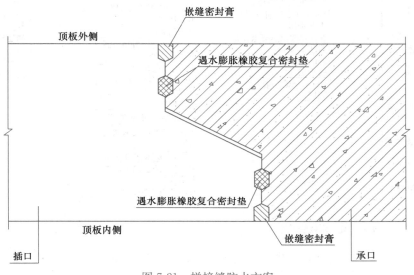

图 7-21　拼接缝防水方案

框上，以防水止水带下面存有气泡，形成渗水通道。变形缝顶板迎水面处预留嵌缝槽，以低模量聚氨酯密封胶嵌填。嵌填槽的成槽方式：在浇捣混凝土时，于设计的位置预埋呈退拔状的金属或硬木条，并在表面涂抹隔离剂，宜待混凝土初凝时剔出预埋条成槽。嵌缝施工宜在混凝土达到设计强度后进行。

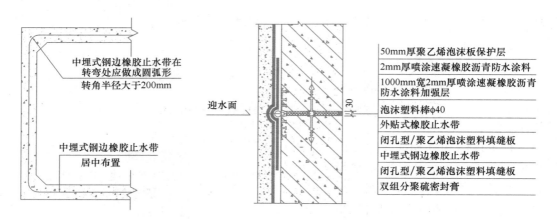

(a) 中埋式止水带在断面上的布置   (b) 侧壁变形缝止水做法

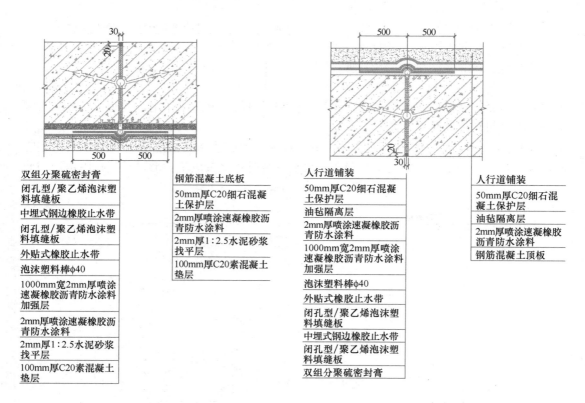

(c) 底板变形缝止水做法   (d) 顶板变形缝止水做法

图 7-22 变形缝防水方案（单位：mm）

（4）施工缝防水。不允许设置横向施工缝，纵向水平施工缝尽可能减少设置的数量。如图 7-23 所示，采用钢板止水带和单组分聚氨酯膨胀密封胶组合来达到防水功效。钢板止水带需经电镀锌处理，电镀锌处理涂层厚度 $10\mu m$。所有施工缝接缝面均需涂布水泥基渗透结晶型防水涂料Ⅱ，用量为 $1.5 kg/m^2$。

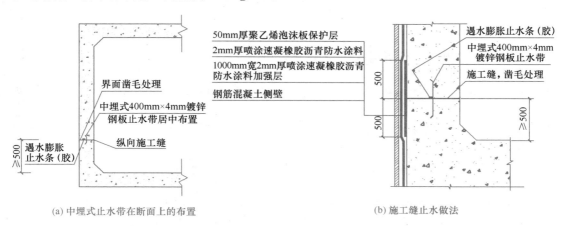

(a) 中埋式止水带在断面上的布置　　(b) 施工缝止水做法

图 7-23　施工缝防水方案（单位：mm）

7.4.10　案例总结

综合管廊的分仓布置、尺寸选择往往不是由结构受力决定的，而是根据管廊规划、入廊管线总体设计而确定的。因此，对城市地下空间工程相关本科生而言，在进行结构受力分析的同时，也应理解结构尺寸的选择依据。预制装配式综合管廊采用工厂化制作的预制构件，采用精加工的钢模板可以确保构件的混凝土质量、尺寸精度，提高混凝土自防水能力。在细部构造防水方面，需根据不同部位的设计目的选择防水措施，特别是变形较大时应注意选择延伸率大的卷材、涂料等柔性防水材料。全国很多地区还因地制宜制定了综合管廊的地方标准，部分如下，供毕业设计参考。

新疆维吾尔自治区《叠合装配式混凝土综合管廊工程技术规程》XJJ 093—2018

吉林省《装配混凝土综合管廊工程技术规程》DB 22/JT 158—2016

陕西省《预制装配式混凝土综合管廊工程技术规程》DBJ 61/T 150—2018

《福建省预制装配式混凝土结构工程检验技术规程》DBJ/T 13—257—2017

《天津市综合管廊工程技术规范》DB/T 29—238—2016

本案例采用的是整舱预制拼装结构，此外还有叠合板式拼装结构（侧壁、顶板和底板分块，侧壁采用双面叠合构造，顶板一般采用叠合楼板构造，底板一般采用整体现浇或叠合构造）、预制板式拼装结构（侧壁、顶板和底板一般均采用预制实心板式构造）和预制槽型拼装结构（横截面方向划分为上、下 2 个单槽型或多槽型预制分块）等形式，设计中要注意各分块之间的接头连接验算和单块的吊装工况验算。综合管廊的分支口、出线口、端部井、交叉井等孔口位置，穿越地面建（构）筑物的位置三维效应明显，原则上应采用地层—结构法分析结构内力与变形并进行设计，此处不再详述。

参 考 文 献

[1] 中华人民共和国住房和城乡建设部. 工程结构可靠性设计统一标准：GB 50153—2008[S]. 北京：中国计划出版社，2008.

[2] 中华人民共和国住房和城乡建设部. 建筑结构荷载规范：GB 50009—2012[S]. 北京：中国建筑工业出版社，2012.

[3] 中华人民共和国住房和城乡建设部. 地铁设计规范：GB 50157—2013[S]. 北京：中国建筑工业出版社，2013.

[4] 中华人民共和国交通运输部. 公路桥涵设计通用规范：JTG D60—2015[S]. 北京：人民交通出版社，2015.

[5] 国家铁路局. 铁路桥涵设计规范：TB 10002—2017[S]. 北京：中国铁道出版社，2017.

[6] 国家铁路局. 铁路隧道设计规范：TB 10003—2016[S]. 北京：中国铁道出版社，2016.

[7] 中华人民共和国住房和城乡建设部. 地下结构抗震设计标准：GB/T 51336—2018[S]. 北京：中国建筑工业出版社，2018.

[8] 上海市住房和城乡建设管理委员会. 地基基础设计标准：DGJ 08—11—2018[S]. 上海：同济大学出版社，2019.

[9] 中华人民共和国住房和城乡建设部. 铁路工程抗震设计规范（2009 年版）：GB 50111—2006[S]. 北京：中国计划出版社，2009.

[10] 中华人民共和国住房和城乡建设部. 人民防空地下室设计规范：GB 50038—2005[S]. 北京：国标图集出版社，2005.

[11] 国家人民防空办公室. 防空地下室结构设计手册：RFJ 04—2015[S]. 北京：中国建材工业出版社，2015.

[12] 中华人民共和国住房和城乡建设部. 建筑基坑支护技术规程：JGJ 120—2012[S]. 北京：中国建筑工业出版社，2012.

[13] 中华人民共和国住房和城乡建设部. 钢结构设计标准：GB 50017—2017[S]. 北京：中国建筑工业出版社，2017.

[14] 中华人民共和国国家质量监督检验检疫总局. 热轧型钢：GB/T 706—2016[S]. 北京：中国标准出版社，2016.

[15] 中华人民共和国住房和城乡建设部. 建筑桩基技术规范：JGJ 94—2008[S]. 北京：中国建筑工业出版社，2008.

[16] 中华人民共和国住房和城乡建设部. 建筑地基基础工程施工质量验收标准：GB 50202—2018[S]. 北京：中国计划出版社，2018.

[17] 中华人民共和国住房和城乡建设部. 混凝土结构工程施工质量验收规范：GB 50204—2015[S]. 北京：中国建筑工业出版社，2014.

[18] 中华人民共和国住房和城乡建设部. 建筑地基处理技术规范：JGJ 79—2012[S]. 北京：中国建筑工业出版社，2012.

[19] 中华人民共和国住房和城乡建设部. 建筑基坑工程监测技术标准：GB 50497—2019[S]. 北京：中国计划出版社，2019.

[20] 中华人民共和国住房和城乡建设部．建筑工程抗震设防分类标准：GB 50223—2008[S]．北京：中国建筑工业出版社，2008．

[21] 中华人民共和国住房和城乡建设部．城市综合管廊工程技术规范：GB 50838—2015[S]．北京：中国计划出版社，2015．

[22] 中华人民共和国住房和城乡建设部．混凝土结构设计规范（2015年版）：GB 50010—2010[S]．北京：中国建筑工业出版社，2015．

[23] 中华人民共和国住房和城乡建设部．砌体结构设计规范：GB 50003—2011[S]．北京：中国计划出版社，2011．

[24] 中华人民共和国住房和城乡建设部．建筑抗震设计规范（2016年版）：GB 50011—2010[S]．北京：中国建筑工业出版社，2016．

[25] 中华人民共和国住房和城乡建设部．城市桥梁设计规范（2019年版）：CJJ 11—2011[S]．北京：中国建筑工业出版社，2019．

[26] 中华人民共和国住房和城乡建设部．建筑地基基础设计规范：GB 50007—2011[S]．北京：中国计划出版社，2011．

[27] 中华人民共和国住房和城乡建设部．地下工程防水技术规范：GB 50108—2008[S]．北京：中国计划出版社，2008．

[28] 中华人民共和国住房和城乡建设部．地下防水工程质量验收规范：GB 50208—2011[S]．北京：中国建筑工业出版社，2011．

[29] 中华人民共和国住房和城乡建设部．工业建筑防腐蚀设计标准：GB/T 50046—2018[S]．北京：中国计划出版社，2018．

[30] 中华人民共和国住房和城乡建设部．混凝土结构耐久性设计标准：GB/T 50476—2019[S]．北京：中国建筑工业出版社，2019．

[31] 中华人民共和国住房和城乡建设部．装配式混凝土结构技术规程：JGJ 1—2014[S]．北京：中国建筑工业出版社，2014．

[32] 中华人民共和国国家质量监督检验检疫总局．预应力混凝土用钢绞线：GB/T 5224—2014[S]．北京：中国标准出版社，2014．

[33] 中国工程建设标准化协会．城市地下综合管廊管线工程技术规程：T/CECS 532—2018[S]．北京：中国建筑工业出版社，2018．

[34] 中华人民共和国建设部．城镇燃气设计规范（2020年版）：GB 50028—2006[S]．北京：中国建筑工业出版社，2020．

[35] 中华人民共和国住房和城乡建设部．预制混凝土综合管廊：18GL 204[S]．北京：中国计划出版社，2018．

[36] 中国工程建设标准化协会．城市综合管廊防水工程技术规程：T/CECS 562—2018[S]．北京：中国计划出版社，2018．

[37] 新疆维吾尔自治区住房和城乡建设厅．叠合装配式混凝土综合管廊工程技术规程：XJJ 093—2018[S]．北京：中国建材工业出版社，2018．

[38] 吉林省住房和城乡建设厅．装配式混凝土综合管廊工程技术规程：DB22/JT 158—2016[S]．长春：吉林人民出版社，2016．

[39] 陕西省住房和城乡建设厅．预制装配式混凝土综合管廊工程技术规程：DBJ 61/T 150—2018[S]．北京：中国建材工业出版社，2019．

[40] 福建省住房和城乡建设厅．福建省预制装配式混凝土结构工程检验技术规程：DBJ/T13—257—2017[S]．2017．

[41] 天津市城乡建设委员会．天津市综合管廊工程技术规范：DB/T 29—238—2016[S]．2016．

［42］ 住房和城乡建设部强制性条文协调委员会．工程建设标准强制性条文：房屋建筑部分（2013 年版）［S］．北京：中国建筑工业出版社，2013．

［43］ 姚谏．建筑结构静力计算实用手册［M］．3 版．北京：中国建筑工业出版社，2021．

［44］ 施仲衡．地下铁道设计与施工［M］．西安：陕西科学技术出版社，1997．

［45］ 朱永全，宋玉香．地下铁道［M］．3 版．北京：中国铁道出版社，2015．

［46］ 张庆贺，朱合华，庄荣，等．地铁与轻轨［M］．2 版．北京：人民交通出版社，2006．

［47］ 蒋雅君，邱品茗．地下工程本科毕业设计指南（地铁车站设计）［M］．成都：西南交通大学出版社，2015．

［48］ 刘国彬，王卫东．基坑工程手册［M］．2 版．北京：中国建筑工业出版社，2009．

［49］ 傅鹤林．地下铁道［M］．北京：人民交通出版社，2016．

［50］ 周晓军，周佳媚．城市地下铁道与轻轨交通［M］．2 版．成都：西南交通大学出版社，2016．

［51］ 朱瑶宏．地铁盾构通用管片结构理论与实践［M］．北京：中国建筑工业出版社，2017．

［52］ 高峰．城市地铁与轻轨工程［M］．2 版．北京：人民交通出版社，2019．

［53］ 陈馈，王江卡，谭顺辉，等．盾构设计与施工［M］．北京：人民交通出版社，2019．

［54］ 陈馈，洪开荣，焦胜军．盾构施工技术［M］．2 版．北京：人民交通出版社，2016．

［55］ 朱合华，张子新，廖少明．地下建筑结构［M］．3 版．北京：中国建筑工业出版社，2016．

［56］ 王树理．地下建筑结构设计［M］．4 版．北京：清华大学出版社，2021．

［57］ 刘增荣，罗少锋．地下结构设计［M］．北京：中国建筑工业出版社，2011．

［58］ 赵延喜，戚承志，周宪伟．地下结构设计［M］．北京：人民交通出版社，2017．

［59］ 孔德森，吴燕开．基坑支护工程［M］．北京：冶金工业出版社，2012．

［60］ 郭院成，李永辉．基坑支护［M］．2 版．郑州：黄河水利出版社，2019．